行水云课数字教材

U0791797

高等职业教育水利类新形态一体化教材

水工建筑材料与检测

主　编　栾　策　崔　瑞　石玉东
副主编　赫文秀　孙菲菲　赵津霆
主　审　闫玉民

中国水利水电出版社
www.waterpub.com.cn
·北京·

内 容 提 要

本书为高职高专水利水电工程管理、水利工程、水利水电建筑工程、工程监理等专业的通用教材。全书共6个项目，主要内容包括：水泥检测与应用、骨料检测与应用、混凝土配合比设计与检测、建筑砂浆检测、建筑钢材检测、土工合成材料检测等。

本书可作为相关专业的教材或教学参考书，还可供水利及其他相关专业的从业人员参考使用。

图书在版编目（CIP）数据

水工建筑材料与检测 / 栾策，崔瑞，石玉东主编
. -- 北京 : 中国水利水电出版社，2021.8(2025.8重印).
高等职业教育水利类新形态一体化教材
ISBN 978-7-5170-9491-3

Ⅰ. ①水… Ⅱ. ①栾… ②崔… ③石… Ⅲ. ①水工建筑物－建筑材料－检测－高等职业教育－教材 Ⅳ. ①TV6

中国版本图书馆CIP数据核字(2021)第048822号

书　　名	高等职业教育水利类新形态一体化教材 **水工建筑材料与检测** SHUIGONG JIANZHU CAILIAO YU JIANCE
作　　者	主　编　栾　策　崔　瑞　石玉东 副主编　赫文秀　孙菲菲　赵津霆 主　审　闫玉民
出版发行	中国水利水电出版社 （北京市海淀区玉渊潭南路1号D座　100038） 网址：www.waterpub.com.cn E-mail：sales@mwr.gov.cn 电话：（010）68545888（营销中心）
经　　售	北京科水图书销售有限公司 电话：（010）68545874、63202643 全国各地新华书店和相关出版物销售网点
排　　版	中国水利水电出版社微机排版中心
印　　刷	天津嘉恒印务有限公司
规　　格	184mm×260mm　16开本　14.5印张　353千字
版　　次	2021年8月第1版　2025年8月第2次印刷
印　　数	2001—4000册
定　　价	**55.00**元

前言

教材事关国家和民族的前途命运，教材建设必须坚持正确的政治方向和价值导向。本书坚持党的二十大精神，全面贯彻党的教育方针，落实立德树人根本任务，为党育人，为国育才，弘扬劳动光荣、技能宝贵、创造伟大的时代风尚。

本书是根据国家“十三五”教育发展规划纲要，结合我国水利行业发展总体规划要求及行业、产业发展现状，为适应现代高职教育，培养应用型、技能型人才需求而编写的。

本书为高职高专水利水电工程管理、水利工程、水利水电建筑工程、工程监理等专业的通用教材，也可作为相关专业的教材或教学参考书。在结构方面，力求传承经典、成熟的理论体系；在内容方面，力求充分阐述本课程的基本理论和计算方法，并在此基础上吸纳水利行业的部分最新研究成果。在编写过程中力求做到定义、概念准确，文字精练。

本书由栾策、崔瑞、石玉东主编，赫文秀、孙菲菲、赵津霆为副主编，邹飞、李忠民、张迪、胡剑、李力南参加编写。全书共6个项目，编写大纲由编写人员集体讨论，全书由辽宁生态工程职业学院栾策统稿。具体分工如下：崔瑞编写项目3任务3.1～3.3，石玉东编写项目2，赫文秀编写项目1，孙菲菲、张迪、李力南编写项目6，赵津霆编写项目5，李忠民编写项目3任务3.4～3.5，邹飞编写项目3任务3.6，栾策、胡剑编写项目4。

辽宁生态工程职业学院闫玉民教授对全书进行了审稿。本书的出版得到辽宁生态工程职业学院、辽宁睿鑫水利工程有限公司、辽宁永翔检测技术有限公司、中国水利水电出版社的关心和支持。在此，编者向所有关心和支持本书的单位和人士以及本书参考的相关文献的作者表示诚挚的谢意。

建筑材料种类繁多，发展较快，由于编者水平有限，书中难免存在不足及疏漏之处，恳请广大师生、读者批评指正。

编者

2025年6月

“行水云课”数字教材使用说明

“行水云课”水利职业教育服务平台是中国水利水电出版社立足水电、整合行业优质资源全力打造的“内容”+“平台”的一体化数字教学产品。平台包含高等教育、职业教育、职工教育、专题培训、行水讲堂五大版块，旨在提供一套与传统教学紧密衔接、可扩展、智能化的学习教育解决方案。

本套教材是整合传统纸质教材内容和富媒体数字资源的新型教材，将大量图片、音频、视频、3D动画等教学素材与纸质教材内容相结合，用以辅助教学。读者可通过扫描纸质教材二维码查看与纸质内容相对应的知识点多媒体资源，完整数字教材及其配套数字资源可通过移动终端APP、“行水云课”微信公众号或中国水利水电出版社“行水云课”平台查看。

内页二维码具体标识如下：

- ⓕ为平面动画
- ▶为知识点视频
- Ⓣ为试题
- Ⓟ为课件

线上教学与配套数字资源获取途径：

手机端：

关注“行水云课”公众号→搜索“图书名”→封底激活码激活→学习或下载

PC端：

登录“xingshuiyun.com”→搜索“图书名”→封底激活码激活→学习或下载

数字资源索引

续表

类　型	序　号	名　称	页　码
视频	3.3	混凝土和易性	94
视频	3.4	混凝土和易性试验	95
视频	3.5	混凝土坍落度性能试验	96
课件	3.4	混凝土强度及影响因素	102
视频	3.6	混凝土强度	102
视频	3.7	混凝土立方体抗压强度试验	103
课件	3.5	混凝土耐久性	112
视频	3.8	混凝土耐久性	112
课件	3.6	混凝土配合比设计	117
视频	3.9	混凝土配合比设计（1）	118
视频	3.10	混凝土配合比设计（2）	124
视频	3.11	混凝土配合比设计（特殊）	128
课件	3.7	混凝土质量控制及强度评定	131
视频	3.12	混凝土质量控制及强度评定	131
课件	4.1	建筑砂浆检测	147
课件	5.1	钢材的认识	162
视频	5.1	钢材的认识	164
课件	5.2	钢筋拉弯	175
视频	5.2	钢筋拉抻	175
视频	5.3	钢筋弯曲	178
习题	5.1	钢筋拉伸习题	180
习题	5.2	钢筋弯曲习题	180
视频	6.1	土工织物有效孔径测定	186
动画	6.1	土工织物有效孔径测定	186
视频	6.2	土工合成材料宽条拉伸性能	191
视频	6.3	土工织物梯形撕裂	196
视频	6.4	土工织物圆形顶破	198
视频	6.5	认识土工合成材料	213
视频	6.6	土工合成材料的功能与应用	215
视频	6.7	土工合成材料加筋作用原理分析	216
动画	6.2	土工织物隔离功能	217

目录

项目1　水泥检测与应用

【能力目标】 1. 能够进行水泥各项性能指标的检测。2. 能够完成规范的水泥检测报告。

【认知目标】 1. 掌握水泥细度、标准稠度用水量、凝结时间、体积安定性、水泥胶砂强度等指标的含义与评价标准。2. 熟悉常用水泥的性能与用途。

【情景描述】 水泥源自辽宁省观音阁水库除险加固工程所使用的普通硅酸盐水泥，其是由沈阳利鑫土木工程有限公司委托辽宁水利职业学院检测中心试验室完成的水泥检验项目。

任务1.1　水泥品种与用途

水泥是建筑工程中主要的材料，主要用来配制混凝土、砂浆和其他灌浆材料。在实际工程应用中，水泥的品种繁多，按其主要水硬性物质不同可以分为硅酸盐系列水泥、铝酸盐系列水泥、硫铝酸盐系列水泥、铁铝酸盐系列水泥、氟铝酸盐系列水泥等，按用途和性能可以分为通用水泥、专用水泥和特性水泥三大类。现阶段，在建筑工程领域应用最多的为硅酸盐水泥。

1.1 Ⓟ

1.1.1　硅酸盐水泥

1.1 ▶

1.1.1.1　硅酸盐水泥

根据《通用硅酸盐水泥》（GB 175—2007）标准规定，凡是由硅酸盐水泥熟料、0～5%石灰石或粒化高炉矿渣、适量石膏磨细制成的水硬性胶凝材料，称为硅酸盐水泥（国外称为波特兰水泥）。硅酸盐水泥为通用硅酸盐水泥中强度最高的产品，硅酸盐水泥中根据其是否掺有混合材料可分为Ⅰ型硅酸盐水泥和Ⅱ型硅酸盐水泥，不掺混合材料的为Ⅰ型硅酸盐水泥，其代号为P・Ⅰ，掺有混合材料的为Ⅱ型硅酸盐水泥，其代号为P・Ⅱ。

1.1.1.2　硅酸盐水泥的生产

1.2 ▶

生产硅酸盐水泥的主要原材料包括石灰质原材料和钙质原材料两种。石灰质原材料可采用石灰石、白垩和石灰质凝灰岩，它主要提供 CaO。黏土质原材料有黏土和黄土等，主要提供 SiO_2、Al_2O_3 和少量的 Fe_2O_3，有时还需要加入少量的铁矿石以弥补 Fe_2O_3 的不足。为了改善煅烧条件，常常加入少量的矿化剂和晶种等。

水泥的生产步骤是：先将几种原材料按一定比例混合磨细制成生料；然后将生料入窑进行高温（温度为1450℃）煅烧成熟料；在熟料中加入适量石膏（和混合材料）混合磨细即得到成品水泥。此过程简称为“两磨一烧”。在煅烧过程中，原材料分解为 CaO 与 SiO_2、Al_2O_3、Fe_2O_3，在高温下，它们相互化合，生成了新的化合物——水泥熟料矿物。

1.1.1.3 硅酸盐水泥的混合料

在生产通用硅酸盐水泥时，所加入的人工或天然的矿物材料称为混合材料。水泥混合材料分为活性混合材料和非活性混合材料两大类。

1. 活性混合材料

常温下，加水拌和后能与水泥、石灰或石膏发生化学反应，生成具有一定水硬性胶凝产物的混合材料称为活性混合材料。常用的活性混合材料有粒化高炉矿渣、火山灰质混合材料和粉煤灰三种。

（1）粒化高炉矿渣。炼铁高炉中浮在铁水表面的熔渣，经急速冷却处理得到的松软颗粒称为粒化高炉矿渣，其粒径一般在 0.5～5mm。

粒化高炉矿渣的活性取决于其化学成分含量和玻璃体含量，高炉矿渣的主要化学成分为 CaO、MgO、Al_2O_3 和 SiO_2 等，其中 SiO_2 和 Al_2O_3 含量越高，高炉矿渣的活性越高。高炉矿渣中玻璃体含量越高，其活性也越高。

（2）火山灰。火山喷发时，随熔岩喷发出的大量碎屑，沉积在地面和水中，这种松软物质被称为火山灰。由于这种高温喷发物在地面或水中急速冷却，其内部因而形成了大量玻璃体，使火山灰具有较高的活性。火山灰的主要活性成分是活性 Al_2O_3 和 SiO_2，在激发剂的作用下，可以形成水化硅酸钙凝胶，提高水泥的强度。

（3）粉煤灰。粉煤灰是燃煤电厂所排放的工业废渣，及从烟窗道中收集的粉末，后者又称为飞灰。粉煤灰化学活性的高低取决于活性化学成分 Al_2O_3 和 SiO_2 的含量和玻璃体的含量。

2. 非活性混合材料

凡是不具有活性或活性很低的天然或人工矿物质材料称为非活性混合材料，它与水泥的水化产物基本不发生化学反应。在水泥中掺入非活性混合材料的目的是，调整水泥强度等级，增加产量，降低水化热。也就是说，非活性混合材料仅起填充作用，常用的非活性混合材料有石英砂、石灰石和慢冷矿渣。

1.1.2 普通硅酸盐水泥

1.2 ℗

《通用硅酸盐水泥》（GB 175—2007）规定，凡由硅酸盐水泥熟料、6%～15%活性混合材料和适量石膏磨细制成的水硬性胶凝材料，称为普通硅酸盐水泥，简称普通水泥，代号为P·O。另外，还可以用不超过水泥质量5%的窑灰或不超过水泥质量10%的非活性混合材料代替活性材料。

按照国家标准《通用硅酸盐水泥》（GB 175—2007）规定，硅酸盐水泥和普通硅酸盐水泥的技术标准见表1.1和表1.2。

表 1.1　　硅酸盐水泥和普通硅酸盐水泥技术标准

指　标		细度（比表面积）/(m^2/kg)	凝结时间/min		安定性	不溶物/%		MgO质量分数/%	SO_3质量分数/%	烧失量/%		碱含量/%	氯离子含量/%
			初凝	终凝									
技术标准	硅酸盐水泥					P·Ⅰ	P·Ⅱ			P·Ⅰ	P·Ⅱ		
		≥300	≥45	≤390	合格	≤0.75	≤1.5	≤5.0	≤3.5	≤3.0	≤3.5	≤0.60	≤0.60
	普通硅酸盐水泥	≥300	≥45	≤390	合格	—		≤5.0	≤3.5	≤5.0		≤0.60	≤0.60
试验方法		GB/T 8074—2008	GB/T 1346—2011		GB/T 750—1992	GB/T 17671—1999							JC/T 420—2006

表 1.2　　硅酸盐水泥强度要求　　单位：MPa

品　种	强度等级	抗压强度		抗折强度	
		3d	28d	3d	28d
硅酸盐水泥	42.5	≥17.0	≥42.5	≥3.5	≥6.5
	42.5R	≥22.0		≥4.0	
	52.5	≥23.0	≥52.5	≥4.0	≥7.0
	52.5R	≥27.0		≥5.0	
	62.5	≥28.0	≥62.5	≥5.0	≥8.0
	62.5R	≥32.0		≥5.5	
普通硅酸盐水泥	42.5	≥17.0	≥42.5	≥3.5	≥6.5
	42.5R	≥22.0		≥4.0	
	52.5	≥23.0	≥52.5	≥4.0	≥7.0
	52.5R	≥27.0		≥5.0	

1.1.3　矿渣硅酸盐水泥

凡是由硅酸盐水泥熟料和粒化高炉矿渣、适量石膏磨细制成的水硬性胶凝材料称为矿渣硅酸盐水泥（简称矿渣水泥），代号为 P·S。水泥中粒化高炉矿渣掺量按质量百分比计>20%且≤70%，并分为 A 型和 B 型。A 型矿渣掺量>20%且≤50%，代号 P·S·A；B 型矿渣掺量>50%且≤70%，代号 P·S·B。另外允许采用石灰石、粉煤灰、窑灰和火山灰质混合材料中的一种材料代替矿渣，其含量不超过 8%，代替后矿渣硅酸盐水泥中粒化高炉矿渣的含量不少于 20%。

根据《通用硅酸盐水泥》（GB 175—2007）的规定，矿渣硅酸盐水泥中 SO_3 含量不得超过 4.0%，因为石膏既调节水泥的凝结硬化时间，又作为硫酸盐激发剂，它与水化产物中水化铝酸钙反应，生成水化硫铝酸钙。矿渣硅酸盐水泥的技术性能要求见表 1.3 和表 1.4。

表 1.3 矿渣水泥、火山灰质水泥、粉煤灰水泥、复合水泥技术要求

指标	细度（筛析法）/%	凝结时间/min		安定性	MgO 质量分数/%	SO_3 质量分数/%	碱含量/%	氯离子含量/%
		初凝	终凝					
技术标准	≤10	≥45	≤600	合格	≤5.0	≤3.5	供需双方定	≤0.60
试验方法	GB/T 1345—2005	GB/T 1346—2011		GB/T 750—1992	GB/T 176			JC/T 420—2006

表 1.4 矿渣水泥、火山灰水泥、粉煤灰水泥、复合水泥强度要求 单位：MPa

强度等级	抗压强度		抗折强度	
	3d	28d	3d	28d
32.5	≥10.0	≥32.5	≥2.5	≥5.5
32.5R	≥15.0		≥3.5	
42.5	≥15.0	≥42.5	≥3.5	≥6.5
42.5R	≥19.0		≥4.0	
52.5	≥21.0	≥52.5	≥4.0	≥7.0
52.5R	≥23.0		≥4.5	

1.1.4 火山灰质硅酸盐水泥

由硅酸盐水泥熟料和火山灰质混合材料、适量石膏磨细制成的水硬性胶凝材料称为火山灰质硅酸盐水泥（简称火山灰质水泥），代号为P·P。火山灰质混合材料掺量按质量百分比计为20%～40%。

《通用硅酸盐水泥》(GB 175—2007）规定，火山灰质硅酸盐水泥中MgO含量不得超过6.0%，如有所超过的火山灰质硅酸盐水泥压蒸试验合格，则水泥中MgO含量可以适当放宽。火山灰质硅酸盐水泥中SO_3含量不得超过3.5%。火山灰质硅酸盐水泥的密度在2.8～3.1g/cm^{3}的范围内，堆积密度通常为900～1000kg/m^3。火山灰硅酸盐水泥的技术性能要求见表1.3和表1.4。

1.1.5 粉煤灰硅酸盐水泥

凡由硅酸盐水泥熟料和粉煤灰、适量石膏（20%～40%）磨细制成的水硬性胶凝材料称为粉煤灰硅酸盐水泥（简称为粉煤灰水泥），代号为P·F。

国家标准《通用硅酸盐水泥》(GB 175—2007）规定，粉煤灰硅酸盐水泥的细度、凝结时间、体积安定性和强度等技术要求见表1.3和表1.4。

1.1.6 复合硅酸盐水泥

凡由硅酸盐水泥熟料加入两种或两种以上规定的混合材料，再加适量石膏磨细制成的水硬性胶凝材料，称为复合硅酸盐水泥，简称复合水泥，代号为P·C。水泥中混合材料总掺量按质量百分比计应大于20%，但不超过50%。复合硅酸盐水泥技术要求见表1.3和表1.4。

1.1.7 通用水泥的主要特点与适用范围

水泥作为建筑工程中使用的最普遍的材料之一，品种有 100 多种，其性能差别较大，通用硅酸盐类水泥是工程建设过程中用途最广、用量最大的水泥。其主要包括：硅酸盐水泥、普通硅酸盐水泥、粉煤灰硅酸盐水泥、矿渣硅酸盐水泥、火山灰硅酸盐水泥和复合硅酸盐水泥，其性能特点与应用见表 1.5。

表 1.5　　通用硅酸盐水泥的性能与应用

水泥品种	成　分	特　性	适用范围	不适用范围
硅酸盐水泥	1. 水泥熟料； 2. 0～5%石灰石或粒化高炉矿渣； 3. 适量石膏	1. 早期强度高； 2. 水化热高； 3. 抗冻性好； 4. 耐腐蚀性差； 5. 干缩性小； 6. 抗碳化性能好； 7. 耐热性差； 8. 耐磨性好； 9. 湿热养护效果差	1. 早强混凝土； 2. 路面混凝土； 3. 有抗冻要求的混凝土； 4. 干燥气候条件下混凝土； 5. 有抗碳化要求的混凝土； 6. 高强混凝土、预应力混凝土	1. 大体积混凝土； 2. 受侵蚀的混凝土； 3. 耐热混凝土
普通硅酸盐水泥	1. 水泥熟料； 2. 6%～15%混合材料； 3. 适量石膏	与硅酸盐水泥基本相同	与硅酸盐水泥基本相同	与硅酸盐水泥基本相同
矿渣硅酸盐水泥	1. 水泥熟料； 2. 20%～70%粒化高炉矿渣； 3. 适量石膏	1. 水化热低； 2. 耐腐蚀性较强； 3. 抗冻性较差； 4. 干缩性较大； 5. 抗碳化性能差； 6. 耐磨性较差； 7. 抗渗性差； 8. 耐热性好； 9. 湿热养护效果好； 10. 早期强度较低，后期强度增长快	1. 大体积混凝土； 2. 受侵蚀的混凝土； 3. 耐热混凝土； 4. 蒸汽养护的预制构件厂	1. 有抗碳化要求的混凝土； 2. 有抗渗性要求的混凝土； 3. 早强混凝土
火山灰质硅酸盐水泥	1. 水泥熟料； 2. 20%～50%火山灰质混合材料； 3. 适量石膏	1. 水化热低； 2. 耐腐蚀性较强； 3. 抗冻性差； 4. 抗碳化性能差； 5. 耐磨性差； 6. 干缩性大； 7. 抗渗性好； 8. 湿热养护效果好； 9. 早期强度较低，后期强度增长快	1. 大体积混凝土； 2. 受侵蚀的混凝土； 3. 抗渗混凝土； 4. 蒸汽养护的预制构件厂	1. 有抗冻要求的混凝土； 2. 有抗碳化要求的混凝土； 3. 早强混凝土； 4. 干燥气候条件下混凝土

续表

水泥品种	成　分	特　性	适用范围	不适用范围
粉煤灰硅酸盐水泥	1. 水泥熟料； 2. 20%～40%粉煤灰； 3. 适量石膏	1. 水化热低； 2. 耐腐蚀性较强； 3. 抗冻性差； 4. 抗碳化性能差； 5. 耐磨性差； 6. 抗渗性差； 7. 干缩性小，抗裂性好； 8. 湿热养护效果好； 9. 早期强度低，后期强度增长快	1. 大体积混凝土； 2. 受侵蚀的混凝土； 3. 蒸汽养护的预制构件厂； 4. 承受荷载较迟混凝土	1. 有抗冻要求的混凝土； 2. 干燥气候条件下混凝土； 3. 有抗碳化要求的混凝土； 4. 路面混凝土； 5. 早强混凝土
复合硅酸盐水泥	1. 水泥熟料； 2. 15%～50%两种或两种以上的混合材料； 3. 适量石膏	1. 水化热低； 2. 耐腐蚀性较强； 3. 抗冻性较差； 4. 抗碳化性能差； 5. 耐磨性差； 6. 湿热养护效果好； 7. 早期强度较低，后期强度增长快	1. 大体积混凝土； 2. 蒸汽养护的预制构件厂； 3. 受侵蚀的混凝土	1. 有抗冻要求的混凝土； 2. 干燥气候条件下混凝土； 3. 有抗碳化要求的混凝土； 4. 路面混凝土

1.1.8 中热硅酸盐水泥、低热矿渣硅酸盐水泥

拦河大坝等大体积混凝土工程、水化热要求较低的混凝土工程上使用的水泥品种一般有中、低热硅酸盐水泥等。

（1）中热硅酸盐水泥是以适当成分的硅酸盐水泥熟料，加入适量石膏，磨细制成的具有中等水化热的水硬性胶凝材料，简称中热水泥。

（2）低热矿渣硅酸盐水泥是以适当成分的硅酸盐水泥熟料，加入矿渣、适量石膏，磨细制成的具有低水化热的水硬性胶凝材料，简称低热矿渣水泥。

中热硅酸盐水泥与硅酸盐水泥的性能相似，只是水化热较低，抗溶出性侵蚀及抗硫酸盐侵蚀的能力稍强，适用于大坝溢流面层或水位变化区的面层等要求水化热较低、抗冻性及抗冲磨性较差，及大坝或其他大体积混凝土建筑物的内部及水下等要求水化热较低的部位。

1.1.9 膨胀水泥

膨胀水泥是在凝结硬化过程中不产生收缩，而具有一定膨胀性能的水泥。这种特性可减少和防止混凝土的收缩裂缝，增加密实度，也可用于生产自应力水泥砂浆或混凝土。膨胀型水泥根据所产生的膨胀量和用途不同可以分为收缩补偿性膨胀水泥（简称膨胀水泥）和自应力型膨胀水泥（简称自应力水泥）。膨胀水泥的膨胀量较小，自应力值小于2.0MPa，通常为0.5MPa；自应力水泥的膨胀量较大，其自应力值不小于2.0MPa。

膨胀型水泥的品种较多，根据其基本组成分为硅酸盐水泥、明矾石膨胀水泥、铝酸盐膨胀水泥、铁铝酸盐膨胀水泥、硫铝酸盐膨胀水泥等。

各种膨胀水泥的膨胀不同，其技术指标要求也不同，通常规定的技术指标有比表面积、凝结时间、膨胀率、强度等，具体数值见表 1.6 所示。

表 1.6　　　　膨胀水泥技术指标标准

<table>
<tr><th colspan="3">类　别</th><th>硅酸盐自应力水泥</th><th>铝酸盐自应力水泥</th><th>硫铝酸盐自应力水泥</th></tr>
<tr><td rowspan="11">性能指标</td><td colspan="2">比表面积/(m^2/kg)</td><td>>340</td><td>>560</td><td>>370</td></tr>
<tr><td rowspan="2">凝结时间/min</td><td>初凝</td><td>≥30</td><td>≥30</td><td>≥30</td></tr>
<tr><td>终凝</td><td>≤480</td><td>≤180</td><td>≤240</td></tr>
<tr><td colspan="2" rowspan="2">砂浆膨胀率/%</td><td rowspan="2">≤3</td><td>7d>1.2</td><td>7d>1.5</td></tr>
<tr><td>28d>1.5</td><td>28d>2.0</td></tr>
<tr><td colspan="2" rowspan="2">砂浆自应力值/MPa</td><td rowspan="2">2～4</td><td>7d>3.5</td><td rowspan="2">>4.5</td></tr>
<tr><td>28d>4.5</td></tr>
<tr><td rowspan="4">强度/MPa</td><td rowspan="2">抗压</td><td rowspan="2">>8.0</td><td>7d>30</td><td>3d>35</td></tr>
<tr><td>28d>35</td><td>28d>52.5</td></tr>
<tr><td rowspan="2">抗折</td><td rowspan="2">—</td><td rowspan="2">—</td><td>0d　4.0</td></tr>
<tr><td>28d=6.0</td></tr>
</table>

膨胀水泥主要用于防渗混凝土工程中，还适用于结构加固、管道接头及修补工程，浇筑机器底座或固结地脚螺栓，并可用于接缝及修补工程，但不得在受硫酸盐侵蚀的工程中使用。

任务 1.2　水泥检测项目承接

【引例】

受某公司委托，拟对辽宁省观音阁水库除险加固工程闸底板混凝土所使用的普通硅酸盐水泥进行检测。

1.3 Ⓟ

1.2.1　填写检验任务单

首先由检测中心的收样员确定水泥检测项目委托单，由试验员按照检测项目委托单填写样品流转及检验任务单，其内容见表 1.7。

表 1.7　　　　样品流转及检验任务单

接受任务检测室	水泥试验室	移交人		移交日期	
样品名称	水泥				
样品编号					
规格型号					
产地					
使用部位					

续表

<table>
<tr><td>取样日期</td><td colspan="5"></td></tr>
<tr><td>样品来源</td><td colspan="5"></td></tr>
<tr><td>样品数量</td><td colspan="5"></td></tr>
<tr><td>样品描述</td><td colspan="5"></td></tr>
<tr><td>检测项目</td><td colspan="5"></td></tr>
<tr><td>检测依据</td><td colspan="5">GB 175—2017</td></tr>
<tr><td>样品处理</td><td colspan="5">1. 领回；
2. 不领回</td></tr>
<tr><td>符合性检查</td><td colspan="5"></td></tr>
<tr><td>检测时间要求</td><td colspan="5"></td></tr>
<tr><td>接受人</td><td colspan="5"></td></tr>
<tr><td colspan="6">任务完成后样品处理</td></tr>
<tr><td>移交人/日期</td><td></td><td></td><td>接受人/日期</td><td></td><td></td></tr>
<tr><td>备注：</td><td colspan="5"></td></tr>
</table>

注 空白部分由学生根据工程情况与要求填写完整。

1.2.2 取样方法

1.3

《水泥取样方法》（GB 12573—2008）规定，以同一水泥厂相同品种、标号及编号（一般不超过100t）的水泥为一个取样单位，取样单位应具有代表性，可采用机械取样器连续取样（亦可随机选择20个以上不同部位采用取样管等量抽取），将取样充分混合均匀后作为混合样，总量不少于12kg。

1.2.3 领样要求

（1）水泥出厂质量证明报告单。

（2）水泥未受潮，无结块等异常现象。

（3）水泥牌号是否与任务单一致。

（4）样品数量是否满足检测要求（水泥物理性能指标检测需样品数量约为20kg）。

领样注意事项：检验人员在检验开始前，应对样品进行有效性检查，其内容包括以下注意事项：

1）检查接受的样品是否适合于检验。

2）样品是否存在不符合有关规定和委托方检验要求的问题。

3）样品是否存在异常等。

1.2.4 小组讨论

根据填写好的样品流转及检验任务单，对需要检测的项目进行讨论，确定实施方法和实施步骤。

任务 1.3　水泥密度与检测

1.3.1　水泥密度

水泥密度指的是试样在干燥条件下，单位体积水泥的质量，其单位为 g/cm^3。水泥密度是确定水泥细度等指标的主要依据。

水泥密度测定按照《水泥密度测定方法》（GB/T 208—2014）进行。

1.3.2　水泥密度检测

1.3.2.1　检验目的与适用范围

水泥密度测定方法适用于测定水泥的密度，也适用于指定采用本方法的其他粉体物料密度的测定。

1.3.2.2　仪器与材料

（1）李氏瓶：李氏瓶瓶颈刻度由 0～1mL 和 18～24mL 两段刻度组成，且 0～1mL 和 18～24mL 以 0.1mL 为分度值，任何标明的容量误差都不大于 0.05mL。

（2）无水煤油。

（3）恒温水槽：有足够大的容积，使水温可以稳定控制在（20±1）℃。

（4）电子分析天平：量程不小于 100g，分度值不大于 0.01g。

（5）温度计：量程 0～50℃，分度值不大于 0.1℃。

1.3.2.3　试验步骤

（1）水泥试样应先通过 0.90mm 方孔筛，在（110±5）℃温度下烘干 1h，并在干燥器内冷却至室温［室温应控制在（20±1）℃］。

（2）称取水泥 60g（m），精确至 0.01g。在测试其他材料密度时，可按实际情况增减称量材料质量，以便读取刻度值。

（3）将无水煤油注入李氏瓶中至“0”到“1mL”之间刻度线后（选用磁力搅拌此时应加入磁力棒），盖上瓶塞放入恒温水槽内，使刻度部分侵入水中［水温应控制在（20±1）℃］，恒温至少 30min，记下无水煤油的初始（第一次）读数（V_1）。

（4）从恒温水槽中取出李氏瓶，用滤纸将李氏瓶细长劲内没有煤油的部分仔细擦干净。

（5）用小匙将水泥样品一点点地装入李氏瓶中，反复摇动（亦可用超声波振动或磁力搅拌等），直至没有气泡排出，再次将李氏瓶静置于恒温水槽，使刻度部分侵入水中，恒温至少 30min，记下第二次读数（V_2）。

注意：第一次读数和第二次读数时，恒温水槽的温度差不大于 0.2℃。

1.3.2.4　结果评定

水泥试样密度按式（1.1）计算，结果精确至 $0.01g/cm^3$。

$$\rho=\frac{m}{V_2-V_1} \tag{1.1}$$

式中　ρ——水泥的密度，g/cm^3；

V_1——李氏瓶第一次读数，mL；

V_2——李氏瓶第二次读数，mL；

m——水泥试样的质量，g。

1.3.2.5 试验表格填写

根据试验结果，填写水泥密度试验记录表（表1.8）。

表1.8 水泥密度试验记录表

<table>
<tr><td>任务单号</td><td colspan="2"></td><td>检测依据</td><td colspan="2"></td></tr>
<tr><td>样品编号</td><td colspan="2"></td><td>检测地点</td><td colspan="2"></td></tr>
<tr><td>样品名称</td><td colspan="2"></td><td>环境条件</td><td>温度：</td><td>湿度：</td></tr>
<tr><td>样品描述</td><td colspan="2"></td><td>试验日期</td><td colspan="2"></td></tr>
<tr><td rowspan="5">主要仪器设备使用情况</td><td>试验设备名称</td><td colspan="2">型号规格</td><td>编号</td><td>使用情况</td></tr>
<tr><td></td><td colspan="2"></td><td></td><td></td></tr>
<tr><td></td><td colspan="2"></td><td></td><td></td></tr>
<tr><td></td><td colspan="2"></td><td></td><td></td></tr>
<tr><td></td><td colspan="2"></td><td></td><td></td></tr>
<tr><td colspan="2">试验方法</td><td colspan="4">李氏瓶法</td></tr>
<tr><td rowspan="2">试验次数</td><td rowspan="2">水泥试样质量 m/g</td><td rowspan="2">李氏瓶中未加试样时无水煤油弯液面第一次读数 V_1/mL</td><td rowspan="2">李氏瓶中未加试样时无水煤油弯液面第二次读数 V_2/mL</td><td colspan="2">水泥密度 ρ/(g/cm^3)</td></tr>
<tr><td>单值</td><td>平均值</td></tr>
<tr><td>1</td><td></td><td></td><td></td><td></td><td rowspan="2"></td></tr>
<tr><td>2</td><td></td><td></td><td></td><td></td></tr>
<tr><td colspan="6">说明：</td></tr>
</table>

复核：　　　　　　记录：　　　　　　试验：

任务1.4 水泥细度与检测

1.4.1 水泥细度

1.4.1.1 水泥细度定义

水泥细度是指水泥颗粒的粗细程度。水泥颗粒越小，比表面积越大，凝结硬化的速度越快，其早期强度越高；相反水泥颗粒越大，比表面积约小，凝结硬化的速度越慢，其早期强度越低。一般认为，水泥颗粒粒径小于0.04mm时才具有较大的活性。但水泥颗粒太细，在空气中硬化收缩较大，使混凝土发生裂缝的可能性增加。此外，水泥颗粒细度提高会导致粉磨能耗增加，生产成本提高。为充分发挥水泥熟料的活性，改善水泥性能，同时考虑水泥能耗的节约，就要合理控制水泥细度。

1.4.1.2 水泥细度的表示方法

（1）筛析法：以0.045mm方孔筛和0.08mm方孔筛的筛余量百分率表示。筛析法分负压筛析法和水筛法两种，鉴定结果发生争议时以负压筛析法为准。

（2）比表面积法：以每千克水泥所具有的表面积表示，采用勃氏法测定。

1.4 ▶

1.4.2　水泥细度检测（负压筛析法）

1.4.2.1　检验目的与适用范围

负压筛析法适用于矿渣硅酸盐水泥、粉煤灰硅酸盐水泥、火山灰质硅酸盐水泥、复合硅酸盐水泥及指定采用本方法的其他品种水泥。

水泥细度（负压筛析法）的测定按照《水泥细度检验方法　筛析法》（GB/T 1345—2005）进行。

1.4.2.2　仪器设备

（1）电子分析天平量程不大于200g，感量不大于0.01g。

（2）负压筛析仪。其由筛座、负压筛（方孔边长0.08mm），负压源及收尘器组成。其中筛座由转速为（30±2）r/min的喷气嘴、负压表、控制板、微电机及壳体等部分构成。

1.4.2.3　试验步骤

（1）水泥样品应充分拌匀，通过0.9mm方孔筛，记录筛余物情况，要防止过筛时混进其他水泥。

（2）筛析试验前，应把负压筛放在筛座上，盖上筛盖，接通电源，检查控制系统，调节负压至4000～6000Pa范围内。

（3）称取水泥试样质量25g，置于洁净的负压筛中，盖上筛盖，放在筛座上，开动筛析仪连续筛析2min，在此期间如有试样附着在筛盖上，可轻轻地敲击，使试样落下。筛毕，用天平称取筛余物的质量R_s，精确至0.01g。

（4）当工作负压小于4000Pa时，应清理吸尘器内水泥，使负压恢复正常。

1.4.2.4　结果评定

（1）水泥试样筛余百分率按式（1.2）计算：

$$F=\frac{R_s}{m}\times 100\% \tag{1.2}$$

式中　F——水泥试样的筛余百分率，%；

R_s——水泥筛余物的质量，g；

m——水泥试样的质量，g。

计算结果精确至0.1%。

（2）评定：根据《通用硅酸盐水泥》（GB 175—2007）评定是否合格。

规定：水泥在孔径为0.08mm的方孔筛上筛余量不大于10%。

1.4.2.5　筛余结果修正

为使试验结果具有可比性，应采用试验筛修正系数方法来修正计算结果。合格评定时，每个样品应称取两个试样分别筛析，取筛余平均值为筛析结果。若两次筛余结果绝对误差大于0.5%时（筛余值大于5.0%时可放宽至1.0%），应再做一次试验，取两次相近结果的算术平均值作为最终结果。

1.4.2.6　试验表格填写

根据试验结果，填写水泥细度试验记录表（表1.9）。

表 1.9　　水泥细度试验记录表（筛析法）

<table>
<tr><td>任务单号</td><td colspan="2"></td><td colspan="2">检测依据</td><td colspan="2"></td></tr>
<tr><td>样品编号</td><td colspan="2"></td><td colspan="2">检测地点</td><td colspan="2"></td></tr>
<tr><td>样品名称</td><td colspan="2"></td><td colspan="2">环境条件</td><td colspan="2">温度：　　湿度：</td></tr>
<tr><td>样品描述</td><td colspan="2"></td><td colspan="2">试验日期</td><td colspan="2"></td></tr>
<tr><td rowspan="5">主要仪器设备使用情况</td><td>试验设备名称</td><td colspan="3">型号规格</td><td>编号</td><td>使用情况</td></tr>
<tr><td></td><td colspan="3"></td><td></td><td></td></tr>
<tr><td></td><td colspan="3"></td><td></td><td></td></tr>
<tr><td></td><td colspan="3"></td><td></td><td></td></tr>
<tr><td></td><td colspan="3"></td><td></td><td></td></tr>
<tr><td colspan="2">试验方法</td><td colspan="5">负压筛析法</td></tr>
<tr><td rowspan="2">试验次数</td><td rowspan="2">试样质量 m/g</td><td rowspan="2">筛余物质量 R_s/g</td><td colspan="2">筛余百分数</td><td rowspan="2">修正系数</td><td rowspan="2">修正后筛余百分数/%</td></tr>
<tr><td>单值</td><td>平均值</td></tr>
<tr><td>1</td><td></td><td></td><td></td><td rowspan="2"></td><td rowspan="2"></td><td rowspan="2"></td></tr>
<tr><td>2</td><td></td><td></td><td></td></tr>
</table>

说明：

复核：　　　　　　　　记录：　　　　　　　　试验：

1.4.3　水泥细度检测（比表面积法——勃氏法）

1.4.3.1　检验目的与适用范围

本方法适用于硅酸盐水泥、普通硅酸盐水泥细度的测定。

水泥细度（比表面积法）的测定按照《水泥比表面积测定方法》(GB/T 8074—2008）进行。

1.4.3.2　仪器设备

（1）电子分析天平：量程不大于 100g，感量不大于 0.001g。

（2）烘干箱：(110±5)℃。

（3）勃氏透气仪。

（4）秒表：精确至 0.5s。

1.4.3.3　试验条件

相对湿度不大于 50%。

1.4.3.4　试验步骤

（1）水泥样品应充分拌匀，通过 0.9mm 方孔筛，记录筛余物情况，要防止过筛时混进其他水泥。并将其置于（110±5)℃的烘干箱内进行烘干 1h，取出后将其置于干燥器中冷却至室温。

（2）按照 2.2 的要求进行水泥密度测定。

（3）将透气圆筒上口用橡皮塞塞紧，接到压力计上。用抽气装置从压力机一臂中抽出部分气体，然后关闭阀门，观察是否漏气。如发现漏气，可用活塞油脂加以密封。

（4）确定试样量

试样质量按照式（1.3）进行计算：

$$m=\rho V(1-\varepsilon) \tag{1.3}$$

式中　m——试样质量，g；

ρ——试样密度，g/cm^3；

V——试料层体积，cm^3，按《勃氏透气仪》（JC/T 956—2004）测定；

ε——试料层孔隙率，%。

（5）将穿孔板放入透气圆筒的突缘上，用捣棒把一片滤纸放到穿孔板上，边缘放平并压紧。称取确定好的试样质量，精确至 0.001g，倒入圆筒。轻敲圆筒的边缘，使水泥层表面平坦。再放入一片滤纸，用捣器均匀捣实试料直至捣器的支持环与圆筒顶边接触，并旋转 1～2 圈，慢慢取出捣器。（穿孔板上的滤纸为直径 12.7mm 边缘光滑的圆形滤纸片，每次测定需用新的滤纸片）

（6）把装有试料层的透气圆筒下锥面涂一薄层活塞油脂，然后把它插入压力计顶端锥形磨口处，旋转 1～2 圈。要保证紧密连接不致漏气，并不震动所制备的试料层。

打开微型电磁泵慢慢从压力机一臂中抽出空气，直到压力计内液面上升到扩大部下端时关闭阀门。当压力计内液体凹液面下降到第一条刻度线时开始计时，当液体的凹液面下降到第二条刻度线时停止计时，记录液面从第一条刻度线到第二条刻度线所需的时间，以秒表记录，并记录试验时的温度（℃）。每次透气试验，应重新制备试料层。

1.4.3.5　结果评定

（1）当被测试样的密度、试料层中空隙率与标准样品相同，试验时的温度与校准温度之差不大于 3℃时，可按照式（1.4）计算：

$$S=\frac{S_S\sqrt{T}}{\sqrt{T_S}} \tag{1.4}$$

如试验时的温度与校准温度之差大于 3℃时，可按照式（1.5）计算：

$$S=\frac{S_S\sqrt{\eta_S}\sqrt{T}}{\sqrt{\eta}\sqrt{T_S}} \tag{1.5}$$

式中　S——被测试样的比表面积，cm^2/g；

S_S——标准试样的比表面积，cm^2/g；

T——被测试样试验时，压力计中液面降落测得的时间，s；

T_S——标准试样试验时，压力计中液面降落测得的时间，s；

η——被测试样试验温度下的空气黏度，$\mu Pa\cdot s$；

η_S——标准试样试验温度下的空气黏度，$\mu Pa\cdot s$。

（2）当被测试样的试料层中空隙率与标准试样的试料层中孔隙率不同，试验时的温度与校准温度之差不大于3℃时，可按照式（1.6）计算：

$$S=\frac{S_S\sqrt{T}\ (1-\varepsilon_S)\ \sqrt{\varepsilon^3}}{\sqrt{T_S}\ (1-\varepsilon)\ \sqrt{\varepsilon_S^3}} \tag{1.6}$$

如试验时的温度与校准温度之差大于3℃时，可按照式（1.7）计算：

$$S=\frac{S_S\sqrt{\eta_S}\sqrt{T}\ (1-\varepsilon_S)\ \sqrt{\varepsilon^3}}{\sqrt{\eta}\sqrt{T_S}\ (1-\varepsilon)\ \sqrt{\varepsilon_S^3}} \tag{1.7}$$

式中 ε——被测试样试料层中的空隙率；

ε_S——标准试样试料层中的空隙率。

（3）当被测试样的密度、试料层中空隙率与标准样品相同，试验时的温度与校准温度之差不大于3℃时，可按照式（1.8）计算：

$$S=\frac{S_S\rho_S\sqrt{T}\ (1-\varepsilon_S)\ \sqrt{\varepsilon^3}}{\rho\sqrt{T_S}\ (1-\varepsilon)\ \sqrt{\varepsilon_S^3}} \tag{1.8}$$

如试验时的温度与校准温度之差大于3℃时，可按照式（1.9）计算：

$$S=\frac{S_S\rho_S\sqrt{\eta_S}\sqrt{T}\ (1-\varepsilon_S)\ \sqrt{\varepsilon^3}}{\rho\sqrt{\eta}\sqrt{T_S}\ (1-\varepsilon)\ \sqrt{\varepsilon_S^3}} \tag{1.9}$$

式中 ρ——被测试样密度，g/cm^3；

ρ_S——标准试样密度，g/cm^3。

水泥比表面积应由两次透气试验结果的平均值确定。如两次试验结果相差2%以上时，应重新试验。计算结果保留至$10cm^2/g$。

当同一水泥用手动勃氏透气仪测定的结果与自动勃氏透气仪测定的结果有争议时，以手动勃氏透气仪测定结果为准。

1.4.3.6 试验表格填写

根据试验结果，填写水泥细度试验记录表（表1.10）。

表1.10　　水泥细度试验记录表（比表面积法）

<table>
<tr><td>任务单号</td><td colspan="2"></td><td>检测依据</td><td colspan="2"></td></tr>
<tr><td>样品编号</td><td colspan="2"></td><td>检测地点</td><td colspan="2"></td></tr>
<tr><td>样品名称</td><td colspan="2"></td><td>环境条件</td><td>温度：</td><td>湿度：</td></tr>
<tr><td>样品描述</td><td colspan="2"></td><td>试验日期</td><td colspan="2"></td></tr>
<tr><td rowspan="5">主要仪器设备使用情况</td><td>试验设备名称</td><td colspan="2">型号规格</td><td>编号</td><td>使用情况</td></tr>
<tr><td></td><td colspan="2"></td><td></td><td></td></tr>
<tr><td></td><td colspan="2"></td><td></td><td></td></tr>
<tr><td></td><td colspan="2"></td><td></td><td></td></tr>
<tr><td></td><td colspan="2"></td><td></td><td></td></tr>
<tr><td colspan="2">试验方法</td><td colspan="4">勃氏法</td></tr>
<tr><td colspan="2">试样密度</td><td colspan="4"></td></tr>
</table>

续表

比表面积 S，m^2/kg	空隙率 ε，%		
	试料层体积 V，cm^3		
	标定的仪器常数 K		
	试样量：$m=\rho V(1-\varepsilon)$，g		
	试样试验时压力计中液面降落测得的时间，s		
	被测样品比表面积，m^2/kg		
	被测样品比表面积平均值，m^2/kg		
说明			

复核：　　　　　　　　　　　　记录：　　　　　　　　　　　　试验：

1.4.4　思考与讨论

用标准样品在试验筛上的测定值与标准样品的标准值的比值来反映试验筛孔的准确度。

（1）标定操作。将标准样品装入干燥洁净的密闭广口瓶内，盖上盖子摇动 2min，消除结块。静置 2min 后，用一根干燥洁净的搅棒搅匀样品。按前述试验操作步骤测定标准样品的试验筛上的筛余百分数。每个试验筛的标定应称取两个标准样品连续进行，中间不得插做其他试验。

（2）标定结果。两个样品结果的算术平均值为最终值，但当两个样品筛余结果相差大于 0.3%时，应称第三个样品进行试验，并取接近的两个结果进行平均值作为最终结果。

（3）修正系数计算。试验筛修正系数按式（1.10）计算，计算结果精确至 0.01。

$$C=\frac{F_n}{F_t} \tag{1.10}$$

式中　C——试验筛修正系数；

F_n——标准样品的筛余标准值，%；

F_t——标准样品在试验筛上的筛余值，%。

注：修正系数 C 在 0.80～1.20 范围内时，试验筛可继续适用，C 可作为结果修正系数；当 C 值超过 0.80～1.20 范围时，试验筛应予淘汰。

（4）水泥试样结果修正。水泥试样筛余百分数结果修正按式（1.11）计算：

$$F_c=CF \tag{1.11}$$

式中　C——试验筛修正系数；

F_c——水泥试样修正后的筛余百分数，%；

F——水泥试样修正前的筛余百分数，%。

任务 1.5　水泥标准稠度用水量与检测

1.5.1　水泥标准稠度用水量

水泥净浆达到标准稠度时所需的拌和水量称为标准稠度用水量。水泥标准稠度用水量的标准测定方法为试杆法，以标准试杆沉入净浆并距离底板（6±1）mm的水泥净浆为标准稠度净浆。其拌和用水量为该水泥标准稠度用水量，按水泥质量的百分比计。水泥标准稠度用水量的代用测定方法为试锥法，分别调整水量法和不变水量法，采用调整水量法测定标准稠度用水量时，拌和水量应按经验确定加水量；采用不变水量法测定时，拌和水量为142.5mL，水量精确到0.5mL，如果两种方法测试结果不一致时，以调整水量法为准。

1.5 ▶

1.5.2　水泥标准稠度用水量测定

1.5.2.1　目的与适用范围

本方法适用于硅酸盐水泥、普通硅酸盐水泥、矿渣硅酸盐水泥、粉煤灰硅酸盐水泥、火山灰硅酸盐水泥、复合硅酸盐水泥及指定采用本方法的其他品种水泥。

水泥标准稠度用水量的测定按照《水泥标准稠度用水量、凝结时间、安定性检验方法》（GB/T 1346—2011）进行。

1.5.2.2　仪器设备

（1）水泥净浆搅拌机。

（2）标准维卡仪。

（3）湿气养护箱：应使温度控制在（20±1)℃，相对湿度大于90%。

（4）电子分析天平：量程不小于1000g，分度值不大于1g。

（5）量水器：最小刻度为0.1mL，精确至1%。

1.5.2.3　试验条件

试验室温度为（20±2)℃，相对湿度不低于50%，水泥试样、拌和水、仪器和用具的温度应与试验室一致。

1.5.2.4　试验步骤（标准法）

（1）仪器的校核与调整。检查维卡仪的金属棒能否自由滑动，试杆接触玻璃板时将指针对准零点，检查搅拌机是否运行正常。

（2）水泥净浆的拌制。用水泥净浆搅拌机搅拌，搅拌锅和搅拌叶片先用湿布擦过，将拌和水倒入搅拌锅内，然后在5～10s内小心将称好的500g水泥加入水中，防止水和水泥溅出；拌和时，先将搅拌锅放在搅拌机的锅座上，升至搅拌位置，启动搅拌机，低速搅拌120s，停15s，同时将叶片和锅壁上的水泥浆刮入锅中间，接着高速搅拌120s后停机。

（3）标准稠度用水量的测定。拌和结束后，立即将拌制好的水泥净浆装入已置于玻璃底板的试模中，用小刀插捣，轻轻震动数次，刮去多余的净浆；抹平后迅速将试模和底板移动到维卡仪上，并将其中心定在试杆下，降低试杆直接与水泥净浆表面接触，拧紧螺钉1～2s后，突然放松，使试杆垂直自由沉入水泥净浆中。在试杆停止沉入或释放试杆30s时记录试杆距底板之间的距离，升起试杆后，立即擦净（整个操作应该在搅拌后1.5min内完成）。以试杆沉入净浆并距底板（6±1）mm的水泥净浆为标准稠度净浆，其拌和水量为该水泥的标准稠度用水量（P），按水泥质量的百分比计。当试杆距玻璃板小于5mm时，应适当减少用水量，重复水泥浆的拌制和上述过程，若距离大于7mm时，则应适当加水，并重复水泥浆的拌制和上述过程。

1.5.2.5　结果评定

标准稠度用水量按式（1.12）进行计算：

$$P=\frac{W}{500}\times 100\% \tag{1.12}$$

式中　W——用水量，mL。

1.5.2.6　试验表格填写

根据试验结果，填写水泥标准稠度用水量试验记录表（表 1.11）。

表 1.11　　水泥标准稠度用水量、凝结时间、安定性试验记录表

<table>
<tr><td>任务单号</td><td></td><td>检测依据</td><td colspan="2"></td></tr>
<tr><td>样品编号</td><td></td><td>检测地点</td><td colspan="2"></td></tr>
<tr><td>样品名称</td><td></td><td>环境条件</td><td>温度：</td><td>湿度：</td></tr>
<tr><td>样品描述</td><td></td><td>试验日期</td><td colspan="2"></td></tr>
<tr><td rowspan="5">主要仪器设备使用情况</td><td>试验设备名称</td><td>型号规格</td><td>编号</td><td>使用情况</td></tr>
<tr><td></td><td></td><td></td><td></td></tr>
<tr><td></td><td></td><td></td><td></td></tr>
<tr><td></td><td></td><td></td><td></td></tr>
<tr><td></td><td></td><td></td><td></td></tr>
<tr><td colspan="5">水泥标准稠度用水量测定（标准法）</td></tr>
<tr><td>用水量/mL</td><td colspan="2">试杆沉入净浆并距底板的距离/mm</td><td colspan="2">标准稠度用水量/mL</td></tr>
<tr><td></td><td colspan="2"></td><td colspan="2"></td></tr>
<tr><td colspan="5">凝结时间的测定</td></tr>
<tr><td>水泥加入水的时间
t_1/(h：min)</td><td>试针沉至距底板
(4±1) mm 的时间
t_2/(h：min)</td><td>试针沉入试体
0.5mm 的时间
t_3/(h：min)</td><td>初凝时间
$t_4=t_2-t_1$
/min</td><td>终凝时间
$T_5=t_3-t_1$
/min</td></tr>
<tr><td></td><td></td><td></td><td></td><td></td></tr>
<tr><td colspan="5">安定性的测定（标准法）</td></tr>
<tr><td rowspan="2">试验序号</td><td rowspan="2">沸煮前雷氏夹
指针尖端的距离 A/mm</td><td rowspan="2">沸煮前雷氏夹
指针尖端的距离 C/mm</td><td colspan="2">试件沸煮后雷氏夹指针尖端
增加距离 $C-A$/mm</td></tr>
<tr><td>单值</td><td>平均值</td></tr>
<tr><td>1</td><td></td><td></td><td></td><td></td></tr>
<tr><td>2</td><td></td><td></td><td></td><td></td></tr>
<tr><td colspan="5">说明：</td></tr>
</table>

复核：　　　　　　　　　　　　　　记录：　　　　　　　　　　　　　　试验：

1.5.3　思考与讨论

试锥法（调整水量法）测定水泥标准稠度用水量，其与试杆法（标准法）有何区别？

试锥法测定水泥标准稠度用水量方法如下：

（1）试验前检查。仪器金属棒应能自由滑动；试锥降至锥模顶面位置时，指针应对准标尺零点；搅拌机运转正常。

（2）水泥浆拌制和试杆法拌制相同。

（3）拌和结束后，立即将拌好的净浆装入试锥内，用小刀插捣，振动数次后，刮去多余净浆，磨平后迅速放到试锥下面固定位置上。将试锥降至净浆表面处，拧紧螺钉1～2s后，突然放松，让试锥垂直自由沉入净浆中，到试锥停止下沉或释放试锥30s后记录试锥下沉深度。整个操作应在搅拌后1.5min内完成。

（4）用调整水量法测定时，以试锥下沉深度（28±2）mm的水泥净浆为标准稠度净浆，其拌和水量为该水泥的标准稠度用水量（P），按水泥质量的百分比计。如下沉深度超出范围需另称试样，调整水量，重新试验，直至达到（28±2）mm为止。

（5）用不变水量法测定时，根据试锥下沉深度S，按式（1.13）计算得到标准稠度用水量。

$$P=33.4-0.185S \tag{1.13}$$

当试锥下沉深度小于13mm时，应该用调整水量法测定。

任务1.6 水泥凝结时间与检测

1.6.1 水泥凝结时间

水泥凝结时间是指从水泥加水时至水泥浆失去可塑性所需的时间。凝结时间分初凝时间和终凝时间。初凝时间是从加水至水泥浆开始失去可塑性所经历的时间；终凝时间是从水泥加水至水泥浆完全失去可塑性所经历的时间。终凝时间以试针沉入水泥标准稠度净浆至一定深度所需的时间表示。凝结时间的测定是以标准稠度的水泥净浆在标准温度、湿度下用凝结时间测定仪测定。

1.6.2 水泥凝结时间测定

1.6 ▶

1.6.2.1 目的适用范围

本方法适用于硅酸盐水泥、普通硅酸盐水泥、矿渣硅酸盐水泥、粉煤灰硅酸盐水泥、火山灰硅酸盐水泥、复合硅酸盐水泥、道路硅酸盐水泥及指定采用本方法的其他品种水泥。

水泥凝结时间的测定按照《水泥标准稠度用水量、凝结时间、安定性检验方法》（GB/T 1346—2011）进行。

1.6.2.2 仪器设备

（1）水泥净浆搅拌机。

（2）标准维卡仪。

（3）湿气养护箱：应使温度控制在（20±1）℃，相对湿度大于90%。

（4）电子分析天平：量程不小于1000g，分度值不大于1g。

（5）量水器：最小刻度为 0.1mL，精确至 1%。

1.6.2.3　试验步骤

（1）测定前准备工作。调整凝结时间，测定仪的试针接触玻璃板时将指针对准零点。

（2）试件的制备。以标准稠度的水泥净浆一次装满试模，震动数次刮平，立即放入湿气养护箱中。记录水泥全部加入水中的时间作为凝结时间的起始时间。

（3）初凝时间的测定。试件在湿气养护箱中养护至加水后 30min 时进行第一次测定。测定时，从湿气养护箱中取出试模放到试针下，降低试针与水泥净浆表面接触，拧紧螺钉 1～2s，突然放松，试针垂直自由地沉入水泥净浆。观察试针停止下沉或释放试针 30s 时试针的读数。当试针沉至距底板（4±1）mm 时，为水泥达到初凝状态，由水泥全部加入水中至初凝状态所经历的时间为水泥的初凝时间，用“min”表示。

（4）终凝时间的测定。为了准确观测试针沉入的状态，在终凝针上安装了一个环形附件。在完成初凝时间测定后，立即将试模连同浆体以平移的方式从玻璃板上取下，翻转 180°，直径大端向上，小端向下放在玻璃板上，再放入湿气养护箱中继续养护，临近终凝时间每隔 15min 测定一次，当试针沉入试体 0.5mm 时，即环形附件开始不能在试体上留下痕迹时，为水泥达到终凝状态，由水泥全部加入水中至终凝状态所经历的时间为水泥的终凝时间，用“min”表示。

（5）测定时应注意，最初的测定操作时应用手轻轻扶持金属柱，使其徐徐下沉，以防试针撞弯，但结果要以自由落下为准。在整个测试过程中试针沉入的位置至少要距离试模内壁 10mm。临近初凝时，每隔 5min 测定一次，临近终凝时每隔 15min 测定一次，到达初凝或终凝时应立即重复测一次，当两次结论相同时才能定为到达初凝或终凝状态。每次测定不能让试针落入原针孔，每次测试完毕需将试针擦净并将试模放回湿气养护箱内，整个测试过程要防止试模受震。

1.6.2.4　试验表格填写

根据试验结果，填写水泥凝结时间试验记录表（表 1.12）。

表 1.12　　水泥标准稠度用水量、凝结时间、安定性试验记录表

<table>
<tr><td>任务单号</td><td></td><td>检测依据</td><td colspan="2"></td></tr>
<tr><td>样品编号</td><td></td><td>检测地点</td><td colspan="2"></td></tr>
<tr><td>样品名称</td><td></td><td>环境条件</td><td>温度：</td><td>湿度：</td></tr>
<tr><td>样品描述</td><td></td><td>试验日期</td><td colspan="2"></td></tr>
<tr><td rowspan="5">主要仪器设备
使用情况</td><td>试验设备名称</td><td>型号规格</td><td>编号</td><td>使用情况</td></tr>
<tr><td></td><td></td><td></td><td></td></tr>
<tr><td></td><td></td><td></td><td></td></tr>
<tr><td></td><td></td><td></td><td></td></tr>
<tr><td></td><td></td><td></td><td></td></tr>
</table>

续表

<table>
<tr><td colspan="6">水泥标准稠度用水量测定（标准法）</td></tr>
<tr><td colspan="2">用水量/mL</td><td colspan="2">试杆沉入净浆并距底板的距离/mm</td><td colspan="2">标准稠度用水量/mL</td></tr>
<tr><td colspan="2"></td><td colspan="2"></td><td colspan="2"></td></tr>
<tr><td colspan="6">凝结时间的测定</td></tr>
<tr><td colspan="2">水泥加入水的时间
t_1/(h：min)</td><td>试针沉至距底板
(4±1) mm的时间
t_2/(h：min)</td><td>试针沉入试体
0.5mm的时间
t_3/(h：min)</td><td>初凝时间
$t_4=t_2-t_1$
/min</td><td>终凝时间
$T_5=t_3-t_1$
/min</td></tr>
<tr><td colspan="2"></td><td></td><td></td><td></td><td></td></tr>
<tr><td colspan="6">安定性的测定（标准法）</td></tr>
<tr><td rowspan="2">试验序号</td><td rowspan="2">沸煮前雷氏夹
指针尖端的距离 A/mm</td><td rowspan="2" colspan="2">沸煮前雷氏夹指针尖端的
距离 C/mm</td><td colspan="2">试件沸煮后雷氏夹指针尖端
增加距离 $C-A$/mm</td></tr>
<tr><td>单值</td><td>平均值</td></tr>
<tr><td>1</td><td></td><td colspan="2"></td><td></td><td></td></tr>
<tr><td>2</td><td></td><td colspan="2"></td><td></td><td></td></tr>
<tr><td colspan="6">说明：</td></tr>
</table>

复核：　　　　　　　　记录：　　　　　　　　试验：

1.6.3 思考与讨论

1.4 ℗

1.6.3.1 水泥的凝结硬化过程

水泥的凝结硬化是水泥加水拌和为浆体，逐渐失去可塑性变为水泥石后，且水泥石强度逐渐发展的完整过程。但在研究过程中，我们将凝结硬化分为两个过程：水泥加水拌和后，水泥浆逐渐失去可塑性的过程称为“凝结”；水泥石强度逐渐发展的过程称为“硬化”。

硅酸盐水泥熟料的主要矿物组成、化学简式和含量见表1.13。

表1.13　　硅酸盐水泥熟料的主要矿物组成、化学简式和含量

矿物名称	化学式	化学简式	含量
硅酸三钙	$3CaO \cdot SiO_2$	C_3S	37%～60%
硅酸二钙	$2CaO \cdot SiO_2$	C_2S	15%～37%
铝酸三钙	$3CaO \cdot Al_2O_3$	C_3A	7%～15%
铁铝酸四钙	$4CaO \cdot Al_2O_3 \cdot Fe_2O_3$	C_4AF	10%～18%

上述主要矿物成分中，氧化钙和氧化硅组合在一起的 C_3S、C_2S，称为硅酸盐矿物，在熟料中不少于70%，因此，以它们作为主要水化组分的水泥称为硅酸盐水泥；

后两种矿物成分（C_3A、C_4AF）总含量约为 25%左右，称为溶剂矿物。

水泥的凝结硬化过程是由于水泥中所含有的矿物成分发生了一系列的化学反应（水化反应）和物理变化。其化学反应如下：

（1）C_3S。C_3S 在水泥熟料中的含量占 37%～60%，因此它的水化作用、产物及其所形成的结构对硬化水泥浆体的性能有很重要的影响。C_3S 在常温下的水化反应式为

$$2(3CaO\cdot SiO_2)+6H_2O\longrightarrow 3CaO\cdot 2SiO_2\cdot 3H_2O+3Ca(OH)_2 \quad (1.14)$$

上式表明，其水化产物为 C－S－H（$3CaO\cdot 2SiO_2\cdot 3H_2O$）凝胶和氢氧化钙，C－S－H 有时也被称为水化硅酸钙。C－S－H 呈无定形的胶体状，其结晶程度极差，且即使经过很长时间，结晶度仍然提高不多。

（2）C_2S。C_2S 的水化与 C_3S 相似，只不过水化速度慢而已，C_2S 在常温下的水化反应式为

$$2(2CaO\cdot SiO_2)+4H_2O\longrightarrow 3CaO\cdot 2SiO_2\cdot 3H_2O+Ca(OH)_2 \quad (1.15)$$

C_2S 所形成的水化硅酸钙与 C_3S 水化生成的产物相同。但生成 C－S－H 凝胶的量比 C_3S 少，结晶也比 C_3S 的粗大些。

（3）C_3A。C_3A 与水反应迅速，放热快，其水化产物组成和结构受液相 CaO 浓度和温度的影响很大。C_3A 在常温下的水化反应式为

$$3CaO\cdot Al_2O_3+6H_2O\longrightarrow 3CaO\cdot Al_2O_3\cdot 6H_2O \quad (1.16)$$

（4）C_4AF。水泥熟料中，C_4AF 水化速率比 C_3A 慢，水化热较低，即使单独水化也不会引起快凝。C_4AF 在常温下的水化反应式为

$$4CaO\cdot Al_2O_3\cdot Fe_2O_3+7H_2O\longrightarrow 3CaO\cdot Al_2O_3\cdot 6H_2O+CaO\cdot Fe_2O_3\cdot H_2O \quad (1.17)$$

硅酸盐水泥熟料四种主要矿物的水化特性各不相同，主要表现在对水泥强度、凝结硬化速度和水化热的影响上，各主要矿物成分的水化特性见表 1.14。

表 1.14　硅酸盐水泥熟料各矿物成分的水化特性

名　称	硅酸三钙（C_3S）	硅酸二钙（C_2S）	铝酸三钙（C_3A）	铁铝酸四钙（C_4AF）
凝结硬化速度	快	慢	最快	快
28d 水化热	多	少	最多	中
强度	早期强度高	早期低、后期高	低	低

由于水泥熟料的水化特性不同，改变水泥中各矿物成分的比例，水泥的性质也随之改变。因此，在实际生产中，通过调整水泥中各矿物成分的含量可生产出不同性质的水泥，以满足不同环境条件下、不同结构类型混凝土的要求。如生产低热水泥，可适当提高水泥熟料中硅酸二钙和铁铝酸四钙的含量，相应降低硅酸三钙和铝酸三钙的含量。

水泥和水接触后，水泥颗粒表面的水泥熟料先溶于水，然后与水反应，或固态熟料直接与水反应，生成相应的水化产物，水化产物先溶解于水，由于各种水化产物的溶解度很小，而其生产的速度大于其向溶液中扩散的速度，一般在几分钟内，水泥颗粒周围的溶液就称为水化产物的过饱和溶液，并析出水化硅酸钙凝胶、水化硫铝酸钙、氢氧化钙和水化铝酸钙晶体等水化产物。在水化初期，水化产物颗粒不多时，水泥颗粒之间还是分离的，水泥将具有可塑性。随着时间的推移，水泥颗粒的不断水化，水化产物不断增多，使水泥颗粒的空隙逐渐减小，并逐渐接近以至于相互接触，形成凝聚结构。凝聚结构的形成使水泥浆开始失去可塑性，这就是水泥的"初凝"。随着以上过程的不断进行，固态的水化产物不断增多，颗粒间接触点数目增加，结晶体和凝胶相互贯穿形成的凝聚一结晶网状结构不断加强，而固相颗粒之间的空隙（毛细孔）不断减小，结构逐渐紧密。使水泥浆体完全失去可塑性，水泥表现为"终凝"。之后水泥石进入僵化阶段。进入僵化阶段后，水泥的水化速度逐渐减慢，水化产物随时间的增加而逐渐增加，扩展到毛细孔中，使结构更趋致密，强度逐渐提高。

1.7 ▶

1.6.3.2 影响水泥凝结硬化的因素

1.5 Ⓟ

掌握影响水泥凝结硬化的因素，其目的是在水泥实际生产中调节水泥性能和在水泥混凝土工程实际中正确使用水泥。影响水泥凝结硬化的主要因素：熟料矿物组成、石膏掺量、水泥细度、水灰比、环境的温度和湿度、养护龄期、外加剂等。

（1）熟料矿物组成。熟料矿物组成是影响水泥凝结硬化的主要内因。由于水泥中各种矿物组成的比例和性质不同，使水泥表现出不同的性质。如硅酸二钙和硅酸三钙占熟料的比例最大，它是水泥的主要矿物成分，它们之间的比例关系决定水泥的基本性质；硅酸三钙和铝酸三钙的水化和凝结硬化的速率最快，当水泥中两者含量较高时，水泥的凝结硬化快、早期强度高，水化放热量大。

（2）石膏掺量。为了调节水泥的凝结硬化速度，在硅酸盐水泥熟料磨细以前掺入适量石膏。如不掺入石膏或石膏掺量不足，水泥浆在很短时间内迅速凝结硬化（也称为急凝）。其原因在于，铝酸三钙（C_3A）在溶液中电离出三价铝离子，其与凝胶体电荷相反，使胶体凝聚。当掺入适量石膏时，石膏与 C_3A 反应，其化学产物延缓了水泥的凝结硬化速度。如果石膏掺量过多，会使凝结硬化速度加快，同时还会引起硬化水泥石膨胀开裂（称为体积安定性不良）。石膏的掺量取决于熟料中 C_3A 含量和石膏中 SO_3 含量。

（3）水泥细度。水泥的细度是指水泥颗粒的粗细程度。水泥颗粒越细，比表面积越大，水化的过程越完全，水化和凝结硬化速度越快，早期强度越高。但水泥颗粒过细，易与空气中的水分及二氧化碳反应而不易久存，并且成本明显提高。另外，水泥颗粒过细，用水量会增加，硬化时会产生较大的体积收缩，产生大量的孔隙，使水泥石强度降低。因此，水泥的细度要控制在合理的范围之内。

（4）水灰比。水和水泥的质量比称为水灰比。水泥水化的水灰比约为 0.23，但为了使水泥浆体具有一定的流动性和可塑性，往往需要增大水灰比。当水灰比较大时，多余的水分蒸发后会形成大量孔隙，使强度降低。而且拌合的水越多，形成的孔隙越多。因此，在不影响施工的前提下，水灰比越小，水泥的凝结硬化越快，形成的孔隙越少，水泥的强度、抗渗、抗侵蚀性能越好。

（5）环境温度和湿度。温度对水泥的凝结硬化影响较大。通常温度较高时，水化和凝结硬化的速度较快，可以提高水泥的早期强度。当温度低于 0℃时，水结冰使水化作用停止。一般要求水泥的水化、凝结硬化温度不低于 5℃。

（6）养护时间（龄期）。水泥的水化硬化是一个较长时期内不断进行的过程。随着养护龄期的不断增加，水化产物不断增多，胶体不断增加，孔隙数量不断减少，使水泥石强度随着龄期增长逐渐增加。实践证明：硅酸盐水泥 28d 内强度发展较快，28d 后强度增长较慢。

（7）外加剂。由于硅酸盐水泥的水化和凝结硬化受硅酸三钙和铝酸三钙的影响较大，因此凡对硅酸三钙和铝酸三钙的水化能产生影响的外加剂，都能影响硅酸盐水泥的水化和凝结硬化。如水泥浆中掺入缓凝剂（木钙或糖类），会延缓水泥的水化和硬化，影响水泥的早期强度；水泥浆中掺入早强剂，会促进水泥凝结硬化，提高其早期强度。

1.8

任务 1.7　水泥安定性与检测

1.7.1　水泥体积安定性定义

水泥体积安定性是指水泥凝结硬化过程中，水泥石体积变化的均匀性。如水泥硬化中，发生不均匀的体积变化，称为体积安定性不良。体积安定性不良的水泥会使混凝土构件因膨胀而产生裂缝，降低工程质量，甚至导致严重的工程事故。

引起水泥体积安定性不良的原因：①水泥熟料中存在过多的游离氧化钙和游离氧化镁或者由于水泥熟料中石膏掺量过多。游离氧化钙和氧化镁均是过烧的，熟化很缓慢，在水泥硬化并产生一定强度后，才开始熟化，体积产生膨胀，引起水泥石不均匀的体积变化，使水泥石产生裂缝；②水泥熟料中石膏掺量过多，水泥硬化后，石膏还会与固态的水化铝酸钙反应生成含有 31 个结晶水的高硫型水化硫铝酸钙，体积膨胀 1.5 倍以上，导致水泥体积安定性不良，使水泥石开裂。

1.7.2　水泥安定性测定（标准法——雷氏夹法）

1.7.2.1　目的与适用范围

雷氏夹法适用于硅酸盐水泥、普通硅酸盐水泥、矿渣硅酸盐水泥、粉煤灰硅酸盐水泥、火山灰硅酸盐水泥、复合硅酸盐水泥、道路硅酸盐水泥及指定采用本方法的其他品种水泥。

水泥安定性的测定按照《水泥标准稠度用水量、凝结时间、安定性检验方法》（GB/T 1346—2011）进行。

1.7.2.2　仪器设备

（1）雷氏夹：由铜质材料制成。当用 300g 砝码校正时，两根针的针尖距离增加应在（17.5±2.5）mm 范围内。

（2）雷氏夹膨胀测定仪：其标尺最小刻度为0.5mm。

（3）沸煮箱：有效尺寸为410mm×240mm×310mm，试件架与加热器之间的距离大于50mm。箱的内层由不易锈蚀的金属材料制成，能在（30±5）min内将箱内的实验用水由室温加热至沸腾状态并保持3h以上，整个过程不需要补充水量。

（4）其他：水泥净浆搅拌机、天平、湿气养护箱、小刀等。

1.7.2.3 试验步骤

（1）测定前准备工作：每个试样需成型两个试件，每个雷氏夹需配备两个边长或直径约为80mm、厚度为4～5mm的玻璃板，并先在与水泥接触的玻璃和雷氏夹表面稍稍涂上一层油。

（2）将制备好的标准稠度水泥净浆立即一次装满雷氏夹，装浆时一只手轻轻扶持雷氏夹，另一只手用宽约25mm的直边刀在浆体表面轻轻插捣3次，抹平，盖上涂油的玻璃板，然后将试件移至湿气养护箱内养护（24±2）h。

（3）移去玻璃板取下试件，先测量雷氏夹指针尖的距离（A），精确至0.5mm。然后将试件放入沸煮箱水中的试件架上，指针朝上，试件之间互不交叉，调好水位与水温，接通电源，在30±5min之内加热至沸腾，并恒沸（180±5）min。

（4）沸煮结束后，取出煮沸后冷却至室温的试件，用雷氏夹膨胀测定仪测量试件雷氏夹两指针尖的距离（C），精确至0.5mm。

当两个试件煮沸后增加距离（$C-A$）的平均值不大于5.0mm时即认为水泥安定性合格。当两个试件的（$C-A$）值大于5.0mm时，应用同一样品立即重做一次试验。如若结果相同，则该水泥安定性不合格。

国家标准《通用硅酸盐水泥》（GB 175—2017）规定：硅酸盐水泥的体积安定性用沸煮法检验必须合格。

1.7.2.4 试验表格填写

根据试验结果，填写水泥安定性记录表（表1.15）。

表1.15　　水泥标准稠度用水量、凝结时间、安定性试验记录表

<table>
<tr><td>任务单号</td><td></td><td>检测依据</td><td colspan="2"></td></tr>
<tr><td>样品编号</td><td></td><td>检测地点</td><td colspan="2"></td></tr>
<tr><td>样品名称</td><td></td><td>环境条件</td><td>温度：</td><td>湿度：</td></tr>
<tr><td>样品描述</td><td></td><td>试验日期</td><td colspan="2"></td></tr>
<tr><td rowspan="5">主要仪器设备
使用情况</td><td>试验设备名称</td><td>型号规格</td><td>编号</td><td>使用情况</td></tr>
<tr><td></td><td></td><td></td><td></td></tr>
<tr><td></td><td></td><td></td><td></td></tr>
<tr><td></td><td></td><td></td><td></td></tr>
<tr><td></td><td></td><td></td><td></td></tr>
</table>

续表

<table>
<tr><td colspan="7">水泥标准稠度用水量测定（标准法）</td></tr>
<tr><td colspan="2">用水量/mL</td><td colspan="3">试杆沉入净浆并距底板的距离/mm</td><td colspan="2">标准稠度用水量/mL</td></tr>
<tr><td colspan="2"></td><td colspan="3"></td><td colspan="2"></td></tr>
<tr><td colspan="7">凝结时间的测定</td></tr>
<tr><td colspan="2">水泥加入水的时间
t_1/(h：min)</td><td colspan="2">试针沉至距底板
4±1mm 的时间
t_2/(h：min)</td><td>试针沉入试体
0.5mm 的时间
t_3/(h：min)</td><td>初凝时间
$t_4=t_2-t_1$
/min</td><td>终凝时间
$t_5=t_3-t_1$
/min</td></tr>
<tr><td colspan="2"></td><td colspan="2"></td><td></td><td></td><td></td></tr>
<tr><td colspan="7">安定性的测定（标准法）</td></tr>
<tr><td rowspan="2">试验序号</td><td colspan="2" rowspan="2">沸煮前雷氏夹
指针尖端的距离 A/mm</td><td colspan="2" rowspan="2">沸煮前雷氏夹指针尖端的
距离 C/mm</td><td colspan="2">试件沸煮后雷氏夹指针尖端
增加距离 $C-A$/mm</td></tr>
<tr><td>单值</td><td>平均值</td></tr>
<tr><td>1</td><td colspan="2"></td><td colspan="2"></td><td></td><td></td></tr>
<tr><td>2</td><td colspan="2"></td><td colspan="2"></td><td></td><td></td></tr>
<tr><td colspan="7">说明：</td></tr>
</table>

复核：　　　　　　　　　　　　　　　记录：　　　　　　　　　　　　　　　试验：

1.7.3　思考与讨论

1.9

如何用试饼法（代用法）检测水泥体积安定性？

（1）准备两块 100mm×100mm 的玻璃板，并在玻璃板的一侧表面涂抹上一层隔离剂。

（2）将制定好的净浆取出一部分分成两等份，使之呈球形，放在预先准备好的玻璃板上，轻轻振动玻璃板并用湿布擦净的小刀由边缘向中央抹动，做成直径 70～80mm、中心厚约 10mm、边缘渐薄、表面光滑的试饼，并将其放入湿气养护箱内养护（24±2）h。

（3）移去玻璃板取下试件，先检查试饼是否完整（如已开裂、翘曲，要检查原因，确无外因，该试件已属不合格品，不必煮沸），在试饼无缺陷的情况下将试饼放在沸煮箱的水中试件架上，然后（30±5）min 之内加热至沸腾，并恒沸（180±5）min。

（4）沸煮结束后，放掉热水，打开箱盖，待冷却后取出试件进行判别，目测试饼无裂缝（用钢直尺和试饼底部靠紧，以两者不透光为不弯曲）的试饼为安定性合格；反之不合格。当两个试件的判别结果有矛盾时，该水泥的安定性为不合格。

任务 1.8　水泥胶砂强度与检测

1.8.1　水泥胶砂强度

水泥胶砂强度反映了水泥硬化到一定龄期后胶结能力的大小，是确定水泥强度等级的依据。它是水泥的主要质量指标之一。

1.10

1.8.2 水泥胶砂强度试验

1.8.2.1 目的与适用范围

水泥胶砂强度试验方法适用于硅酸盐水泥、普通硅酸盐水泥、矿渣硅酸盐水泥、粉煤灰硅酸盐水泥、火山灰硅酸盐水泥、复合硅酸盐水泥、道路硅酸盐水泥及指定采用本方法的其他品种水泥。

水泥胶砂强度的测定按照《水泥胶砂强度检验方法（ISO法）》(GB/T 17671—2005）进行。

1.8.2.2 仪器设备

（1）行星式胶砂搅拌机：是搅拌叶片和搅拌锅相反方向转动的搅拌设备。叶片和锅由耐磨的金属材料制成，叶片和锅底、锅壁之间的间隙为叶片和锅壁最近的距离（图1.1)。

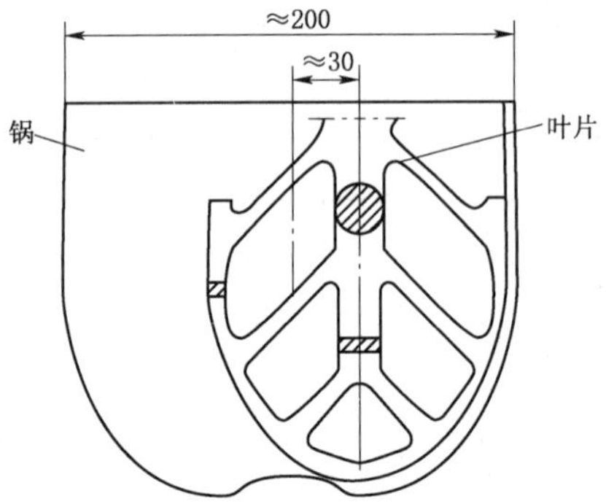

图1.1 搅拌机

（2）试模：可装拆的三联试模，由隔板、端板、底座等部分组成，可同时成型3个截面为40mm×40mm×160mm的菱形试件。

（3）胶砂试件成型振实台。

（4）套膜、两个拨料器、刮平直尺、标准养护箱等。

1.8.2.3 试验条件

（1）试体成型试验室的温度应保持在(20±2)℃，相对湿度应不低于50%。

（2）试体带模养护的养护箱或雾室温度保持在（20±1)℃，相对湿度不低于90%。

（3）试体养护箱水温度在（20±1)℃范围内。试验室空气温度和相对湿度及养护池水温在工作期间每天记录一次；养护箱或雾室的温度与相对湿度至少每4h记录一次，在自动控制的情况下记录次数可以酌减至一天记录两次。

1.8.2.4 水泥胶砂试件制作与养护

（1）试验前需将试模擦净，四周的模板与底座的接触面上应涂黄油，紧密装配，防止漏浆。内壁均匀刷薄层机油。搅拌锅、叶片和下料漏斗（或播料器）等用湿布擦干净（更换水泥品种时，也须用湿布擦干净)。

（2）胶砂配合比。水泥与中国ISO标准砂的质量比为1∶3，水灰比为0.5。即水泥（450±2）g；中国ISO标准砂（1350±5）g；拌和水（225±1）mL。

（3）搅拌程序。先将称量好的水加入锅内，再加入称好的水泥，把锅放在固定架上，上升至固定位置。立即开动机器，低速搅拌30s后，在第二个30s开始的同时均匀加入标准砂。当各级标准砂是分装时，由粗到细依次加入。当为混合包装时，应均匀加入。标准砂全部加完后，把机器转至高速再拌30s。接着停拌90s，在刚停的15s内用橡皮刮具将叶片和锅壁上的胶砂刮至拌和锅内。最后高速搅拌60s。各个搅拌阶段，时间误差应在±1s以内，总搅拌时间为4min。

(4) 胶砂制备后立即进行成型。把试模固定在振实台上，用勺子将胶砂分两层装入试模。装第一层时，每个槽内约放300g胶砂，用大播料器垂直加在模套顶部，沿每个模槽来回一次将料层播平，接着振实60次；再装第二层，用小播料器播平，再振实60次。

(5) 振实完毕后取下试模，用刮平直尺以近似90°的角度架在试模的一端，沿试模长度方向，以横向锯割动作向另一端移动，一次刮去高出试模多余的胶砂。最后用同一刮尺以近乎水平的角度，将试模表面抹平。然后在试模上做标记或加字条，标明试件编号和试件相对于振实台的位置。

(6) 脱模前的处理与养护。成型后立即将做好标记的试模放入雾室或湿气养护箱的水平架子上养护，养护时试模不应重叠。养护到规定的脱模时间（24±2）h时取出试模，用防水墨汁或颜料笔对试件进行编号或做其他标记。两个龄期以上的试件，在编号时应将同一试模中的3条试件分在两个以上龄期的组中。

(7) 脱模。脱模应非常小心，以防损伤试件，脱模时可用塑料锤或橡皮榔头或专门的脱模器。对24h龄期的试件，应在强度试验前20min脱模；对24h以上的试件，应在成型后20～24h之间脱模。硬化较慢的水泥允许延期脱模，但在试验报告中应予说明。

(8) 水中养护。将做好标记的试件水平或竖直放在（20±1）℃的水中养护，水平放置时刮平面应朝上。养护期间，试件间隔和试件上表面的水深不得小于5mm，且不允许全部更换养护水。每个养护池（或容器）内只能养护同类型的水泥试件。

1.8.2.5 水泥胶砂强度试验

(1) 将抗折试验机夹具的圆柱表面清理干净，并调整杠杆处于平衡状态。

(2) 用湿布擦去试件表面的水分和砂粒，将试件放入夹具内，使试件成型时的侧面与夹具的圆柱接触。调整夹具，使杠杆在试件折断时尽可能接近平衡位置。

(3) 以（50±10）N/s的速度进行加荷，直到试件被折断，记录破坏荷载P或抗折强度f_f。

(4) 保持断块处于潮湿状态直至抗压试验开始。

(5) 按式（1.18）计算每条试件的抗折强度，计算结果精确至0.1MPa：

$$f_f = 3PL/(2bh^2) = 0.00234P \tag{1.18}$$

式中 P——破坏荷载，N；

L——支撑圆柱的中心距离，为100mm；

b、h——试件断面的宽和高，均为40mm。

(6) 每组试件的抗折强度，以3条棱柱体试件抗折强度测定值的算数平均值作为试验结果。当3个测定值中仅有1个超出平均值的±10%时，应剔除这个数据，再以其余2个测定值的平均数作为试验结果。

1.8.2.6 水泥抗压强度试验

(1) 将抗折试验后的6个断块，立即在断块的侧面上，进行抗压试验。抗压试验须用抗压夹具，使试件受压面积为 40mm×40mm。试验前，应将试件受压面与抗压夹具清理干净，试件的底面应紧靠夹具上的定位梢，断块露出上压板外的部分应不少于 10mm。

（2）在整个加荷过程中，夹具应位于压力机承压板中心，以（2400±200）N/s 的速率均匀地加荷直至破坏，记录破坏荷载 P。

（3）按下式 1.19 计算每块试件的抗压强度 f_c，计算结果精确至 0.1MPa。

$$f_c = P/A = 0.625P \tag{1.19}$$

式中　P——破坏荷载，kN；

　　　A——受压面积，40mm×40mm。

（4）每组试件的抗压强度，以三条棱柱上得到的六个抗压强度测定值的算数平均值作为试验结果。如六个测定值中仅有一个超出平均值的±10%时，应剔除这个数据，再以其余五个测定值的平均数作为试验结果；如果这五个测定值中再有超出其平均值±10%的，则该组结果作废。

根据上述测得的抗折、抗压强度的试验结果，按《通用硅酸盐水泥》（GB 175—2007）确定其水泥强度等级。

1.8.2.7　试验表格填写

根据试验结果，填写水泥胶砂强度试验记录表（表 1.16）。

表 1.16　　　　水泥胶砂强度试验记录表

<table>
<tr><td>任务单号</td><td colspan="3"></td><td>检测依据</td><td colspan="2"></td></tr>
<tr><td>样品编号</td><td colspan="3"></td><td>检测地点</td><td colspan="2"></td></tr>
<tr><td>样品名称</td><td colspan="3"></td><td>环境条件</td><td colspan="2">温度：　　　湿度：</td></tr>
<tr><td>样品描述</td><td colspan="3"></td><td>试验日期</td><td colspan="2"></td></tr>
<tr><td rowspan="5">主要仪器设备使用情况</td><td colspan="3">试验设备名称</td><td>型号规格</td><td>编号</td><td>使用情况</td></tr>
<tr><td colspan="3"></td><td></td><td></td><td></td></tr>
<tr><td colspan="3"></td><td></td><td></td><td></td></tr>
<tr><td colspan="3"></td><td></td><td></td><td></td></tr>
<tr><td colspan="3"></td><td></td><td></td><td></td></tr>
<tr><td>养护条件</td><td colspan="4"></td><td>成型日期</td><td></td></tr>
<tr><td rowspan="7">抗折强度</td><td>龄期/d</td><td>试验日期</td><td>试件尺寸/mm</td><td>破坏荷载/kN</td><td>抗折强度值/MPa</td><td>平均抗折强度/MPa</td></tr>
<tr><td rowspan="3">3</td><td rowspan="3"></td><td rowspan="3"></td><td></td><td></td><td rowspan="3"></td></tr>
<tr><td></td><td></td></tr>
<tr><td></td><td></td></tr>
<tr><td rowspan="3">28</td><td rowspan="3"></td><td rowspan="3"></td><td></td><td></td><td rowspan="3"></td></tr>
<tr><td></td><td></td></tr>
<tr><td></td><td></td></tr>
</table>

续表

	龄期/d	试验日期	试件尺寸/mm	破坏荷载/kN	抗压强度值/MPa	平均抗压强度/MPa
抗压强度	3					
	28					

说明：

复核：　　　　记录：　　　　试验：

1.8.3　思考与讨论

1.8.3.1　水泥化学指标与影响

水泥除物理性质指标外，还有哪些化学性质指标呢？这些化学指标有何影响呢？水泥的化学指标主要是控制水泥中有害化学成分，若超过最大允许限量值，即意味着对水泥的性能和质量可能产生有害的影响。

（1）氧化镁含量。在水泥熟料中，常含有少量与其他矿物结合的游离氧化镁，这种多余的氧化镁是高温时形成的方镁石，它水化为氢氧化镁的速度很慢，常在水泥硬化后才开始水化，产生体积膨胀，可导致水泥石结构产生裂缝甚至破坏，因此是引起水泥体积安定性不良的原因之一。《通用硅酸盐水泥》（GB 175—2007）规定：水泥中氧化镁的含量不大于 0.5%，如果压蒸试验合格，则允许放宽到 6.0%。

（2）三氧化硫含量。水泥中的三氧化硫主要是生产时为调节凝结时间加入石膏而产生的。石膏超过一定限量后，水泥性能会变坏，甚至水泥石体积会产生膨胀，导致结构破坏。《通用硅酸盐水泥》（GB 175—2007）规定：水泥中三氧化硫含量应不大于 3.5%。

（3）烧失量。水泥煅烧不佳或受潮后，均会导致烧失量增加。烧失量测定是以水泥在 950～1000℃下灼烧 15～20min 冷却至室温称量。如此反复灼烧，直至恒重，然后计算灼烧前后质量损失率。根据《通用硅酸盐水泥》（GB 175—2007）规定：Ⅰ型硅酸盐水泥烧失量不得大于 3.0%，Ⅱ型硅酸盐水泥不得大于 3.5%，普通水泥不得大于 5.0%。

(4) 不溶物。不溶物是指经盐酸处理后的残渣，再以氢氧化钠溶液处理，经盐酸中和过滤后所得的残渣经高温灼烧所剩的物质。根据《通用硅酸盐水泥》(GB 175—2007) 规定：Ⅰ型硅酸盐水泥不溶物含量不得大于0.75%，Ⅱ型硅酸盐水泥不溶物含量不得大于1.5%。

(5) 氯离子含量。水泥中的氯离子含量过高，其主要原因是掺加了混合材料和外加剂，同时氯离子又是混凝土中钢筋锈蚀的重要因素，所以《通用硅酸盐水泥》(GB 175—2007) 规定：水泥中氯离子含量不得大于0.06%。

(6) 碱含量。水泥熟料中含有少量的碱，如 Na_2O 和 K_2O。水泥中的碱含量用 $Na_2O+0.658K_2O$ 的计算值表示。如果使用活性骨料，碱含量过高将导致碱-骨料反应，产生混凝土体积膨胀，造成水泥凝固体的胀裂破坏。为了避免碱骨料反应造成的破坏，如果使用活性骨料时，应选用低碱水泥，其碱含量不得大于0.6%，或由供需双方商议决定。

1.8.3.2 水泥的质量评定

根据《通用硅酸盐水泥》(GB 175—2007) 的规定：经过检测结果确定水泥的氧化镁含量、三氧化硫含量、初凝时间、安定性不合格的水泥，确定为废品；经检测结果确定水泥的细度、烧失量、终凝时间、强度不合格，确定水泥为不合格品。

1.8.3.3 水泥的运输和储存

硅酸盐水泥在储存和运输过程中，应按不同品种、不同强度等级及出厂日期分别储运，不得混杂，要注意防潮、防水，地面应铺放防水隔离材料或用木板加设隔离层。袋装水泥的堆放高度不得超过10袋。即使是良好的储存条件，水泥也不宜久存。在空气中因水蒸气及二氧化碳的作用，水泥会发生部分水化和碳化，使水泥的强度及胶结力降低。一般水泥在储存3个月后，强度降低10%～20%，6个月后降低15%～30%，一年后降低25%～40%。水泥的有效储存期为3个月，水泥的存放时间超过3个月在使用时，必须重新进行技术性能的鉴定。另外，水泥储存期虽未过期，但已受潮结块时，必须重新检验后方可使用。不同品种的水泥不得混合使用；对同一品种的水泥，强度等级不同，或出厂期相差太久，也不得混合使用。

任务1.9 专业知识延伸阅读

水泥在使用的过程中，受到外界环境的影响易被腐蚀，下面主要讲水泥石腐蚀的原因及防腐蚀的措施。

1.6 ℗

通用硅酸盐水泥硬化后，在一般使用条件下，具有较高的耐久性，但是当水泥石长期处于有某些腐蚀性介质环境中时，其强度和耐久性会降低，甚至导致混凝土结构破坏的现象，这种现象称为水泥石腐蚀。

1.9.1 软水侵蚀（溶出性侵蚀）

暂时硬度较低的水称为软水，暂时硬度是按每升水中重碳酸盐含量来计算的。如雨水、雪水、蒸馏水和冷凝水均为软水，有些重碳酸盐含量较低的湖水和河水也可看作软水。

当水泥石长期处在软水中时，由于水化产物都不同程度地溶解于水，其中氢氧化钙溶解度最大。氢氧化钙首先溶出于水泥石中，并很快达到其饱和溶液。如果水是静止的或是无压水，氢氧化钙的溶出仅限于溢出水泥石表面，因此，对水泥石影响不大。相反在流动水或者有压水中，水泥石中的氢氧化钙溶出并被水带走，水泥石中的氢氧化钙浓度会不断地降低，当水泥石中氢氧化钙的浓度降到一定值时，其他水化产物如水化硅酸钙、水化铝酸钙和水化硫铝酸钙等所赖以存在的环境遭到破坏，它们将相继分解溶蚀，使水泥石结构不断遭到破坏，强度逐渐降低，最终将导致整个水泥混凝土和钢筋混凝土工程的破坏。

碳酸钙沉积在水泥石表面孔隙内，使水泥石表面变得密实，阻止了介质水继续侵入。因此，水的暂时硬度越高，腐蚀性越小，而水质越软，腐蚀性越严重。

1.9.2 硫酸盐腐蚀

在海水、盐沼水、地下水和某些工业污水中常含有钠、钾和铵等硫酸盐，它们与水泥石中的氢氧化钙发生复分解反应，产物硫酸钙沉积在已硬化的水泥石表面孔隙内，结晶膨胀导致水泥石开裂。如生成的硫酸钙较多，新生成的硫酸钙活性高，容易与水泥石中固态水化铝酸钙反应生成带有 31 结晶水的高硫型水化硫铝酸钙，膨胀后为原体积的 1.5 倍以上，对水泥石结构造成的破坏特别严重。由于高硫型的水化硫铝酸钙是针状晶体，因此称之为“水泥杆菌”。

值得注意的是，在生产硅酸盐水泥时，为了调节硅酸盐水泥的凝结时间，加入了适量石膏。石膏与水化铝酸钙反应也生成了高硫型的水化硫铝酸钙，但是它是在水泥浆尚具有一定可塑性时生成的，因此，不具有破坏作用。

1.9.3 镁盐腐蚀

在海水、地下水和盐沼水中，常常含有大量的以硫酸镁和氯化镁为主的镁盐，它们与水泥石中的氢氧化钙发生复分解反应，产物中氢氧化镁松散且没有胶结能力，而氯化钙则易溶于水，二水石膏将会产生硫酸盐的腐蚀。因此，硫酸镁对水泥石具有镁盐和硫酸盐双重破坏作用。

1.9.4 酸腐蚀

（1）碳酸腐蚀。在工业废水和地下水中，常常溶解有较多的二氧化碳，由于水中溶解的二氧化碳较多，使上述反应向右进行，水泥石中氢氧化钙转化成易溶于水的碳酸氢钙而流失。当水泥石中氢氧化钙浓度降低到一定值时，其他水化产物相继分解，使水泥石结构遭到破坏。

（2）一般酸腐蚀。工业废水、地下水和沼泽水中常含有无机酸和有机酸。各种酸对水泥石腐蚀程度不同，它们与水泥石中的氢氧化钙发生反应，其产物或者是易溶于水，或者结晶膨胀，均会降低水泥石的强度。无机酸中对水泥石腐蚀最严重的是盐酸、氢氟酸、硫酸和硝酸等。而有机酸中醋酸、蚁酸和乳酸等腐蚀作用最为严重。硫酸钙将在水泥石的孔隙中结晶膨胀。如硫酸钙生成量较多，还会与水泥石中的固态水化铝酸钙反应，生成高硫型的水化硫铝酸钙，结晶膨胀 1.5 倍以上，对水泥石的危害更大。

1.9.5 强碱腐蚀

硅酸盐水泥水化后，由于水化产物中的氢氧化钙存在，使水泥石显碱性（pH 值一般为 12.5～13.5），所以一般碱的浓度不高时，对水泥石一般不产生腐蚀。

综上所述，从结果来看，水泥石腐蚀的类型可分为两类：一类是水泥中的某些水化产物逐渐溶失；另一类是水泥石水化产物与腐蚀性介质反应，产物或者是易溶于水，或者是松散后无胶结能力，或者是结晶膨胀。

在实际工程中，由于环境介质比较复杂，单一介质对水泥石造成的腐蚀几乎不存在，而是几种腐蚀类型同时存在，相互影响。造成水泥石腐蚀的外在原因为腐蚀性介质。内在原因包括两方面：一方面是水泥石中存在着氢氧化钙和水化铝酸钙等易腐蚀的组分；另一方面水泥石本身不密实，内部存在着很多腐蚀性介质容易进入的毛细孔通道。

1.9.6 防止水泥石腐蚀的措施

根据以上腐蚀环境特点和水泥石腐蚀的内在原因，在实际工程中，可采取以下防止措施：

（1）根据侵蚀环境特点合理选择水泥品种。水泥石中易引起腐蚀的组分是氢氧化钙和水化铝酸钙，如选用水化产物中氢氧化钙含量少的水泥（掺有混合材料的水泥）可有效防止软水和镁盐（硫酸镁除外）等介质的侵蚀；如选用铝酸盐含量较少的水泥（抗硫酸盐水泥），可显著提高水泥石抵抗硫酸盐侵蚀的能力。

（2）提高水泥石的密实度。由于实际拌合用水量明显大于其化学反应的理论需水量，多余水分蒸发，在水泥石中形成许多孔隙。显然，采取可靠措施提高水泥的密实度，可以有效地阻止侵蚀性介质的侵入，显著提高水泥石的抗腐蚀能力。在实际工程中一般采取降低水灰比、选择级配良好的骨料、掺入混合材料和外加剂、改善施工工艺等方法来提高混凝土的密实度。另外还可以在混凝土表面进行碳化处理或者氟硅酸处理，使混凝土表面生成了难溶的碳酸钙外壳或者氟化钙及硅胶，提高混凝土表面的密实度以阻止侵蚀性介质侵入内部。

（3）加保护层。如遇到较强的腐蚀性介质时，在上述措施的基础上，可在混凝土表面加做耐腐蚀性高且不透水的保护层，如工程中常采用耐酸陶瓷、耐酸石料、玻璃、塑料等作为耐酸保护层。

能 力 训 练

一、判断题

1. 硅酸盐水泥中 C_2S 早期强度低，后期强度高，而 C_3S 正好相反。（　　）

2. 在生产水泥中，石膏加入量越多越好。（　　）

3. 测定水泥标准稠度用水量是为了确定水泥混凝土的拌合用水量。（　　）

4. 硅酸盐水泥中含氧化钙、氧化镁和过多的石膏都会造成水泥的体积安定性不良。（　　）

5. 在硅酸盐水泥熟料中含有少量游离氧化镁，它水化速度慢并产生体积膨胀，是引起水泥安定性不良的重要原因。（　　）

6. 水泥的细度与强度的发展有密切关系，因此细度越细越好。（　　）

7. 普通硅酸盐水泥的初凝时间应不早于45min，终凝时间不迟于10h。（　　）

8. 在水位升降范围内的混凝土工程，宜选用矿渣水泥，引起抗酸盐腐蚀性较强。（　　）

二、选择题

1. （　　）属于水硬性胶凝材料，而（　　）属于气硬性胶凝材料。

A. 石灰　石膏　　B. 水泥　石灰　　C. 水泥　石膏　　D. 石膏　石灰

2. 硅酸盐水泥熟料矿物中硅酸三钙、铝酸三钙、硅酸二钙与水反应的快慢依次是（　　）。

A. 最快、最慢、中等　　B. 最慢、中等、最快

C. 中等、最慢、最快　　D. 中等、最快、最慢

3. 水泥细度可用下列方法测定（　　）。

A. 筛析法　　B. 比较面积法　　C. 试饼法　　D. 雷氏法

4. 影响水泥体积安定性的因素主要有（　　）。

A. 熟料中氧化镁含量　　B. 熟料中硅酸三钙含量

C. 水泥的细度　　D. 水泥中氧化硫含量

5. 水泥石的腐蚀包括（　　）。

A. 溶析性侵蚀　　B. 硫酸盐侵蚀　　C. 镁盐侵蚀　　D. 碳酸侵蚀

6. 水泥的活性混合材料包括（　　）。

A. 石英砂　　B. 粒化高炉矿渣　　C. 粉煤灰　　D. 黏土

7. 五大品种水泥中，抗冻性好的是（　　）。

A. 硅酸盐水泥　　B. 粉煤灰水泥

C. 矿渣水泥　　D. 普通硅酸盐水泥

8. （　　）的耐热性最好。

A. 硅酸盐水泥　　B. 粉煤灰水泥

C. 矿渣水泥　　D. 普通硅酸盐水泥

9. 影响硅酸盐水泥强度的主要因素包括（　　）。

A. 熟料组成　　B. 水泥细度　　C. 储存时间　　D. 养护条件

10. 硅酸盐水泥腐蚀的基本原因是（　　）。

A. 含量过多的游离氧化钙　　B. 水泥石中存在氢氧化钙

C. 水泥石中存在水化硫铝酸钙　　D. 水泥石本身不密实

11. 矿渣水泥适用于（　　）。

A. 抗渗性要求较高　　B. 早期强度要求较高

C. 大体积　　D. 耐热

12. 硅酸盐水泥生产过程中，掺入适量石膏的作用是（　　）。

A. 促凝　　B. 缓凝　　C. 硬化　　D. 增加强度

13. 代号为P·P表示（　　）。

A. 硅酸盐水泥　　B. 普通水泥

C. 矿渣水泥　　D. 火山灰水泥

14. 欲制得低热水泥，应提高矿物成分是（　　）。

A. C_3S　　B. C_2S　　C. C_3A　　D. C_4AF

15. 普通水泥三氧化硫的含量不得超过（　　）。

A. 3.5%　　B. 4.0%　　C. 5.0%　　D. 6.0%

16. 大体积混凝土施工应考虑水泥的（　　）性质。

A. 强度　　B. 变形　　C. 水化热　　D. 体积安定性

17. 屋面抗渗混凝土工程，宜选用（　　）。

A. 硅酸盐水泥　　B. 普通水泥

C. 矿渣水泥　　D. 火山灰水泥

18. 大体积混凝土闸、坝工程，宜优选（　　）。

A. 硅酸盐水泥　　B. 普通水泥

C. 矿渣水泥　　D. 粉煤灰水泥

19. 有硫酸盐侵蚀的地下室围护结构的抗渗混凝土，宜选用（　　）。

A. 普通水泥　　B. 矿渣水泥　　C. 火山灰水泥　　D. 粉煤灰水泥

20. 水泥的质量技术指标没有（　　）。

A. 细度　　B. 凝结时间　　C. 含泥量　　D. 体积安定性

21. 对于硅酸盐水泥，下列叙述错误的是（　　）。

A. 现行国家标准规定硅酸盐水泥初凝时间不早于45min，终凝时间不迟于10h

B. 不适宜大体积混凝土工程

C. 不适用早期强度要求高的工程

D. 适用配制有耐磨性要求的混凝土

22. 在水泥的储运与管理中应注意的问题是（　　）。

A. 防止水泥受潮

B. 水泥存放期不宜过长

C. 对于过期水泥做废品处理

D. 严防不同品种不同强度等级的水泥在保管中发生混乱

三、问答题

1. 已测得某普通硅酸盐水泥3d的抗折强度及抗压强度均达到42.5水泥强度要求，28d的抗折强度分别为8.20MPa、7.90MPa、7.80MPa，28d抗压破坏荷载分别为71.3kN、72.4kN、70.1kN、70.9kN、73.1kN、70.8kN。试评定该水泥的强度等级。

2. 分别为下列混凝土工程选用合理的水泥。

（1）采用蒸汽养护的混凝土预制构件。

（2）紧急抢修工程以及冬季施工工程。

（3）大体积混凝土工程。

（4）有耐磨要求的混凝土工程。

（5）严寒地区遭受反复冻融循环的工程。

（6）有硫酸盐侵蚀的地下工程。

3. 某建筑工程，因甲方原因造成工程停工 3 个月，停工前工地仓库中存放的水泥应如何处理?

项目2 骨料检测与应用

【能力目标】1. 能够进行建筑用砂及建筑用卵石、碎石的各项性能指标的检测。2. 能够完成规范的建筑用砂及建筑用卵石、碎石检测报告。

【认知目标】1. 掌握建筑用砂细度模数、含泥量、石粉含量、泥块含量、坚固性、碱集料反应等指标含义与评价标准；掌握建筑用卵石、碎石级配、针片状颗粒含量、含泥量、泥块含量、坚固性、强度（压碎指标）、碱集料反应等指标含义与评价标准。2. 了解在水饱和状态下火成岩、变质岩、水成岩的岩石抗压强度要求。

【情景描述】建筑用砂、建筑用卵石、碎石源自辽宁省沈阳市及周边工程用砂石，由辽宁生态工程职业学院检测中心试验室完成的建筑用砂、建筑用卵石、碎石检验项目。

任务2.1 砂石骨料在混凝土中的作用及技术要求

混凝土是由胶凝材料、水和粗、细骨料按适当比例配合，拌制成拌合物，经一定时间硬化而成的人造石材。砂石骨料在混凝土成分中占比80%以上，是工程施工中较为常见的基础建筑原材料之一。与其他经济大国相比，中国国内砂石骨料原材料的储备基数较大、种类较多。

砂石检测的目的在于为建设工程的混凝土配合比设计和施工提供符合实际情况的各类砂石的性能指标。使工程建设的混凝土性能符合设计要求、工程费用经济合理，避免浪费资源。

2.1.1 砂石骨料在混凝土中的作用

在混凝土中，砂子、石子统称为骨料，主要起骨架作用，一般不参与水泥与水的化学反应。水泥与水形成水泥浆，水泥浆包裹在骨料表面并填充其空隙。在混凝土硬化前，水泥浆主要起润滑作用，赋予混凝土拌合物一定的流动性，以便于施工。

水泥浆硬化后主要起胶结作用，将砂、石骨料胶结成为一个坚实的整体，并使混凝土具有一定的强度。混凝土的结构如图2.1所示。

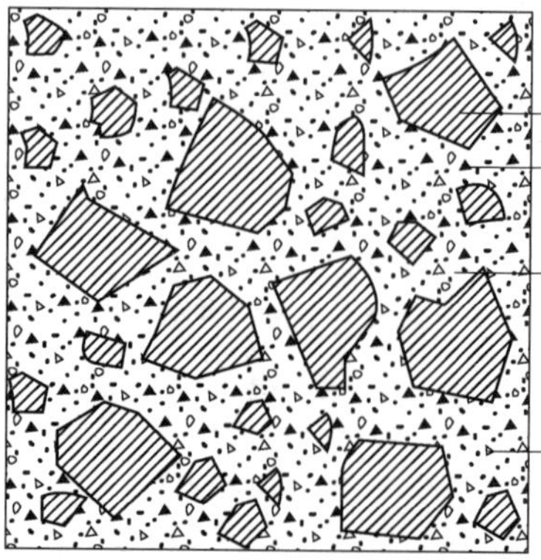

图2.1 混凝土的结构

混凝土的技术性质在很大程度上是由原材料的性质及其相对含量决定的，同时也与施工工艺（搅拌、成型、养护等）等有关。因此，要想保证混凝土的质量，就必须了解组成混凝土原材料的性质和质量要求，从而做到合理选择原材料。

2.1.2　砂石骨料的技术要求

2.1.2.1　细骨料——砂子

1. 细骨料的概念

粒径在0.15～4.75mm之间的岩石颗粒称为细骨料（砂子）。砂子分为天然砂和机制砂两类。天然砂是自然生成的，经人工开采和筛分的颗粒粒径小于4.75mm的岩石颗粒，包括河砂、湖砂、山砂、淡化海砂，但不包括软质、风化的岩石颗粒；机制砂是经除土处理，由机械破碎、筛分制成的粒径小于4.75mm的岩石、矿山尾矿或工业废渣颗粒，但不包括软质、风化的颗粒，俗称人工砂。一般混凝土用砂采用天然砂。

2. 细骨料的技术要求

拌制混凝土要选用质量良好的砂子，对砂的质量要求主要有以下几个方面：

（1）砂的粗细程度与颗粒级配。砂的粗细程度是指不同粒径的砂粒混合在一起的平均粗细程度。根据砂的粗细程度，砂可分为粗砂、中砂、细砂和特细砂。在砂用量相同的条件下，若砂子过细，则其总表面积就较大，需要包裹砂粒表面的水泥浆的数量多，水泥用量就多；若砂子过粗，虽能少用水泥，但混凝土拌合物黏聚性较差，容易发生分层离析现象。所以，用于拌制混凝土的砂不宜过粗，也不宜过细。

砂的颗粒级配是指大小不同粒径的砂粒相互间的搭配情况。在混凝土中砂粒之间的空隙是由水泥浆所填充，为了节约水泥和提高混凝土强度，就应尽量减小砂粒之间的空隙。从图2.2可以看出：如果是相同粒径的砂，空隙就大［图2.2（a）］；用两种不同粒径的砂搭配起来，空隙就减小了［图2.2（b）］；用三种不同粒径的砂搭配，空隙就更小了［图2.2（c）］。由此可见，要想减小砂粒间的空隙，就必须要有大小不同粒径的砂相互搭配。所以混凝土用砂要选用颗粒级配良好的砂。

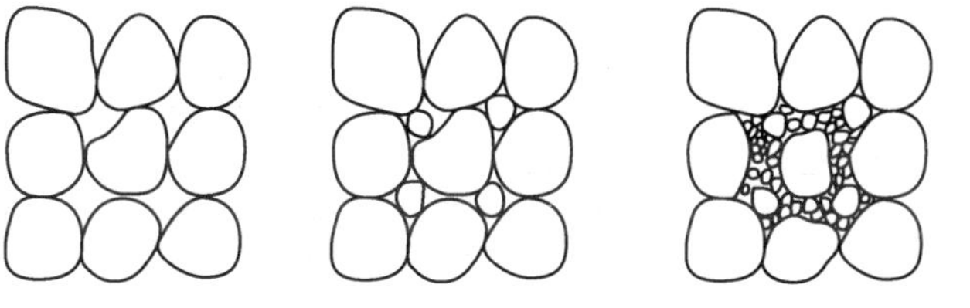

（a）　　（b）　　（c）

图2.2　砂的颗粒级配

综上所述，混凝土用砂应同时考虑砂的粗细程度和颗粒级配。当砂的颗粒较粗且级配良好时，砂的空隙率和总表面积均较小，这样不仅可以节约水泥，而且还可提高混凝土的强度和密实性。可见，控制混凝土砂的粗细程度和颗粒级配有很大的技术经济意义。

砂的粗细程度和颗粒级配常用筛分析的方法进行测定，用细度模数来判断砂的粗细程度，用级配区来表示砂的颗粒级配。筛分析法是用一套孔径分别为4.75mm、2.36mm、1.18mm、0.6mm、0.3mm、0.15mm的标准方孔筛，将500g干砂试样依次过筛，然后称得余留在各号筛上砂的质量（分计筛余量），并计算出各筛上的分计筛余百分率（分计筛余量占砂样总质量的百分数）及累计筛余百分率（各筛和比该筛粗的所有分计百分率之和）。砂的筛余量、分计筛余百分率、累计筛余百分率的关系见表2.1。根据累计筛余百分率可计算出砂的细度模数和划分砂的级配区，以评定砂子的粗细程度和颗粒级配。

表 2.1 筛孔尺寸、筛余量、分计筛余百分率、累计筛余百分率的关系

筛孔尺寸/mm	筛余量 m_i/g	分计筛余百分率 a_i/%	累计筛余百分率 A_i/%
4.75	m_1	a_1	$A_1=a_1$
2.36	m_2	a_2	$A_2=a_1+a_2$
1.18	m_3	a_3	$A_3=a_1+a_2+a_3$
0.6	m_4	a_4	$A_4=a_1+a_2+a_3+a_4$
0.3	m_5	a_5	$A_5=a_1+a_2+a_3+a_4+a_5$
0.15	m_6	a_6	$A_6=a_1+a_2+a_3+a_4+a_5+a_6$

注 $a_i=m_i/500$。

砂的细度模数计算公式为

$$M_x=\frac{(A_2+A_3+A_4+A_5+A_6)-5A_1}{100-A_1} \tag{2.1}$$

细度模数越大，表示砂越粗。M_x 在 3.7～3.1 为粗砂，M_x 在 3.0～2.3 为中砂，M_x 在 2.2～1.6 为细砂，M_x 在 1.5～0.7 为特细砂。普通混凝土用砂的细度模数一般应控制在 2.0～3.5 较为适宜。

《建设用砂》(GB/T 14684—2011) 对细度模数为 3.7～1.6 的普通混凝土用砂，根据 0.6mm 筛孔的累计筛余百分率分成三个级配区，见表 2.3 和图 2.3（级配曲线）。混凝土用砂的颗粒级配，应处于表 2.2 或图 2.3 的任何一个级配区内，否则认为砂的颗粒级配不合格。

表 2.2 砂的颗粒级配

砂的分类	天然砂			机制砂		
级配区	1区	2区	3区	1区	2区	3区
方筛孔	累计筛余/%					
4.75mm	10～0	10～0	10～0	10～0	10～0	10～0
2.36mm	35～5	25～0	15～0	35～5	25～0	15～0
1.18mm	65～35	50～10	25～0	65～35	50～10	25～0
0.6mm	85～71	70～41	40～16	85～71	70～41	40～16
0.3mm	95～80	92～70	85～55	95～80	92～70	85～55
0.15mm	100～90	100～90	100～90	97～85	94～80	94～75

表 2.3 级配类别

类别	Ⅰ	Ⅱ	Ⅲ
级配区	2区	1区、2区、3区	

注 砂的实际颗粒级配与表中所列数字相比，除 4.75mm 和 0.6mm 筛孔外，可以略有超出，但超出总量应小于5%。

一般认为，处于 2 区级配的砂，其粗细适中，级配较好。1 区砂含粗颗粒较多，属于粗砂，拌制的混凝土保水性差。3 区砂属于细砂，拌制的混凝土保水性、黏聚性好，但水泥用量大，干缩大，容易产生微裂缝。

混凝土用砂的级配必须合理，否则难以配制出性能良好的混凝土。当现有的砂级配不良时，可采用人工级配方法来改善，最简单的措施是将粗、细砂按适当比例进行试配，掺和使用。

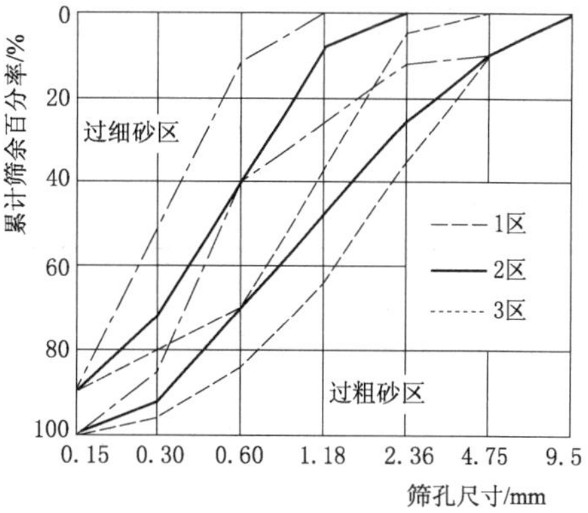

图 2.3　砂的级配曲线

(2) 砂的含泥量、石粉含量、泥块含量。天然砂的含泥量和泥块含量应符合表 2.4 的规定。

表 2.4　天然砂的含泥量和泥块含量

级配类别	Ⅰ	Ⅱ	Ⅲ
含泥量（按质量计）/%	≤1.5	≤3.0	≤5.0
泥块含量（按质量计）/%	0	≤1.0	≤2.0

机制砂 *MB* 值≤1.4 或快速法试验合格时，石粉泥量和泥块含量应符合表 2.5 的规定；机制砂 *MB* 值>1.4 或快速法试验不合格时，石粉泥量和泥块含量应符合表 2.6 的规定。

表 2.5　石粉量和泥块含量（*MB* 值≤1.4 或快速法试验合格）

类别	Ⅰ	Ⅱ	Ⅲ
MB 值	≤0.5	≤1.0	≤1.4 或合格
石粉含量（按质量计）/%①	≤10.0		
泥块含量（按质量计）/%	0	≤1.0	≤2.0

① 此指标根据使用地区和用途，经试验验证，可由供需双方协商确定。

表 2.6　石粉量和泥块含量（*MB* 值>1.4 或快速法试验不合格）

类别	Ⅰ	Ⅱ	Ⅲ
石粉含量（按质量计）/%①	≤1.0	≤3.0	≤5.0
泥块含量（按质量计）/%	0	≤1.0	≤2.0

① 此指标根据使用地区和用途，经试验验证，可由供需双方协商确定。

(3) 砂的有害物质的限量。用来配制混凝土的砂要求清洁不含杂质，以保证混凝土的质量。但实际上砂中常含有云母、轻物质、有机物、硫化物及硫酸盐、氯化物、贝壳等有害物质，这些杂质黏附在砂的表面，妨碍水泥与砂的黏结，降低混凝土的强度，同时还增加混凝土的用水量，从而加大混凝土的收缩，降低混凝土的耐久性。一些硫酸盐、硫化物还对水泥石有腐蚀作用。氯化物容易加剧钢筋混凝土中钢筋的锈蚀，也应进行限制。《建设用砂》（GB/T 14684—2011）对砂中有害物质限量作了具体规定，见表2.7和表2.8。

表2.7 有害物质限量

类别	Ⅰ	Ⅱ	Ⅲ
云母（按质量计）/%	≤1.0	≤2.0	
轻物质（按质量计）/%	≤1.0		
有机物	合格		
硫化物及硫酸盐（按SO_3质量计）/%	≤0.5		
氯化物（以氯离子质量计）/%	≤0.01	≤0.02	≤0.06
贝壳（按质量计）/%①	≤3.0	≤5.0	≤8.0

① 该指标仅适用于海砂，其他砂种不作要求。

注 表中Ⅰ类宜用于强度等级大于C60的混凝土；Ⅱ类宜用于强度等级为C30～C60及抗冻、抗渗或其他要求的混凝土；Ⅲ类宜用于强度等级小于C30的混凝土（或建筑砂浆）。

表2.8 含泥量和泥块含量

类别	Ⅰ	Ⅱ	Ⅲ
含泥量（按质量计）/%	≤1.0	≤3.0	≤5.0
泥块含量（按质量计）/%	0	≤1.0	≤2.0

砂中若含有活性氧化硅时，可能与水泥中的碱分起作用，产生碱-骨料反应，并使混凝土发生膨胀开裂。因此，通常应选用无活性氧化硅的骨料。

（4）砂的坚固性。采用硫酸钠溶液进行试验，砂的质量损失应符合表2.9的规定。

表2.9 砂的坚固性指标

类别	Ⅰ	Ⅱ	Ⅲ
质量损失/%	≤8		≤10

机制砂除了要满足表的规定外，其压碎指标还应满足表2.10的规定。

表2.10 砂的压碎指标

类别	Ⅰ	Ⅱ	Ⅲ
单级最大压碎指标/%	≤20	≤25	≤30

（5）砂的表观密度、松散堆积密度、空隙率。砂的表观密度、松散堆积密度应符合如下规定：

1）表观密度不小于$2500kg/m^3$；

2）松散堆积密度不小于$1400kg/m^3$；

3）空隙率不大于44%。

2.1.2.2 粗骨料——石子

1. 粗骨料的概念

粗骨料一般指粒径大于 4.75mm 的岩石颗粒，有卵石和碎石两大类。卵石是由于自然风化、水流搬运和分选、堆积形成的，粒径大于 4.75mm 的岩石颗粒，分为河卵石、海卵石和山卵石；碎石是由天然岩石、卵石或矿山废石经机械破碎、筛分制成的，粒径大于 4.75mm 的岩石颗粒。根据国家标准《建设用卵石、碎石》(GB/T 14685—2011)，按卵石、碎石的技术要求将卵石、碎石分为Ⅰ类、Ⅱ类、Ⅲ类。Ⅰ类宜用于强度等级大于 C60 的混凝土；Ⅱ类宜用于强度等级 C30～C60 及抗冻、抗渗或其他要求的混凝土；Ⅲ类宜用于强度等级小于 C30 的混凝土（或建筑砂浆）。

卵石则多为圆形，表面光滑，与水泥的黏结较差；碎石多棱角，表面粗糙，与水泥黏结较好。当采用相同混凝土配合比时，用卵石拌制的混凝土拌合物流动性较好，但硬化后强度较低；而用碎石拌制的混凝土拌合物流动性较差，但硬化后强度较高。配制混凝土选用碎石还是卵石，要根据工程性质、当地材料的供应情况、成本等各方面综合考虑。

2. 粗骨料的一般要求

用矿山废石生产的碎石有害物质除应符合有害物质含量的规定外，还应符合我国环保和安全相关的标准和规范，不应对人体、生物、环境及混凝土性能产生有害影响。

卵石、碎石的放射性应符合《建筑材料放射性核素限量》(GB 6566—2010）的规定。

3. 粗骨料的技术要求

为了保证混凝土的强度和耐久性，国家标准《建设用卵石、碎石》(GB/T 14685—2011）对卵石和碎石的各项指标做了具体规定，主要有以下几个方面：

(1）最大粒径和颗粒级配。

1）最大粒径。粗骨料公称粒级的上限称为该粒级的最大粒径。例如，当使用5～40mm 的粗骨料时，此粗骨料的最大粒径为 40mm。

粗骨料最大粒径增大时，其表面积减小，有利于节约水泥。因此，尽可能选用较大粒径的粗骨料。但研究表明，粗骨料最大粒径超过 80mm 后节约水泥的效果很不明显。同时，选用粒径过大的石子，会给混凝土搅拌、运输、振捣等带来困难，所以需要综合考虑各种因素来确定石子的最大粒径。

《混凝土结构工程施工及验收规范》(GB 50204—2015）从结构和施工的角度对粗骨料最大粒径做了以下规定：粗骨料的最大粒径不得超过结构截面最小尺寸的1/4，同时不得超过钢筋间最小净距的 3/4；对混凝土实心板，粗骨料最大粒径不宜超过板厚的 1/2，且不得超过 50mm；对于泵送混凝土，粗骨料最大粒径与输送管内径之比要求碎石不宜大于 1∶3，卵石不宜大于 1∶2.5。

最大粒径在一定程度上反映了粗骨料的平均粗细程度。拌合混凝土中粗骨料的最大粒径加大，总表面积减小，单位用水量有效减少。在用水量和水灰比固定不变的情况下，最大粒径加大，骨料表面包裹的水泥浆层加厚，混凝土拌合物可获较高的流动性。在工作性一定的前提下，可减小水灰比，使强度和耐久性提高。通常加大粒径可获得节约水泥的效果。但最大粒径过大（大于150mm）不但节约水泥的效率不再明显，而且会降低混凝土的抗拉强度，会对施工质量，甚至对搅拌机械造成一定的损害。

2）颗粒级配。粗骨料的级配原理与细骨料基本相同，也要求有良好的颗粒级配，以减小空隙率，节约水泥，提高混凝土的密实度和强度。

粗骨料的颗粒级配也是通过筛分试验来测定，用一套孔径分别为2.36mm、4.75mm、9.5mm、16.0mm、19.0mm、26.5mm、31.5mm、37.5mm、53.0mm、63.0mm、75.0mm和90.0mm的筛进行筛分，称得每个筛上的筛余量，计算出分计筛余百分率和累计筛余百分率（分计筛余百分率和累计筛余百分率的计算与细骨料相同）。粗骨料的颗粒级配分为连续级配和单粒级配，混凝土用粗骨料的颗粒级配应符合表2.11的规定。

表2.11　混凝土用粗骨料的颗粒级配要求

公称粒级/mm		累计筛余/%											
		方孔筛/mm											
		2.36	4.75	9.5	16.0	19.0	26.5	31.5	37.5	53.0	63.0	75.0	90.0
连续粒级	5～16	95～100	85～100	30～60	0～10	0							
	5～20	95～100	90～100	40～80	—	0～10	0						
	5～25	95～100	90～100	—	30～70	—	0～5	0					
	5～31.5	95～100	90～100	70～90	—	15～45	—	0～5	0				
	5～40	—	95～100	70～90	—	30～65	—	—	0～5	0			
单粒粒级	5～10	95～100	80～100	0～15	0								
	10～16		95～100	80～100	0～15								
	10～20		95～100	85～100		0～15	0						
	16～25			95～100	55～70	25～40	0～10						
	16～31.5		95～100		85～100			0～10	0				
	20～40			95～100		80～100			0～10	0			
	40～80					95～100			70～100		30～60	0～10	0

连续级配是石子粒级呈连续性，即颗粒由大到小，每级石子占一定的比例。连续级配的石子颗粒间粒差小，配制的混凝土和易性好，不易发生离析现象。连续级配是粗骨料最理想的级配形式，目前在建筑中最常用。

单粒级配是人为剔除某些粒级颗粒，从而使粗骨料的级配不连续，又称间断级配。单粒级配较大粒径骨料之间的空隙直接由比它小几倍的小粒径颗粒填充，使空隙率达到最小，密实度增加，可以节约水泥。但由于颗粒粒径相差较大，混凝土拌合物容易产生离析现象，导致施工困难，一般工程中少用。单粒级配一般不单独使用，常用于组合成连续粒级，也可与连续粒级配合使用。

(2) 卵石、碎石的含泥量、泥块含量。卵石、碎石的含泥量和泥块含量应符合表2.12规定。

表2.12 含泥量和泥块含量

类别	Ⅰ	Ⅱ	Ⅲ
含泥量(按质量计)/%	≤0.5	≤1.0	≤1.5
泥块含量(按质量计)/%	0	≤0.2	≤0.5

(3) 卵石、碎石的针、片状颗粒含量。粗骨料中还可能含有针状(颗粒长度大于相应粒级平均粒径的2.4倍)和片状(厚度小于平均粒径的0.4倍)颗粒,针、片状颗粒易折断,其含量多时,会降低新拌混凝土的流动性和硬化后混凝土的强度。粗骨料的针、片状颗粒含量应符合表2.13规定。

表2.13 针、片状颗粒含量

类别	Ⅰ	Ⅱ	Ⅲ
针、片状颗粒总含量(按质量计)/%	≤5	≤10	≤15

(4) 有害物质限量。粗骨料中的有害物质主要有:硫酸盐及硫化物和一些有机杂质等,其对混凝土的危害作用与细骨料中的相同。粗骨料中有害物质限量应符合表2.14的规定。

表2.14 粗骨料中有害物质限量

类别	Ⅰ	Ⅱ	Ⅲ
有机物	合格	合格	合格
硫化物及硫酸盐(按 SO_3 质量计)/%	≤0.5	≤1.0	≤1.0

(5) 强度和坚固性。

1) 岩石抗压强度。为了保证混凝土具有足够的强度,所采用的粗骨料应质地致密,具有足够的强度。碎石或卵石的强度,可用压碎指标和岩石立方体强度两种方法表示。对经常性的生产质量控制常用压碎指标值来检验石子的强度。但当在选择采石场,或对粗骨料强度有严格要求,或对质量有争议时,宜用岩石立方体强度作检验。

岩石立方体强度,是用母岩制成50mm×50mm×50mm的立方体(或直径与高均为50mm的圆柱体),浸泡水中48h,待吸水饱和后测得的极限抗压强度。岩石立方体抗压强度与设计要求的混凝土强度等级之比,不应低于1.5。同时,火成岩试件的强度不宜低于80MPa,变质岩不宜低于60MPa,水成岩不宜低于30MPa。

将气干状态下一定质量的粒径为9.5~19.5mm的石子装入一定规格的圆桶内,在压力机上均匀加荷到200kN,然后卸荷后称取试样质量(m_0),再用孔径为2.36mm的筛筛除被压碎的碎粒,称取试样的筛余量(m_1)。压碎指标可用下式计算:

$$压碎指标=\frac{m_0-m_1}{m_0}\times100\% \tag{2.2}$$

压碎指标值越小，说明石子的强度越高。对不同强度等级的混凝土，所用碎石及卵石的压碎指标应满足表2.15的要求。

表2.15　碎石及卵石压碎指标和坚固性指标

类　别	Ⅰ	Ⅱ	Ⅲ
碎石压碎指标/%	≤10	≤20	≤30
卵石压碎指标/%	≤12	≤14	≤16

2）坚固性。石子的坚固性是指石子在气候、环境变化和其他物理力学因素作用下，抵抗破碎的能力。坚固性试验是用硫酸钠溶液浸泡法检验，试样经5次干湿循环后，其质量损失应满足表2.16的要求。

表2.16　坚固性指标

类　别	Ⅰ	Ⅱ	Ⅲ
质量损失/%	≤5	≤8	≤12

任务2.2　骨料的分类、取样及应用

2.2.1　骨料的分类

2.2.1.1　粗骨料与细骨料

混凝土用骨料分为粗骨料与细骨料。

粗骨料：粗骨料一般指粒径大于4.75mm的岩石颗粒（石子）。

细骨料：粒径在0.15～4.75mm之间的岩石颗粒称为细骨料（砂子）。

粗骨料起刚性骨架作用：在普通混凝土配合比设计中，一般认为粗骨料抗压强度应为混凝土设计强度的2倍左右，不得低于设计强度的1.5倍，粗骨料的强度和弹性模量通常要比水泥石高，其耐久性和体积稳定性也是混凝土各组分中最好的，而且粗骨料体积超过混凝土体积的一半，因此粗骨料在混凝土中起着刚性骨架的作用。在混凝土承受压荷载时，其内部由粗骨料传递应力，当混凝土在外荷载作用下发生破坏时，裂缝很难贯穿粗骨料而是绕过粗骨料在骨料周围出现，这样在一定的条件下，混凝土破坏时可能会吸收更高的能量，从而提高混凝土的强度。粗骨料的这种作用不仅可以提高混凝土的强度，而且还可提高混凝土的弹模，减小荷载作用下的变形，改善混凝土的变形性，使得混凝土比水泥砂浆的体积稳定性和耐久性更好。

此外粗骨料还有对混凝土裂缝的引发及阻挡作用。

细骨料与胶凝材料和水形成砂浆，包裹粗骨料，填充其空隙并形成润滑层，使混凝土拌合物具有很好的流动性，硬化后，黏结石子形成具有一定强度的人工石材。

2.2.1.2　粗骨料的分类

粗骨料按形成可分为碎石及卵石两种。

碎石是天然岩石或岩石经机械破碎、筛分制成的，粒径大于4.75mm的岩石颗粒。

卵石是由自然风化、水流搬运和分选、堆积而成的、粒径大于 4.75mm 的岩石颗粒。

卵石、碎石的技术要求将卵石、碎石分为Ⅰ类、Ⅱ类、Ⅲ类。Ⅰ类宜用于强度等级大于 C60 的混凝土；Ⅱ类宜用于强度等级 C30～C60 及抗冻、抗渗或其他要求的混凝土；Ⅲ类宜用于强度等级小于 C30 的混凝土（或建筑砂浆）。

细骨料分为天然砂和机制砂两类。

天然砂是自然生成的，经人工开采和筛分的颗粒粒径小于 4.75mm 的岩石颗粒，包括河砂、湖砂、山砂、淡化海砂，但不包括软质、风化的岩石颗粒。

机制砂是经除土处理，由机械破碎、筛分制成的粒径小于 4.75mm 的岩石、矿山尾矿或工业废渣颗粒，但不包括软质、风化的颗粒；俗称人工砂。一般混凝土用砂采用天然砂。

2.2.2　骨料的取样

2.2.2.1　砂、石验收

根据《普通混凝土用砂、石质量及检验方法标准》（JGJ 52—2006）、《混凝土结构工程施工质量验收规范》（GB 50204—2015）、《砌体工程施工质量验收规范》（GB 50203—2015），砂、石的检验取样规定如下：

（1）使用单位应按同产地同规格同类别分批验收取样送检。用大型工具（如火车、货船或汽车）运输的，以 400m^3 或 600t 为一验收批。不足 600t 亦为一验收批。用小型工具运输的，以 200m^3 或 300t 为一验收批。不足者亦为一批计。

当砂或石的质量比较稳定、进料量又较大时，可以 1000t 为一验收批。

（2）对于砂子，每验收批至少应进行颗粒级配、表观密度、堆积密度、含泥量和泥块含量检验；如为海砂还应检验其氯离子含量。

（3）对于石子，每验收批至少应进行颗粒级配、表观密度、堆积密度、含泥量、泥块含量及针、片状颗粒含量检验。对重要工程或特殊工程应根据工程要求，增加检测项目。碎石应进行强度试验，一般可进行压碎指标检验，配制 C60 及以上混凝土时应进行岩石抗压强度检验。

2.2.2.2　取样方法

每验收批取样方法应按下列规定执行：

（1）在料堆上取样时，取样部位应均匀分布。取样前先将取样部位表层铲除。然后对于砂子由各部位抽取大致相等的 8 份，组成一组样品。对于石子由各部位抽取大致相等的 15 份（在料堆的顶部、中部和底部各由均匀分布的 5 个不同部分取得）组成一组样品。

（2）从皮带运输机上取样时，应从机尾的出料处用接料器定时抽取，砂为 4 份，石子为 8 份，分别组成一组样品。

（3）从火车、汽车、货船上取样时，应从不同部位和深度抽取大致相等的砂 8 份、石子 16 份，分别组成一组样品。

（4）若检验不合格时，应重新取样。对不合格项进行加倍复验，若仍有一个试样不能满足标准要求，应按不合格处理。

（5）砂子的取样数量，一般为 30kg，石子的取样数量一般为 100～120kg。

（6）每组样品的取样数量，对每单项试验，应不小于表2.17和表2.18的要求。

表2.17　　砂子单项试验取样数量

序号	试验项目		最少取样数量/kg
1	颗粒级配		4.4
2	含泥量		4.4
3	泥块含量		20.0
4	石粉含量		6.0
5	云母含量		0.6
6	轻物质含量		3.2
7	有机物含量		2.0
8	硫化物及硫酸盐含量		0.6
9	氯化物含量		4.4
10	贝壳含量		9.6
11	坚固性	天然砂	8.0
		机制砂	20.0
12	表观密度		2.6
13	松散堆积密度与空隙率		5.0
14	碱集料反应		20.0
15	放射性		6.0
16	饱和面干吸水率		4.4
人工砂压碎值指标（公称粒径）/mm		2.50～5.00	各需1000g
		1.25～2.50	
		0.63～1.25	
		0.315～0.63	
		0.160～0.315	

表2.18　　碎石、卵石单项试验所需取样数量

序号	试验项目	石子最大粒径/mm							
		9.5	16.0	19.0	26.5	31.5	37.5	63.0	75.0
		最少取样数量/kg							
1	颗粒级配	9.5	16.0	19.0	25.0	31.5	37.5	63.0	80.0
2	含泥量	8.0	8.0	24.0	24.0	40.0	40.0	80.0	80.0
3	泥块含量	8.0	8.0	24.0	24.0	40.0	40.0	80.0	80.0
4	针、片状颗粒含量	1.2	4.0	8.0	12.0	20.0	40.0	40.0	40.0
5	有机物含量	按试验要求的粒级和数量取样							
6	硫化物及硫酸盐含量								
7	坚固性								

续表

序号	试 验 项 目	石子最大粒径/mm							
		9.5	16.0	19.0	26.5	31.5	37.5	63.0	75.0
		最少取样数量/kg							
8	岩石抗压强度	随机选取完整石块锯切或钻取成试验用样品							
9	压碎指标	按试验要求的粒级和数量取样							
10	表观密度	8.0	8.0	8.0	8.0	12.0	16.0	24.0	24.0
11	堆积密度和空隙率	40.0	40.0	40.0	40.0	80.0	80.0	120.0	120.0
12	吸水率	2.0	4.0	8.0	12.0	20.0	40.0	40.0	40.0
13	碱集料反应	20.0	20.0	20.0	20.0	20.0	20.0	20.0	20.0
14	放射性	6.0							
15	含水率	按试验要求的粒级和数量取样							

注　压碎指标、碱-骨料反应检验，应按试验要求的颗粒及重量取样。

（7）若检验不合格时，应重新取样。对不合格的项目，进行加倍复验。若仍有一个项目不能满足标准要求，应按不合格产品处理。

2.2.2.3　试样处理

1. 细骨料的缩分方法

细骨料——砂样品的缩分可选择下述两种方法之一进行。

（1）用分料器法：使样品在潮湿状态下拌和均匀，然后使样品通过分料器，取接料斗中的其中一份再次通过分料器。重复上述过程，直至把样品缩分到试验所需量为止。

（2）人工四分法：将所取样品置于平板上，在潮湿状态下搅拌均匀，并堆成厚度约为 20mm 的“圆饼”，然后沿互相垂直的两条直径把圆饼分成大致相等的 4 份，取其对角的两份重新拌匀，再堆成圆饼。重复上述过程，直至把样品缩分到试验所需量为止。

2. 粗骨料的缩分方法

粗骨料可采用人工四分法缩分。

将所取样品置于平板上，在自然状态下拌混均匀，并堆成锥体，然后沿互相垂直的两条直径把锥体分成大致相等的 4 份，取其对角的两份重新拌匀，再堆成锥体，重复上述过程，直至把样品缩分到试验所必需的量为止。

砂、碎石或卵石的含水率、堆积密度、紧密密度试验所用的试样，可不经缩分，在拌匀后直接进行试验。

任务 2.3　细骨料表观密度、堆积密度的测定

2.3.1　表观密度测定

细骨料表观密度是包括内部封闭孔隙在内的颗粒的单位体积质量，以 g/cm^3 或 kg/m^3 来表示。

2.3.1.1 试验目的

测定细骨料的表观密度，主要供混凝土配合比设计和评定砂料质量用。

2.3.1.2 主要仪器设备

（1）天平：称量1kg，感量0.1g。

（2）容量瓶：容量500mL。

（3）饱和面干试模（图2.4）：金属制，上口直径38mm、下口直径89mm，高73mm，并附一捣棒，捣固端为平头，直径25mm，质量340g。

（4）电吹风机、烘箱、温度计、搪瓷盘、移液管、毛刷等。

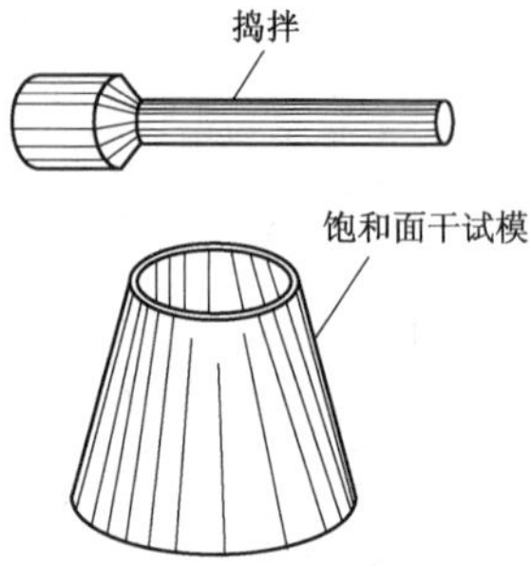

图2.4 饱和面干试模及捣棒

2.3.1.3 试样制备

干试样：将600g左右的细骨料在（105±5）℃烘箱中烘至恒量，并在干燥器内冷却至室温。

注：恒量系指试样在烘干3h以上，其前后质量之差不大于该项试验所要求的称量精度。

2.3.1.4 试验步骤

（1）称取烘干试样（或饱和面干试样）两份，每份300g，精确至0.1g，记为G_0。

（2）分别将试样装入盛水半满的两个容量瓶中，用手旋转摇动该瓶（手和瓶之间，应垫毛巾，防止传热），使试样充分搅动，排除气泡。对于干试样，应静置24h；对于饱和面干试样，静置30min。

（3）测量瓶中水的温度，然后用滴管加水至容量瓶颈500mL刻度线处，塞紧瓶盖，擦干瓶外部的水，称出瓶加砂再加满水的质量G_1，精确至1g。

（4）倒出瓶内的水和砂样，将瓶洗净，再注水至瓶颈刻度线处，擦干瓶外水分，塞紧瓶盖，称出瓶加满水的质量G_2，精确至1g。

2.3.1.5 试验结果处理

（1）按式（2.3）计算砂的表观密度ρ_0（计算至10kg/m^3）：

$$\rho_0=\left(\frac{G_0}{G_0+G_2-G_1}-\alpha_t\right)\times\rho_{水} \tag{2.3}$$

式中 ρ_0——表观密度，kg/m^3；

$\rho_{水}$——1000，kg/m^3；

G_0——烘干试样的质量，g；

G_1——试样、水和容量瓶的总质量，g；

G_2——水及容量瓶的总质量，g；

α_t——水温对表观密度影响的修正系数，见表2.19。

2.1

表2.19 不同水温对砂的表观密度影响的修正系数

水温/℃	15	16	17	18	19	20	21	22	23	24	25
α_t	0.002	0.003	0.003	0.004	0.004	0.005	0.005	0.006	0.006	0.007	0.008

（2）以两次测值的算术平均值作为试验结果，精确至 10kg/m³。如两次测值之差超过 20g/cm³ 时，应重新取样进行试验。

（3）采用修约值比较法进行评定。

2.3.1.6　试验记录

试验日期：＿＿＿＿＿＿　试样名称：＿＿＿＿＿＿　试样产地：＿＿＿＿＿＿

次数	烘干后砂样质量/g	瓶＋满水质量/g	瓶＋水＋砂质量/g	表观密度/(g/cm³)	表观密度平均值/(kg/m³)
1					
2					

1. 结果计算与评定

（1）砂的表观密度精确至 10kg/m³。

（2）取两次试验结果的算术平均值，精确至 10kg/m³，如两次试验结果之差大于 20kg/m³，须重新试验。

（3）结论：砂饱和面干状态下的表观密度为＿＿＿＿＿＿kg/m³。

2. 思考题

（1）测定表观密度的原理是什么？

（2）测定砂的干表观密度、饱和面干表观密度的目的是什么？

2.3.2　堆积密度测定

细骨料堆积密度是包括颗粒空隙在内的装填单位体积质量，以 kg/m³ 来表示。

2.3.2.1　试验目的

测定细骨料松散状态下的堆积密度，可供混凝土配合比设计用，也可用以估计运输工具的数量或存放堆场的面积等。根据细骨料的堆积密度和表观密度还可以计算其空隙率。

2.3.2.2　主要仪器设备

（1）天平：称量 10kg，感量 1g。

（2）容量筒（图 2.5）：金属制圆柱形，内径 108mm，净高 109mm，筒壁厚 2mm，容积约为 1L，筒底厚为 5mm。

（3）标准漏斗（图 2.5）或铝制料勺。

（4）烘箱：能使温度控制在（105±5)℃。

（5）直尺、浅盘等。

2.3.2.3　试样制备

（1）用浅盘装样品约 3L，在温度为（105±5)℃烘箱中烘干至恒重，取出并冷却至室温，筛除大于 4.75mm 的颗粒，分成大致相等的两份备用。试样烘干后如有结块，应在试验前先予捏碎。

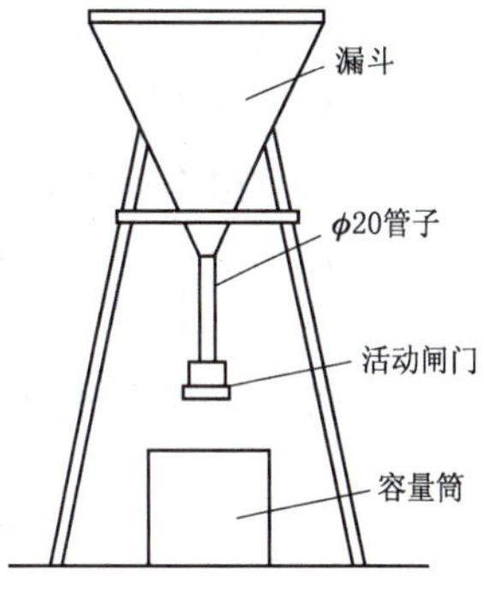

图 2.5　标准漏斗和容量筒

（2）容量筒容积的校正：以温度为（20±2)℃的饮用水装满容量筒，用玻璃板沿筒口滑移，使其紧贴水面。擦干筒外壁水分，然后量称质量。将总质量减去容量筒和玻璃的质量后除以水的密度即得容量筒的容积 V。

2.3.2.4　试验步骤

取试样一份，用漏斗或铝制料勺，将它徐徐装入容量筒（漏斗出料口或料勺距容量筒筒口不应超过50mm），直至试样装满并超出容量筒筒口。然后用直尺将多余的试样沿筒口中心线向两个相反方向刮平，称其质量。

2.3.2.5　试验结果处理

（1）堆积密度 ρ_0' 按下式计算（精确至 $10kg/m^3$）：

$$\rho_0' = \frac{m_2 - m_1}{V} \times 100\% \tag{2.4}$$

式中　m_1——容量筒的重量，kg；

m_2——容量筒和砂总重，kg；

V——容量筒容积，L。

（2）空隙率按下式计算（精确至1%）：

$$P' = (1 - \rho_0'/\rho') \times 100\% \tag{2.5}$$

式中　P'——空隙率，%；

ρ_0'——试样的堆积密度，kg/m^3。

（3）堆积密度取两次试验结果的算术平均值，精确值 $10kg/m^3$。空隙率取两次试验结果的算术平均值，精确至1%。

（4）采用修约值比较法进行评定。

2.2 ▶

2.3.2.6　试验记录

试验日期：＿＿＿＿＿＿＿　试样名称：＿＿＿＿＿＿＿　试样产地：＿＿＿＿＿＿＿

次数	容量筒体积 V/L	容量筒质量 /kg	筒+砂质量 /kg	砂样质量 /kg	堆密度 ρ_0' /kg	堆密度平均值 /(kg/m^3)
1						
2						

1. 结果计算与评定

（1）堆积密度的计算，精确至 $10kg/m^3$。

（2）空隙率按下式计算，精确至1%：$P' = (1 - \rho_0'/\rho') \times 100\%$。

（3）堆积密度取两次试验结果的算术平均值，精确至 $10kg/m^3$。

（4）空隙率取两次试验结果的算术平均值精确至1%。

（5）结论：砂的堆密度为＿＿＿＿＿＿kg/m^3。

2. 思考题

在进行堆积密度测定时，为何要控制装料高度？

任务2.4　细骨料颗粒级配测定

颗粒级配又称粒度级配，表示由不同粒度组成的散状物料中各级粒度所占的数量，常以占总量的百分数来表示。由不间断的各级粒度所组成的称连续级配；只由某几级粒度所组成的称间断级配。合理的颗粒级配是使配料获得低气孔率的重要途径。

2.4.1　试验目的

细骨料颗粒级配试验的目的是通过筛分析来检验细骨料（砂）的级配及其粗细程度是否符合规范要求。在拌制混凝土时，细骨料的级配和粗细程度，对节约水泥和获得均匀的混凝土有重要意义。

砂的粗细程度是指不同粒径的砂粒混合体平均粒径大小，用细度模数（M_x）表示。细度模数 M_x 越大，表示砂越粗，M_x 越小，则砂比表面积越大。

砂的颗粒级配是指不同粒径的砂粒搭配比例。良好的级配指粗颗粒的空隙恰好由中颗粒填充，中颗粒的空隙恰好由细颗粒填充，如此逐级填充使砂形成最密致的堆积状态，空隙率达到最小值，堆积密度达最大值。这样可达到节约水泥，提高混凝土综合性能的目标。因此，砂颗粒级配反映空隙率大小。

（1）细度模数和颗粒级配的测定。砂的粗细程度和颗粒级配用筛分析方法测定，用细度模数表示粗细，用级配区表示砂的级配。

（2）砂的掺配使用。配制普通混凝土的砂宜为中砂（$M_x=2.3\sim3.0$）Ⅱ级区。但实际工程中往往出现砂偏细或偏粗的情况。通常有两种处理方法：只有一种砂源时，对偏细砂适当减少砂用量，即降低砂率；对偏粗砂则适当增加砂用量，即增加砂率。粗砂和细砂可同时提供时，宜将细砂和粗砂按一定比例掺配使用，这样既可调整 M_x，也可改善砂的级配，有利于节约水泥，提高混凝土性能。掺配比例可根据砂资源状况，粗细砂各自的细度模数及级配情况，通过试验和计算确定。

2.4.2　主要仪器设备

（1）砂样标准筛 1 套：包括孔径为 9.50mm、4.75mm、2.36mm、1.18mm、600μm、300μm、150μm 的方孔筛各一只，并附筛底和筛盖。

（2）天平：称量 1kg，感量 1g。

（3）摇筛机：电动振动筛，振幅为（0.5±0.1)mm，频率为（50±3)Hz。

（4）搪瓷盘、毛刷等。

2.4.3　试样制备

砂样先用孔径 9.50mm 的方孔筛筛除大于 9.50mm 的颗粒（算出其筛余百分率并进行记录），然后用四分法缩分至每份不少于 550g 的试样两份，放在（105±5)℃烘箱中烘至恒量，冷却至室温。

2.4.4　试验步骤

（1）称取烘干试样两份，每份 500g，精确至 1g，记为 m，分别进行试验。

（2）将试样倒入标准筛中，其筛孔尺寸自上而下，由粗到细，顺次排列。

（3）套筛用摇筛机摇 10min 后，按筛孔大小顺序，在清洁的搪瓷盘上逐个用手筛，直至每分钟通过量不超过试样总量的 0.1%（即 0.5g）时为止。通过的颗粒并入下一号筛中，并和下一号筛中的砂样一起过筛。这样按顺序进行，直至各号筛全部筛完为止。如无摇筛机，可以直接用手筛。

（4）称出各号筛的筛余量，精确至1g，试样在各号筛上的筛余量不得超过下式计算出的量：

$$m_r=\frac{A\sqrt{d}}{200} \tag{2.6}$$

式中 m_r——在一个筛上的筛余量，g；

A——筛面面积，mm^2；

d——筛孔尺寸，mm。

若超过时按下述方法之一处理：

1）将该颗粒试样分成少于按上式计算出的量，分别筛分，并以筛余量之和作为该号筛的筛余量。

2）将该粒级及以下各粒级的筛余混合均匀，称出其质量，精确至1g。再用四分法缩分为大致相等的两份，取其中一份，称出其质量，精确至1g，继续筛分。计算该粒级及以下各粒级的分计筛余量时应根据缩分比例进行修正。

（5）用毛刷轻轻地刷净各筛上遗留的试样。

（6）称出各个筛上的筛余量 m_n(g)。

2.4.5 试验结果处理

（1）按下式计算各个筛上的分计筛余百分率（计算至0.1%）：

$$a_n=\frac{m_n}{m_s}\times 100\% \tag{2.7}$$

式中 m_n、a_n——指4.75mm、2.36mm、1.18mm、600μm、300μm、150μm各个筛上筛余量（g）及相应的分计筛余百分率（%）；

m_s——原试样质量，为500g。

（2）计算各个筛上的累计筛余百分率 A_n(%)，即该号筛与该号筛以上各筛的分计筛余百分率之和（计算至0.1%）。

（3）根据各个筛的累计筛余百分率，各筛筛余（包括筛底）的质量总和与原试样质量之差超过1%时，试验须重做。

（4）按下式计算细度模数 M_x(计算至0.01)：

$$M_x=\frac{(A_2+A_3+A_4+A_5+A_6)-5A_1}{100-A_1} \tag{2.8}$$

式中 A_1、A_2、A_3、A_4、A_5、A_6——4.75mm、2.36mm、1.18mm、600μm、300μm、150μm筛上的累计筛余百分率，%。

2.3 ▶

（5）累计筛余取两次实验结果的算术平均值，精确至1%。细度模数取两次试验结果的算术平均值作为试验结果，精确至0.1。如两次试验的细度模数之差超过0.20时，须重新取样进行试验。

（6）将砂的细度模数、各累计筛余百分率与相应的规范对照，评定该细骨料的颗粒级配。

2.4.6　试验记录

试验日期：＿＿＿＿＿＿　产地：＿＿＿＿＿＿　种类：＿＿＿＿＿＿

方孔筛 /mm	第一次筛分			第二次筛分			平均累积筛余
	筛余量 /g	分计筛余 /%	累计筛余 /%	筛余量 /g	分计筛余 /%	累计筛余 /%	
9.5							
4.75							
2.36							
1.18							
0.6							
0.3							
0.15							
筛底							
合计							
细度模数							

1. 结果计算与评定

（1）分计筛余百分率，累计筛余百分率计算精确至 0.1%。

（2）每号筛的筛余量与筛底的剩余量之和同原试样质量之差超过 1%时，须重新试验。

（3）累计筛余百分率取两次试验结果的算术平均值，精确至 1%。细度模数取两次试验的算术平均值，精确至 0.1，如两次试验的细度模数之差超过 0.20 时，须重新试验。

（4）结论：该砂为＿＿＿＿砂；级配属＿＿＿＿区。

2. 思考题

筛余量之和不等于 500g 是由哪些因素造成的？计算筛余百分数时应该按 500g 还是实际的筛余量之和计算？

任务 2.5　细骨料含泥量测定

砂和黏土都是由岩石风化成的，在自然界中，两者常常混杂在一起。若用化学分析的方法，很难将它们区分开。一般是根据两者的最基本特征——颗粒大小来加以区分。

含泥量对混凝土性能影响较大，在其他条件不变的情况下，砂子中的含泥量小于 3%时，混凝土的工作性影响较小但随着含泥量的增加混凝土的坍落度不断降低，但大于 3%时，混凝土的工作性就会受到很大的影响。

由于砂中的含泥量对砂浆的流动性、保水性、强度、变形及耐久性等有不同程度的影响，为保证砂浆质量，尤其在配制高强度砂浆时应选用洁净的砂，因此对砂的含泥量应予以限制。强度等级为 M2.5 以上的砌筑砂浆用砂的含泥量不应超过 5%；强度等级为 M2.5 的水泥混合砂浆用砂的含泥量应不大于 10%；防水砂浆用砂的含泥量不应大于 3%。

2.5.1　试验目的

细骨料中的含泥量是评价细骨料质量的重要指标，通常采用标准法（淘洗法）。

2.5.2　主要仪器设备

（1）天平：称量 1000g，感量 0.1g。

（2）筛：孔径为 75μm 及 1.18mm 方孔筛各一只。

（3）烘箱：能使温度控制在（105±5）℃。

（4）洗砂用的容器及烘干用的浅盘等：要求容器冲洗试样时，保持试样不溅出（深度大于 250mm）。

（5）搪瓷盘、毛刷等。

2.5.3　试样制备

按规定取样并将试样用四分法缩分至约 1100g，放在温度为（105±5）℃的烘箱中烘干至恒量，待冷却至室温后，分成大致相等的两份备用。

2.5.4　试验步骤

（1）称取烘干试样 500g 精确至 0.1g（m_0）。将试样倒入淘洗容器中，注入清水，使水面高出试样面约 150mm，充分拌混均匀后，浸泡 2h，然后用手在水中淘洗试样，使尘屑、淤泥和黏土与砂粒分离，并使之悬浮或溶于水中。

（2）约 1min 后，把浑水缓缓地倒入 1.18mm 及 75μm 的套筛上（1.18mm 筛放置 75μm 筛上面），滤去小于 75μm 的颗粒。试验前筛子的两面应先用水润湿，在整个试验过程中应注意避免砂粒丢失；再次加水于筒中，重复上述过程，直到筒内洗出的水清澈为止。

（3）用水淋洗剩留在筛上的细粒，并将 75μm 筛放在水中（使水面略高出筛中砂粒的上表面）来回摇动，以充分洗除小于 75μm 的颗粒。然后将两只筛上剩留的颗粒和筒中已经洗净的试样一并装入浅盘，置于温度为（105±5）℃的烘箱中烘干至恒量。待冷却至室温后，称出试样的质量 G_1，精确至 0.1g。

2.5.5　试验结果处理

（1）细骨料的含泥量 Q 按下式计算（精确至 0.1%）：

$$Q_a=\frac{G_0-G_1}{G_0}\times 100\% \tag{2.9}$$

式中　Q_a——含泥量，%；

G_0——试验前的烘干试样质量，单位为克（g）；

G_1——试验后的烘干试样重量，单位为克（g）。

（2）含泥量取两个试样的试验结果的算术平均值作为测定值。采用修约值比较法进行评定。

2.5.6　试验记录

试验日期：________ 试样名称：________ 试样产地：________

次数	砂样质量 G_0/kg	洗后砂样质量 G_1/kg	含泥量 Q_a/%	含泥量平均值 /%
1				
2				

1. 结果计算与评定

（1）含泥量的计算，精确至 0.1%。

（2）取两次试验结果的算术平均值。

（3）结论：砂的含泥量为________%。

2. 思考题

砂的含泥量对混凝土性能有什么影响？

任务 2.6　粗骨料松散堆积密度、紧密堆积密度测定

粗骨料的堆积密度有松散堆积密度和紧密堆积密度之分，它的大小是粗骨料级配优劣和空隙多少的重要标志，且是进行混凝土配合比设计的必要资料。此外，还可根据它计算粗骨料在松散状态下的质量和体积，或用以估计运输工具的数量及存放堆场面积等。

2.6.1　试验目的

粗骨料的堆积密度是混凝土配合比设计和一般使用的依据。

2.6.2　主要仪器设备

（1）振动台：频率（50±3）Hz，振幅（0.35±0.05）mm，最大荷载 250kg。

（2）天平：称量 10kg，感量 10g；称量 50kg 或 100kg，感量 50g 各一台。

（3）容量筒：金属制，具有一定刚度，其规格见表 2.20。

（4）拌和铁铲、平口铁锹等。

（5）其他：钢尺等。

表 2.20　容量筒规格表

碎石或卵石的最大粒径 /mm	容量筒容积 /L	容量筒规格/mm		筒壁厚度 /mm
		内径/mm	净高/mm	
9.5、16.0、19.0、26.5	10	208	294	2
31.5、37.5	20	294	294	3
53.0、63.0、75.0	30	360	294	4

2.6.3　试样制备

试验前，按规定取具有代表性的气干试样或一定级配比例的气干石料，搅拌均

匀，分为大致相等的两份备用。

2.6.4 试验步骤

（1）松散堆积密度：取试样一份，先用平口铁锹将试样从容量筒口中心上方50mm处自由落入筒中，直至试样高出筒口，用钢尺沿筒口边缘刮去高出筒口的颗粒，用适当的颗粒填平凹处，使表面稍凸起部分和凹陷部分的体积大致相等，称取试样和容量筒共重（m^2）。

（2）紧密堆积密度：取试样一份，用平口铁锹将试样从容量筒口中心上方50mm处自由落入筒中，放在振动台上震动2～3min。或将容量筒置于坚实的平地上，在筒底垫放一根直径为25mm的钢筋，将试样分三层距容量筒上口5cm高处装入筒中，每装完一层后，将筒按住，左右交替颠击地面各25次。在振实或颠实完毕后，再加试样直至超出筒口，按松散堆积密度的方法平整表面，称取试样和容量筒共重（m^2）。

2.6.5 试验结果处理

（1）松散或紧密密度ρ_0'按下式计算（精确至10kg/m³）：

$$\rho_0' = \frac{m_2 - m_1}{V} \times 1000 \tag{2.10}$$

式中 m_1——容量筒的质量，kg；

m_2——容量筒和试样总质量，kg；

V——容量筒的容积，L。

（2）以两次试验结果的算术平均值作为测定值，如两次测值相差超过20kg/m³时，试验应重做。

（3）空隙率计算P_0按下式计算（精确至1%）：

$$\rho' = \left(1 - \frac{\rho_0'}{\rho'}\right) \times 100\% \tag{2.11}$$

式中 ρ_0'——试样的紧密密度或松散堆积密度，kg/m³；

ρ'——试样的表观密度，kg/m³。

（4）容量筒容积的校正应以（20±5）℃的饮用水装满容量筒，用玻璃板沿筒口滑移，使其紧贴水面，擦干筒外壁水分后称重。用下式计算筒的容积V：

$$V = m_2' - m_1' \tag{2.12}$$

式中 m_1'——容量筒和玻璃板重量，kg；

m_2'——容量筒、玻璃板和水总重，kg。

2.6.6 试验记录

石子种类：__________石子规格：__________试验日期：__________

松散堆积密度 ρ_0'/(kg/m³)	容量筒的容积 V/L	容量筒的质量 G_1/kg	试样+筒总质量 G_2/kg	松散堆积密度 /(kg/m³)	平均值 /(kg/m³)

石子种类：________________石子规格：________________试验日期：________________

松散堆积密度 ρ_0'/(kg/m³)	容量筒的容积 V/L	容量筒的质量 G_1/kg	试样+筒总质量 G_2/kg	紧密堆积密度 /(kg/m³)	平均值 /(kg/m³)

2.4

2.5

1. 结果计算与评定

（1）堆积密度取两次试验结果的算术平均值，精确至 10kg/m³，如两次测值相差超过 20kg/m³ 时，试验应重做。

（2）结论：该石子的松散堆积密度为________________kg/m³。

2. 思考题

测出砂石的堆积密度有何意义？

任务 2.7　粗骨料颗粒级配测定

粗骨料的表面特征指表面粗糙程度。碎石表面比卵石粗糙，且多棱角，因此，拌制的混凝土拌合物流动性较差，但与水泥黏结强度较高，配合比相同时，混凝土强度相对较高。卵石表面较光滑，少棱角，因此拌合物的流动性较好，但黏结性能较差，强度相对较低。但若保持流动性相同，用卵石可比碎石少用适量水。

粗骨料颗粒级配是由不同粒度组成的散状物料中各级粒度所占的数量。常以占总量的百分数来表示。良好的级配指粗颗粒的空隙恰好由中颗粒填充，中颗粒的空隙恰好由细颗粒填充，如此逐级填充使砂形成最密致的堆积状态，空隙率达到最小值，堆积密度达最大值。这样可达到节约水泥，提高混凝土综合性能的目标。因此，砂颗粒级配反映空隙率大小。

由不间断的各级粒度所组成的称连续级配；只由某几级粒度所组成的称间断级配。合理的颗粒级配是使配料获得低气孔率的重要途径。

2.7.1　试验目的

通过筛分，测定粗骨料的颗粒级配，为混凝土配合比设计提供依据。

2.7.2　主要仪器设备

（1）方孔筛：孔径为 90、75.0、63.0、53.0、37.5、31.5、26.5、19.0、16.0、9.5、4.75 和 2.36mm 的方孔筛，以及筛的底盘和盖各一只，筛框内径均为 300mm。

（2）天平：称量 10kg，感量 1g。

（3）铁锹、铁盘或其他容器等。

（4）摇筛机。

2.7.3　试样制备

试验前，用四分法选取风干试样，试样质量略重于表 2.21 所规定。

表 2.21　　试样取样数量

最大公称粒径/mm	9.5	16.0	19.0	26.5	31.5	37.5	63.0	75.0
最少试样质量/kg	1.9	3.2	3.8	5.0	6.3	7.5	12.6	16.0

2.7.4　试验步骤

（1）将试样按筛孔大小顺序过筛，当每号筛上筛余层的厚度大于试样的最大粒径值时，应将该号筛上的筛余分成两份，再次进行筛分，直至各筛每分钟的通过量不超过试样总量的 0.1%。

（2）称取各筛筛余的重量，精确至 1g。在筛上的所有分计筛余量和筛底剩余的总和与筛分前测定的试样总量相比，其相差不得超过 1%，否则须重新试验。

2.7.5　试验结果处理

（1）由各筛上的筛余量除以试样总重量计算得出该号筛的分计筛余百分率（精确至 0.1%）。

（2）每号筛计算得出的分计筛余百分率与大于该筛筛号各筛的分计筛余百分率相加，计算得出其累计筛余百分率（精确至 1%）。筛分后，如每号筛的筛余量与筛底的筛余量之和同原试样质量之差超过 1%时，应重新试验。

（3）以两次测值的平均值作为试验结果。根据各筛的累计筛余百分率，评定该试样的颗粒级配。

2.6

2.7.6　试验记录

产地：＿＿＿＿＿＿＿　种类：＿＿＿＿＿＿＿　规格：＿＿＿＿＿＿＿

筛孔/mm	筛余量/g	分计筛余/%	累计筛余/%
90			
75.0			
63.0			
53.0			
37.5			
31.5			
26.5			
19.0			
16.0			
9.50			
4.75			
2.36			
筛　底			

1. 结果计算与评定

(1) 由各筛上的筛余量除以试样总质量计算得出该号筛的分计筛余百分数（精确至 0.1%）。

(2) 每号筛计算得出的分计筛余百分数与大于该筛筛号各筛的分计筛余百分数相加，计算得出其累计筛余百分数（精确至 1%）。

(3) 根据各筛的累计筛余百分数，评定该试样的颗粒级配。

(4) 结论：该碎石或卵石的颗粒级配。

2. 思考题

粗骨料的筛分如何确定筛分结果？

任务 2.8　粗骨料含泥量、泥块含量测定

混凝土中的泥一般来源于粗骨料和细骨料，主要是来源于河底的泥土。在破碎的时候也会混入泥土颗粒。对于粗骨料来说，其中的泥来源开采与破碎过程中。一些粘在骨料表面的黏土得不到清洗，直接进行破碎，造成粗骨料中含有较多的泥。标准中规定粒径小于 0.075mm 的颗粒称为泥。这些泥颗粒中有黏土颗粒也有一部分的岩石碎屑，一般很少具有胶凝性质。但是颗粒较小，具有较大的比表面积。

混凝土中所用的骨料中含泥量较多，严重影响了混凝土的性能，造成混凝土的和易性变差，坍落度经时损失增加，体积稳定性、耐久性变差。

2.8.1　含泥量测定

2.8.1.1　试验目的

通过试验，测定粗骨料中的含泥量，用以评定粗骨料的质量。

2.8.1.2　主要仪器设备

本试验用仪器设备如下：

(1) 鼓风干燥箱：能使温度控制在 (105±5)℃。

(2) 天平：称量 10kg，感量 1g。

(3) 方孔筛：孔径为 75μm 及 1.18mm 的筛各一只。

(4) 容器：要求淘洗试样时，保持试样不溅出。

(5) 搪瓷盘，毛刷等。

2.8.1.3　试样制备

按相关规定取样，并将试样缩分至略大于表 2.22 规定的 2 倍数量，放在干燥箱中于 (105±5)℃下烘干至恒量，待冷却至室温后，分为大致相等的两份备用。

表 2.22　含泥量试验所需试样数量

最大粒径/mm	9.5	16.0	19.0	26.5	31.5	37.5	63.0	75.0
最少试样量/kg	2.0	20	6.0	6.0	10.0	10.0	20..0	20.0

2.8.1.4 试验步骤

（1）根据试样的最大粒径，称取按表2.20规定数量的试样一份，精确至1g。将试样放入淘洗容器搪瓷盘中，注入清水，使水面高于试样表面150mm，浸泡2h，然后用手在水中淘洗试样，使尘屑、淤泥和黏土与石子颗粒分离，把浑水缓缓倒入1.18mm及75μm的套筛上（1.18mm筛放在75μm筛上面），滤去小于75μm的颗粒。试验前筛子的两面应先用水润湿。在整个试验过程中应小心防止大于75μm的颗粒流失。

（2）再向容器中注入清水，重复上述操作，直至容器内的水目测清澈为止。

（3）用水淋洗剩余在筛上的细粒，并将75μm筛放在水中（使水面略高出筛中石子颗粒的上表面）来回摇动，以充分洗掉小于75μm的颗粒，然后将两只筛上筛余的颗粒和清洗容器中已经洗净的试样一并倒入搪瓷盘中，置于干燥箱中于（105±5）℃下烘干至恒量，待冷却至室温后，称出其质量。精确至1g。

（4）含泥量按下式计算，精确至0.1%：

$$Q_a=\frac{G_1-G_2}{G_1}\times 100\% \tag{2.13}$$

式中 Q_a——含泥量，%；

G_1——试验前烘干试样的质量，g；

G_2——试验后烘干试样的质量，g。

含泥量取两次试验结果的算术平均值，精确至0.1%时。采用修约值比较法进行评定。

2.8.1.5 试验记录

试验日期：________ 试样名称：________ 试样产地：________

次数	石子试样质量 /kg	洗后石子试样质量 /kg	含泥量 Q_a /%	含泥量平均值 /%
1				
2				

结果计算与评定：

（1）含泥量的计算，精确至0.1%。

（2）取两次试验结果的算术平均值作为含泥量数值。

（3）结论：石子的含泥量为________。

2.8.2 泥块含量测定

2.8.2.1 试验目的

通过试验，测定粗骨料中的泥块含量，用以评定粗骨料的质量。

2.8.2.2 主要仪器设备

本试验用仪器设备如下：

（1）鼓风烘箱：能使温度控制在（105±5)℃。

（2）天平：称量10kg，感量1g。

（3）方孔筛：孔径为2.36mm及4.75mm筛各一只。

（4）容器：要求淘洗试样时，保持试样不溅出。

（5）搪瓷盘，毛刷、铁铲等。

2.8.2.3　试样制备

按相关规定取样，并将试样缩分至略大于表2.23规定的2倍数量，放在烘箱中于（105±5)℃下烘干至恒量，待冷却至室温后，筛出小于4.75mm的颗粒，分为大致相等的两份备用。

表2.23　　**含泥量试验所需试样数量**

最大粒径/mm	9.5	16.0	19.0	26.5	31.5	37.5	63.0	75.0
最少试样量/kg	2.0	2.0	6.0	6.0	10.0	10.0	20.0	20.0

2.8.2.4　试验步骤

（1）根据试样的最大粒径，称取按表2.23的规定数量一份，精确到1g。

（2）将试样倒入淘洗容器中，注入清水，使水面高于试样上表面。充分搅拌均匀后，浸泡24h。然后用手在水中碾碎泥块，再把试样放在2.36mm筛上，用水淘洗，直至容器内的水目测清澈为止。

（3）保留下来的试样小心地从筛中取出，装入搪瓷盘后，放在干燥箱中于(105±5)℃下烘干至恒量，待冷却至室温后，称出其质量，精确到1g。

试验前筛子的两面应先用水润湿。在整个试验过程中应小心防止大于2.36mm的颗粒的流失。

（4）结果计算与评定。泥块含量按下式计算，精确至0.1%：

$$Q_b=\frac{G_2-G_1}{G_1}\times 100\% \qquad (2.14)$$

式中　Q_b——泥块含量,%；

G_2——4.75mm筛筛余试样的质量，g；

G_1—　试验后烘干试样的质量，g。

泥块含泥量取两次试验结果的算术平均值，精确至0.1%时。

采用修约值比较法进行评定。

2.8.2.5　试验记录

试验日期：＿＿＿＿＿＿＿＿试样名称：＿＿＿＿＿＿＿＿试样产地：＿＿＿＿＿＿＿＿

<table>
<tr><th>次数</th><th>石子试样质量
/kg</th><th>浸洗烘干后
石子试样质量
/kg</th><th>泥块含量 Q_b
/%</th><th>泥块含量平均值
/%</th></tr>
<tr><td>1</td><td></td><td></td><td></td><td rowspan="2"></td></tr>
<tr><td>2</td><td></td><td></td><td></td></tr>
</table>

1. 结果计算与评定

（1）泥块含量的计算，精确至0.1%。

（2）取两次试验结果的算术平均值作为含泥量数值。

（3）结论：石子的含泥量为____________。

2. 思考题

（1）粗骨料的含泥量试验中如何淘洗颗粒？

（2）粗骨料的泥块含量试验中如何淘洗颗粒？

任务2.9 粗骨料针片状颗粒含量测定

粗骨料的颗粒形状以近立方体或近球状体为最佳，但在岩石破碎生产碎石的过程中往往产生一些针片状颗粒，使骨料的空隙率增大，并降低混凝土的强度，特别是抗折强度。针状颗粒指长度大于其所属粒级平均粒径2.4倍的颗粒；片状是指厚度小于其所属粒级平均粒径0.4倍的颗粒。

2.9.1 试验目的

通过试验，检测粗骨料中针片状颗粒的含量，用以评价粗骨料的质量。

2.9.2 主要仪器设备

本试验用仪器设备如下：

（1）针状规准仪与片状规准仪（图2.6）。

（2）天平：称量10kg，感量1g。

（3）孔径为4.75mm、9.50mm、16.0mm、26.5mm、31.5mm及37.5mm的筛各一个。

（4）卡尺、瓷盘和料斗等。

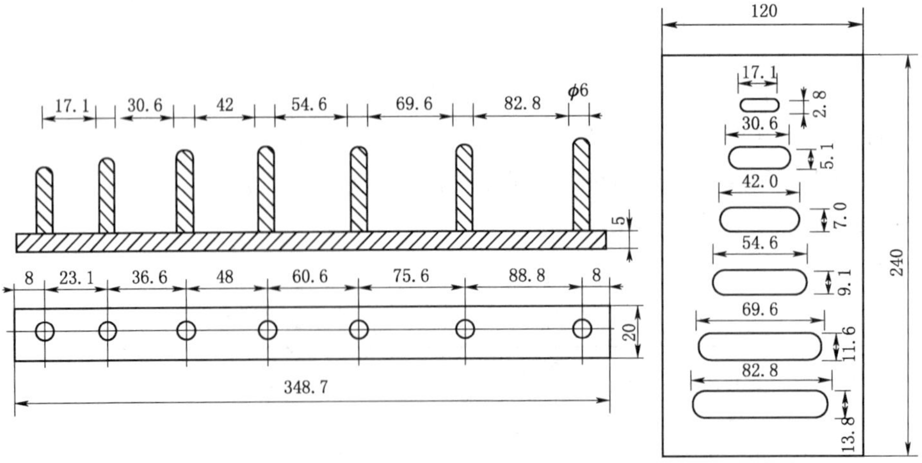

（a）针状规准仪　　（b）片状规准仪

图2.6 针片状规准仪（单位：mm）

2.9.3　试样制备

按相关规定取样，并将试样缩分至略大于表 2.24 规定的数量，烘干或风干后备用。

表 2.24　　针、片状颗粒含量试验取样表

最大粒径/mm	9.5	16.0	19.0	26.5	31.5	37.5	63.0	75.0
最少试样质量/kg	0.3	1.0	2.0	3.0	5.0	10.0	10.0	10.0

2.9.4　试验步骤

（1）根据试样的最大粒径，称取按表 2.24 的规定数量一份，精确到 1g。然后按表 2.25 的粒级进行筛分（按级配试验方法）。

表 2.25　　针、片状颗粒含量试验的粒级划分及其相应的规准仪孔宽或间距

单位：mm

粒　级	4.75～9.50	9.50～16.0	16.0～19.0	19.0～26.5	26.5～31.5	31.5～37.5
片状规准仪相对应孔宽	2.8	5.1	7.0	9.1	11.6	13.8
针状规准仪相对应间距	17.1	30.6	42.0	54.6	69.6	82.8

（2）按表 2.24 规定的粒级分别用规准仪逐粒检验。凡颗粒长度大于针状规准仪上相应间距者，为针状颗粒；颗粒厚度小于片状规准仪上相应孔宽者，为片状颗粒。秤出其总质量，精确到 1g。

（3）石子粒径大于 37.5mm 的碎石或卵石可用卡尺检验针、片状颗粒，卡尺卡口的设定宽度应符合表 2.26 的规定。

表 2.26　　大于 37.5mm 颗粒针、片状颗粒含量试验的粒级划分及其相应的卡尺卡口设定宽度

单位：mm

石 子 粒 级	37.5～53.0	53.0～63.0	63.0～75.0	75.0～90.0
检验片状颗粒的卡尺卡口设定宽度	18.1	23.2	27.6	33.0
检验针片状颗粒的卡尺卡口设定宽度	108.6	139.2	165.6	198.0

（4）称各粒级挑出的针状和片状颗粒的总质量 G_2。

（5）结果计算与评定。

针（片）状颗粒含量按式（2.15）计算，精确至 1%：

$$Q_c=\frac{G_2}{G_1}\times100\% \tag{2.15}$$

式中　Q_c——针、片状颗粒含量，%；

G_1——试样的质量，g；

G_2——试样中所含针、片状颗粒的总质量，g。

试验结果精确至 1%。

采用修约值比较法进行评定。

2.9.5　试验记录

产地：________________种类：________________规格：________________

针、片状颗粒含量/%	
试样质量 G_1/g	
试样中所含针、片状颗粒的总质量 G_2/g	
针、片状颗粒含量 Q_c/%	

1. 结果计算与评定

（1）针、片状颗粒含量的计算，精确至1%。

（2）结论：石子的针、片状颗粒含量为____________。

2. 思考题

针、片状颗粒含量试验中如何判定针、片状颗粒？

任务2.10　粗骨料压碎指标测定

为了保证混凝土具有足够的强度，所采用的粗骨料应质地致密，具有足够的强度。碎石或卵石的强度，可用压碎指标和岩石立方体强度两种方法表示。对经常性的生产质量控制常用压碎指标值来检验石子的强度。但当在选择采石场，或对粗骨料强度有严格要求，或对质量有争议时，宜用岩石立方体强度作检验。压碎指标值越小，说明石子的强度越高。

2.10.1　试验目的

通过试验检测粗骨料压碎指标值，评价粗骨料抵抗受压碎裂的能力。

2.10.2　主要仪器设备

本试验用仪器设备如下：

（1）压力试验机：最大压力300kN。

（2）天平：称量10kg，感量1g。

（3）受压试模（压碎指标测定仪，如图2.7所示）。

（4）方孔筛：孔径为2.36mm、9.50mm及19.0mm的筛各一只。

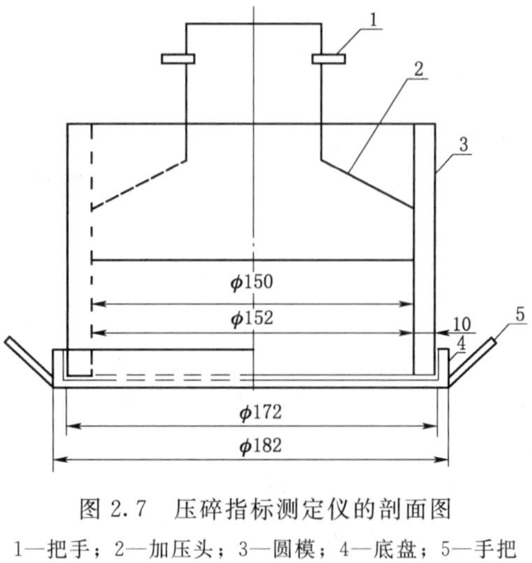

图2.7　压碎指标测定仪的剖面图

1—把手；2—加压头；3—圆模；4—底盘；5—手把

2.10.3　试样制备

按相应规定取样，风干后筛除大于19.0mm及小于9.50mm的颗粒，并去除针片状颗粒，分为大致相等的三份备用。

2.10.4　试验步骤

（1）称取试样3000g，精确至1g。

当试样中粒径在 9.5～19.0mm 之间的颗粒不足时，允许将粒径大于 19.0mm 的颗粒破碎成粒径在 9.50～19.0mm 之间的颗粒用作碎指标值试验。

(2) 将试样分两层装入圆模（置于底盘上）内，每装完一层试样后，在底盘下面垫放一直径为 10mm 的圆钢，将筒按住，左右交替颠击地面各 25 次，两层颠实后，平整模内试样表面，盖上压头。

(3) 当圆模装不下 3000g 试样时，以装至距圆模上口 10mm 为准。

(4) 把装有试样的模子置于压力机上，开动压力试验机，按 1kN/s 速度均匀加荷至 200kN 并稳荷 5s，然后卸荷。取下加压头，倒出试样，用孔径 2.36mm 的筛筛除被压碎的细粒，称出留在筛上的试样质量，精确至 1g。

(5) 结果计算与评定。压碎指标值按下式计算，精确至 0.1%；

$$\delta_e=\frac{m_0-m_1}{m_0}\times 100\% \tag{2.16}$$

式中 δ_e——压碎指标值，%；

m_0——试样的质量，g；

m_1——压碎试验后筛余的试样质量，g。

压碎指标值取三次试验结果的算术平均值，精确至 1%。

采用修约值比较法进行评定。

2.7

2.10.5 试验记录

产地：______________ 种类：______________ 规格：______________

针、片状颗粒含量/%	
试样质量 m_0/g	
压碎试验后筛余的试样质量 m_1/g	
压碎指标值 δ_e/%	

1. 结果计算与评定

(1) 压碎指标值取三次试验结果的算术平均值。

(2) 结论：该石子的压碎指标值为____________%。

2. 思考题

压碎指标试验时如何施加荷载？

项目3　混凝土配合比设计与检测

【学习目标】 掌握水泥混凝土的主要技术性能及其影响因素、配合比设计和质量评定方法；熟悉混凝土主要组成材料及其对混凝土性能的影响；了解混凝土外加剂、其他品种混凝土等内容。

任务3.1　混 凝 土 概 述

3.1 Ⓟ

3.1.1　混凝土（concrete）的含义

凡由胶凝材料（胶结料）、粗细骨料和水及其他材料，按适当的比例配合、拌和配制并硬化而成的具有所需的形体、强度和耐久性的人造石材，叫作混凝土，如水泥混凝土、沥青混凝土等。

即：胶凝材料＋粒状材料＋水＋其他外加材料（外加剂、混合材料）→硬化的人工石材。

3.1 ▶

水泥混凝土（cement concrete）简称混凝土，是以水泥为胶凝材料，砂石为骨料拌制而成的混凝土。

即：水泥＋砂＋石＋水＋外加剂（混合材料）→混凝土（混凝土）。

水泥混凝土是现代土木工程最主要的结构材料，本项目主要介绍水泥混凝土。

3.1.2　混凝土的分类

混凝土的种类很多，分类方法也很多。

3.1.2.1　按表观密度分类

（1）重混凝土。重混凝土指表观密度大于2800kg/m^{3}的混凝土，其骨料为钢屑、重晶石、铁矿石等重骨料，水泥为钡水泥、锶水泥等重水泥，可屏蔽各种射线的辐射，又称防辐射混凝土，经常用于核能工厂的屏障结构材料。

（2）普通混凝土。表观密度为2000～2800kg/m^{3}的水泥混凝土，骨料为天然砂、石，密度一般多在2500kg/m^{3}左右，简称混凝土，是土木工程中最常用的混凝土品种，用于各种建筑的承重结构材料。

（3）轻混凝土。表观密度小于1950kg/m^{3}的混凝土，包括轻骨料混凝土、多孔混凝土和大孔混凝土等，骨料为多孔轻质骨料，或无砂的大孔混凝土或不采用骨料而掺入加气剂或泡沫剂形成的多孔结构混凝土，主要用作轻质结构（大跨度）材料和隔热保温材料。

3.1.2.2　按胶凝材料的品种分类

通常根据主要胶凝材料的品种，并以其名称命名，如水泥混凝土、石膏混凝土、水玻璃混凝土、沥青混凝土、聚合物混凝土等。

3.1.2.3 按强度等级分类

混凝土按抗压强度分为低强度混凝土（f_{cu}<C30）、中强度混凝土（C30≤f_{cu}<C60）、高强度混凝土（f_{cu}≥C60）；超高强度混凝土（f_{cu}≥C100）。

3.1.2.4 按使用功能和特性分类

按使用部位、功能和特性通常可分为：结构混凝土、道路混凝土、水工混凝土、耐热混凝土、耐酸混凝土、防辐射混凝土、补偿收缩混凝土、防水混凝土、泵送混凝土、自密实混凝土、纤维混凝土、聚合物混凝土、高强混凝土、高性能混凝土等。

3.1.2.5 按生产和施工方法分类

混凝土按生产和施工方法可分为泵送混凝土、喷射混凝土、碾压混凝土、水下浇筑混凝土、离心混凝土、压力灌浆混凝土、预拌混凝土（商品混凝土）等。

3.1.3 普通混凝土

由胶凝材料、骨料（也称集料）和水等按一定配合比，经搅拌、成型、养护等工艺硬化而成的具有所需形体、强度和耐久性的工程材料，成为混凝土。目前，工程上使用最多的是以水泥和矿物掺合料为胶凝材料，以砂、石为骨料，加水并掺入适量外加剂制成普通混凝土。

3.1.3.1 普通混凝土的主要优点

（1）原材料来源丰富。混凝土中约70%以上的材料是砂石料，属地方性材料，可就地取材，避免远距离运输，因而价格低廉。

（2）施工方便。混凝土拌合物具有良好的流动性和可塑性，可根据工程需要浇筑成各种形状尺寸的构件及构筑物。既可现场浇筑成型，也可预制。

（3）性能可根据需要设计调整。通过调整各组成材料的品种和数量，特别是掺入不同外加剂和掺合料，可获得具有不同施工和易性、强度、耐久性或特殊性能的混凝土，满足工程上的不同要求。

（4）抗压强度高。混凝土的抗压强度一般在7.5～60MPa之间。当掺入高效减水剂和掺合料时，强度可达100MPa以上。而且，混凝土与钢筋具有良好的匹配性，浇筑成钢筋混凝土后，可以有效地改善抗拉强度低的缺陷，使混凝土能够应用于各种结构部位。

（5）耐久性好。原材料选择正确、配比合理、施工养护良好的混凝土具有优异的抗渗性、抗冻性和耐腐蚀性能，且对钢筋有保护作用，可保持混凝土结构长期使用性能稳定。

（6）匹配性好，与钢筋及钢纤维等有牢固的黏结力。

3.1.3.2 普通混凝土存在的主要缺点

（1）自重大。1m^3 混凝土重约2400kg，故结构物自重较大，导致地基处理费用增加。

（2）抗拉强度低，抗裂性差。混凝土的抗拉强度一般只有抗压强度的1/20～1/10，易开裂。

（3）生产工艺复杂，质量难以控制，管理困难。

（4）导热系数大，保温隔热性能较差。

（5）硬化较慢，生产周期长。

3.1.3.3 普通混凝土的基本要求

（1）满足便于搅拌、运输和浇捣密实的施工和易性。

（2）满足设计要求的强度等级。

（3）满足工程所处环境条件所必需的耐久性。

（4）满足上述三项要求的前提下，最大限度地降低水泥用量，节约成本，即经济合理性。

为了满足上述四项基本要求，就必须研究原材料性能，研究影响混凝土和易性、强度、耐久性、变形性能的主要因素；研究配合比设计原理、混凝土质量波动规律以及相关的检验评定标准等。这也是本章的重点和紧紧围绕的中心。

3.1.4 混凝土的发展趋向

3.1.4.1 高性能混凝土（HPC）

要求有高强度等级（$f_{cu}\geqslant 60$MPa）和良好的工作性、体积稳定性和耐久性。

高性能混凝土的发展途径如下：

（1）采用高性能的原料以及与之相适应的工艺。

（2）采用多元复合途径提高混凝土的综合性能。如掺入高效减水剂，缓凝剂、引气剂、硅灰、优质粉煤灰、稻壳灰及沸石粉等。

3.1.4.2 绿色高性能混凝土（GHPC）

从节约能源、资源，减少工业废料排放和保护自然环境角度考虑，要求混凝土及其原材料的开发、生产、建筑施工作业等既能满足建设需要，又不危及后代人的延续生存环境。绿色高性能混凝土由于具有良好的性能与环境协调性，已成为混凝土产业未来发展的方向，加快发展绿色高性能混凝土、满足工程建设需要是建筑业贯彻实施可持续发展战略的重要途径。

3.1.4.3 再生混凝土

再生混凝土是将废弃混凝土经过清洗、破碎、分级和按一定比例与级配混合形成再生骨料，部分或者全部代替砂石等天然骨料配制的混凝土。废料回收循环利用，利国利民。废弃混凝土原始强度越高，用它制作的再生集料性能越好，可以配置新混凝土的强度越高。

任务3.2　普通混凝土的组成材料

普通混凝土组成材料是水泥、天然砂、石、水、掺合剂和外加剂，如图3.1所示。其组成过程为：水＋水泥→水泥浆＋砂→水泥砂浆＋粗骨料→混凝土。各成分的作用如下：

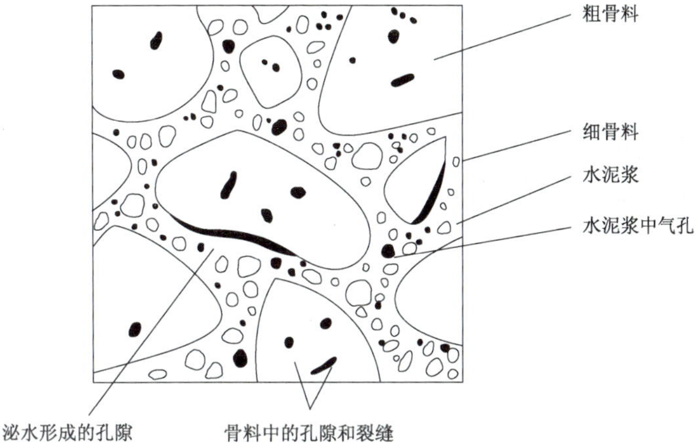

图 3.1 硬化混凝土的结构

(1) 水泥浆能充填砂的空隙，起润滑作用，赋予混凝土拌合物一定的流动性。

(2) 水泥砂浆能充填石子的空隙，起润滑作用，也能流动。

(3) 水泥浆在混凝土硬化后起胶结作用，将砂石胶结成整体，产生强度，成为坚硬的水泥石。

3.2 Ⓟ

由上可知，在混凝土硬化前，水泥浆起润滑作用，赋予混凝土拌合物一定的流动，便于施工。水泥浆硬化后起胶结作用，将砂石骨料胶结成整体，产生强度，成为坚硬的水泥石。

混凝土的性能在很大程度上取决于组成材料的性能。因此必须根据工程性质、设计要求和施工现场条件合理选择原料的品种、质量和用量。要做到合理选择原材料，首先必须了解组成材料的性质、作用原理和质量要求。

3.2 ▶

3.2.1 水泥

3.2.1.1 水泥品种的选择

水泥品种的选择主要根据工程结构特点、工程所处环境及施工条件确定。

工程混凝土一般可选用硅酸盐水泥、普通水泥、矿渣水泥、火山灰水泥、粉煤灰水泥和复合水泥等通用水泥；水工混凝土可选中热水泥、低热水泥、抗硫酸盐水泥等；道路混凝土可选道路水泥、普通水泥等；海港工程可选抗硫酸盐水泥、矿渣水泥等。

水工混凝土选用的水泥一般按以下原则确定：

(1) 水位变化区外部混凝土、溢流面和经常受水流冲刷部位的混凝土及有抗冻要求的混凝土，宜选用中热硅酸盐水泥或硅酸盐水泥，也可选用普通硅酸盐水泥。

(2) 内部混凝土、水下混凝土和基础混凝土，宜选用中热硅酸盐水泥，也可选用低热矿渣硅酸盐水泥、矿渣硅酸盐水泥、火山灰质硅酸盐水泥、粉煤灰硅酸盐水泥、普通硅酸盐水泥和低热微膨胀水泥。

(3) 环境水对混凝土有硫酸盐侵蚀性时，应选择抗硫酸盐硅酸盐水泥。

3.2.1.2 水泥强度等级的选择

水泥强度等级的选择原则为：混凝土设计强度等级越高，则水泥强度等级也宜越高；设计强度等级低，则水泥强度等级也相应低。例如：C40 以下混凝土，一般选用强度等级32.5级；C45～C60混凝土一般选用42.5级，在采用高效减水剂等条件下也可选用32.5级；大于C60的高强混凝土，一般宜选用42.5级或更高强度等级的水泥；对于C15以下的混凝土，则宜选择强度等级为32.5级的水泥，并外掺粉煤灰等混合材料。目标是保证混凝土中有足够的水泥，既不过多，也不过少。因为水泥用量过多（低强水泥配制高强度混凝土），一方面成本增加。另一方面，混凝土收缩增大，对耐久性不利。水泥用量过少（高强水泥配制低强度混凝土），混凝土的黏聚性变差，不易获得均匀密实的混凝土，严重影响混凝土的耐久性。

常用水泥的选用及各种水泥的适用范围见表3.1。

表3.1　　常用水泥的选用及各种水泥的适用范围

混凝土工程特点或所处环境条件		优先选用	可以使用	不得使用
环境条件	在普通气候环境中的混凝土	普通硅酸盐水泥	矿渣硅酸盐水泥、火山灰质硅酸盐水泥、粉煤灰硅酸盐水泥	
	在干燥环境中的混凝土	普通硅酸盐水泥	矿渣硅酸盐水泥	火山灰质硅酸盐水泥、粉煤灰硅酸盐水泥
	在高湿度环境中或永远处在水下的混凝土	矿渣硅酸盐水泥	普通硅酸盐水泥、火山灰质硅酸盐水泥、粉煤灰硅酸盐水泥	
	严寒地区的露天混凝土、寒冷地区的处在水位升降范围内的混凝土	普通硅酸盐水泥	矿渣硅酸盐水泥	火山灰质硅酸盐水泥、粉煤灰硅酸盐水泥
	严寒地区处在水位升降范围内的混凝土	普通硅酸盐水泥		火山灰质硅酸盐水泥、粉煤灰硅酸盐水泥、矿渣硅酸盐水泥
	受侵蚀性环境水或侵蚀性气体作用的混凝土	根据侵蚀性介质的种类、浓度等具体条件按专门（或设计）规定选用		
	厚大体积的混凝土	粉煤灰硅酸盐水泥、矿渣硅酸盐水泥	普通硅酸盐水泥、火山灰质硅酸盐水泥	硅酸盐水泥、快硬硅酸盐水泥
工程特点	要求快硬的混凝土	快硬硅酸盐水泥、硅酸盐水泥	普通硅酸盐水泥	矿渣硅酸盐水泥、火山灰质硅酸盐水泥、粉煤灰硅酸盐水泥
	高强（大于C60）的混凝土	硅酸盐水泥	普通硅酸盐水泥、矿渣硅酸盐水泥	火山灰质硅酸盐水泥、粉煤灰硅酸盐水泥
	有抗渗性要求的混凝土	普通硅酸盐水泥、火山灰质硅酸盐水泥		不宜使用矿渣硅酸盐水泥
	有耐磨性要求的混凝土	硅酸盐水泥、普通硅酸盐水泥	矿渣硅酸盐水泥	火山灰质硅酸盐水泥、粉煤灰硅酸盐水泥

注　1. 蒸汽养护时用的水泥品种，宜根据具体条件通过试验确定。
2. 复合硅酸盐水泥选用应根据其混合材的比例确定。

3.2.2 细骨料

公称粒径在0.15～5.0mm之间的骨料称为细骨料，即砂。砂按产源分为天然砂、机制砂两类。

3.2.2.1 天然砂、机制砂的定义和应用

《建设用砂》(GB/T 14684—2011) 中天然砂定义为自然生成的，经人工开采和筛分的粒径小于4.75mm的岩石颗粒，包括河砂、湖砂、山砂、淡化海砂，但不包括软质、风化的岩石颗粒。机制砂定义为经除土处理，由机械破碎、筛分制成的粒径小于4.75mm的岩石、矿山尾矿或工业废渣颗粒，但不包括软质、风化的颗粒。

砂的公称粒径、砂筛筛孔的公称直径和方孔筛筛孔边长尺寸的关系见表3.2。

表3.2 砂的公称粒径、砂筛筛孔的公称直径和方孔筛筛孔边长尺寸

砂的公称直径	砂筛筛孔的公称直径	方孔筛筛孔边长
5.00mm	5.00mm	4.75mm
2.50mm	2.50mm	2.36mm
1.25mm	1.25mm	1.18mm
630μm	630μm	600μm
315μm	315μm	300μm
160μm	160μm	150μm
80μm	80μm	75μm

常用的细骨料有河砂、海砂、山砂和机制砂（有时也称为人工砂、加工砂）等。通常根据技术要求分为Ⅰ类、Ⅱ类和Ⅲ类。Ⅰ类宜用于强度等级大于C60的混凝土；Ⅱ类宜用于C30～C60及抗冻抗渗或其他要求的混凝土；Ⅲ类宜用于小于C30的混凝土和建筑砂浆。

海砂可用于配制素混凝土，但不能直接用于配制钢筋混凝土，主要是氯离子含量高，容易导致钢筋锈蚀，如要使用，必须经过淡水冲洗，使有害成分含量减少到要求以下。山砂可以直接用于一般工程混凝土结构，当用于重要结构物时，必须通过坚固性试验和碱活性试验。机制砂是指将卵石或岩石用机械破碎的方法，通过冲洗、过筛制成。通常是在加工碎卵石或碎石时，将小于10mm的部分进一步加工而成。

3.2.2.2 细骨料的主要质量指标

1. 有害杂质含量

细骨料中的有害杂质主要包括两方面：①黏土和云母。它们黏附于砂表面或夹杂其中，严重降低水泥与砂的黏结强度，从而降低混凝土的强度、抗渗性和抗冻性，增大混凝土的收缩。②有机质、硫化物及硫酸盐。它们对水泥有腐蚀作用，从而影响混凝土的性能。因此对有害杂质含量必须加以限制。《建设用砂》(GB/T 14684—2011) 对有害物质含量的限值见表3.3。《普通混凝土用砂质量标准及检验方法》(JGJ 52—2006) 中对有害杂质含量也做了相应规定。其中云母含量不得大于2%，轻物质含量和硫化物及硫酸盐含量分别不得大于1%，含泥量及泥块含量的限值为：当不大于C25时，分别不大于5.0%和2%，当混凝土强度等级介于C30～C55时分别不大于3.0%和1%，当大于等于C60时，分别不大于1%和0.5%。

表 3.3　　砂中的有害物质限量

类　别	Ⅰ类	Ⅱ类	Ⅲ类
云母（按质量计）/%	≤1.0	≤2.0	
轻物质（按质量计）/%	≤1.0		
有机物	合格		
硫化物及硫酸盐（折算成 SO_3 按质量计）/%	0.5		
氯化物（以氯离子质量计）/%	≤0.01	≤0.02	≤0.06
贝壳（按质量计）/%[a]	≤3.0	≤5.0	≤8.0

a　该指标只适用于海砂，其他砂种不作要求。

此外，由于氯离子对钢筋有严重的腐蚀作用，当采用海砂配制钢筋混凝土时，海砂中氯离子含量要求小于0.06%（以干砂重计）；对预应力混凝土不宜采用海砂，若必须使用海砂时，需经淡水冲洗至氯离子含量小于0.02%。用海砂配制素混凝土，氯离子含量不予限制。

2. 砂的含泥量、石粉含量和泥块含量

砂的含泥量为天然砂中粒径小于75μm的颗粒含量；石粉含量为机制砂中粒径小于75μm的颗粒含量；泥块含量为砂中原粒径大于1.18mm，经水浸洗、手捏后小于600μm的颗粒含量。

砂的含泥量、石粉含量和泥块含量见表3.4。

表 3.4　　砂的含泥量、石粉含量和泥块含量

类　别	Ⅰ类	Ⅱ类	Ⅲ类
含泥量（按质量计）/%	≤1.0	≤3.0	≤5.0
泥块含量（按质量计）/%	不允许	≤1.0	≤2.0
MB值	≤0.5	≤1.0	≤1.4或合格
石粉含量	≤10		

注　1. 石粉含量指标根据使用地区和用途，经经验验证，可由供需双方协商确定。
2. 亚甲蓝（MB）值用于判定机制砂中小于75μm颗粒的吸附性能的指标。

需要说明的是《水工混凝土试验规程》（SL 352—2006）和《水工混凝土砂石骨料试验规范》（DL/T 5151—2014）中砂料泥块检测试验方法与《建设用砂》（GB/T 14684—2011）的有所不同。不经水浸洗，直接将1.25mm砂样在搪瓷盘中摊成薄层，寻找所有可用手捏碎的泥块，并全部捏碎，然后用0.63mm筛过筛。

所以水工混凝土用砂（Ⅰ类）技术要求泥块含量为“不允许”。

水工混凝土用砂、石技术要求参看《水工混凝土施工规范》（SL 677—2014）。

3. 颗粒形状及表面特征

河砂和海砂经水流冲刷，颗粒多为近似球状，且表面少棱角、较光滑，配制的混凝土流动性往往比山砂或机制砂好，但与水泥的黏结性能相对较差；山砂和机制砂表面较粗糙，多棱角，故混凝土拌合物流动性相对较差，但与水泥的黏结性能较好。水灰比相同时，山砂或机制砂配制的混凝土强度略高；而流动性相同时，因山砂和机制砂用水量较大，故混凝土强度相近。

4. 坚固性

砂是由天然岩石经自然风化作用而成，机制砂也会含大量风化岩体，在冻融或干湿循环作用下有可能继续风化，因此对某些重要工程或特殊环境下工作的混凝土用砂，应做坚固性检验。如严寒地区室外工程，并处于湿潮或干湿交替状态下的混凝土，有腐蚀介质存在或处于水位升降区的混凝土等等。坚固性根据《建设用砂》（GB/T 14684—2011）规定，采用硫酸钠溶液浸泡→烘干→浸泡循环试验法检验。测定 5 个循环后的质量损失率。

采用硫酸钠溶液法进行试验，砂的质量损失及机制砂单极最大压碎指标应符合表 3.5 的规定。

表 3.5　　砂的坚固性指标

类　别	Ⅰ类	Ⅱ类	Ⅲ类
质量损失/%	≤8		≤10
机制砂单极最大压碎指标/%	≤20	≤25	≤30

注　机制砂除满足坚固性的质量损失/%的规定外，压碎指标还应满足以上规定。

5. 粗细程度与颗粒级配

砂的粗细程度是指不同粒径的砂粒混合体平均粒径大小。通常用细度模数（M_x）表示，细度模数是衡量砂粗细程度的指标。其值并不等于平均粒径，但能较准确反映砂的粗细程度。细度模数 M_x 越大，表示砂越粗，单位重量总表面积（或比表面积）越小；M_x 越小，则砂比表面积越大。

砂的颗粒级配是指不同粒径的砂粒搭配比例。良好的级配指粗颗粒的空隙恰好由中颗粒填充，中颗粒的空隙恰好由细颗粒填充，如此逐级填充（如图 3.2 所示）使砂形成最密致的堆积状态，空隙率达到最小值，堆积密度达最大值。这样可达到节约水泥，提高混凝土综合性能的目标。因此，砂颗粒级配反映空隙率大小。

图 3.2　砂的颗粒级配示意图

（1）细度模数和颗粒级配的测定。砂的粗细程度和颗粒级配用筛分析方法测定，用细度模数表示粗细，用级配区表示砂的级配。根据《建筑用砂》（GB/T 14684—2011），筛分析是用一套孔径为 4.75mm、2.36mm、1.18mm、0.600mm、0.300mm、0.150mm 的标准筛，将 500 克干砂由粗到细依次过筛（详见试验），称量各筛上的筛余量 m_i(g)，计算各筛上的分计筛余百分率 a_i(%)，再计算累计筛余百分率 A_i(%)。a_i 和 A_i 的计算关系见表 3.6。[《普通混凝土用砂、石质量及检验方法标准》（JGJ 52—2006）采用的筛孔尺寸为5.00mm、2.50mm、1.25mm、0.630mm、0.315mm及0.160mm。其测试和计算方法均相同，目前混凝土行业普遍采用该标准。]

表3.6　　累计筛余与分计筛余计算关系

筛孔尺寸/mm	筛余量/g	分计筛余/%	累计筛余/%
4.75	m_1	$a_1=\frac{m_1}{500}\times 100$	$A_1=a_1$
2.36	m_2	$a_1=\frac{m_2}{500}\times 100$	$A_2=a_1+a_2$
1.18	m_3	$a_1=\frac{m_3}{500}\times 100$	$A_3=a_1+a_2+a_3$
0.60	m_4	$a_1=\frac{m_4}{500}\times 100$	$A_4=a_1+a_2+a_3+a_4$
0.30	m_5	$a_1=\frac{m_5}{500}\times 100$	$A_5=a_1+a_2+a_3+a_4+a_5$
0.15	m_6	$a_1=\frac{m_6}{500}\times 100$	$A_6=a_1+a_2+a_3+a_4+a_5+a_6$
底盘	$m_{底}$	$m=m_1+m_2+m_3+m_4+m_5+m_6+m_{底}$	

细度模数根据下式计算（精确至0.01）：

$$M_x=\frac{A_2+A_3+A_4+A_5+A_6-5A_1}{100-A_1} \tag{3.1}$$

砂按细度模数M_x大小将砂按下列分类：

$M_x>3.7$为特粗砂；$M_x=3.1\sim3.7$为粗砂；$M_x=2.3\sim3.0$为中砂；$M_x=1.6\sim2.2$为细砂；$M_x=0.7\sim1.5$为特细砂。

砂的颗粒级配根据0.60mm筛孔对应的累计筛余百分率A_4，分成Ⅰ区、Ⅱ区和Ⅲ区三个级配区，见表3.7。级配良好的粗砂应落在Ⅰ区；级配良好的中砂应落在Ⅱ区；细砂则在Ⅲ区。实际使用的砂颗粒级配可能不完全符合要求，除了4.75mm和0.60mm对应的累计筛余率外，其余各档允许有5%的超界，当某一筛档累计筛余率超界5%以上时，说明砂级配很差，视作不合格。

表3.7　　砂的颗粒级配区范围

筛孔尺寸/mm	累计筛余/%		
	Ⅰ区	Ⅱ区	Ⅲ区
9.5	0	0	0
4.75	10～0	10～0	10～0
2.36	35～5	25～0	15～0
1.18	65～35	50～10	25～0
0.60	85～71	70～41	40～16
0.30	95～80	92～70	85～55
0.15	100～90	100～90	100～90

注 1. 天然砂的颗粒级配应符合表中规定，机制砂0.150mmⅠ区、Ⅱ区、Ⅲ区累计筛余范围分别为97～85、94～80、94～75。
2. 对于砂浆用砂，4.75mm筛孔的累计筛余量应为0。
3. 砂的实际颗粒级配与表中所列的累计筛余百分率相比，除孔径4.75mm和0.60mm筛档外，其他各筛的累计筛余可以略有超出，但各级累计筛余超出值总和应不大于5%。

以累计筛余百分率为纵坐标，筛孔尺寸为横坐标，根据表3.7的级区可绘制Ⅰ、

Ⅱ、Ⅲ级配区的筛分曲线，如图 3.3 所示。在筛分曲线上可以直观地分析砂的颗粒级配优劣。

配制混凝土时应优先采用Ⅱ区砂，当采用Ⅰ区砂时，应提高砂率，并保持足够的水泥用量，以满足混凝土的和易性；当采用Ⅲ区砂时，宜适当降低砂率，以保证混凝土强度。对于泵送混凝土用砂宜选用中砂。

表 3.7 中的三个级配区，也可通过级配曲线（筛分曲线）的形式表示，这样更为直观，如图 3.3 所示。

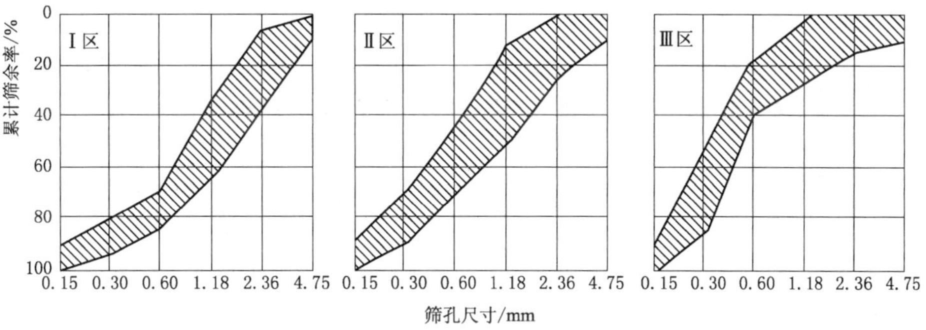

图 3.3　砂级配曲线图

从级配曲线也可以看出砂的粗细，筛分曲线超过Ⅰ区往下偏时，表示砂过粗；筛分曲线超过Ⅲ区往上偏时，表示砂过细。拌制混凝土宜选用级配符合要求的粗砂或中砂。如果砂的自然级配，不符合级配区的要求，应采用人工级配来改善。最简单的方法是将粗、细不同的砂，按适当比例试配，然后使用。

【例 3.1】 某工程用砂，经烘干、称量、筛分析，测得各号筛上的筛余量列于表 3.8。试评定该砂的粗细程度（M_x）和级配情况。

表 3.8　　筛分析试验结果

筛孔尺寸/mm	4.75	2.36	1.18	0.600	0.300	0.150	底盘	合计
筛余量/g	28.5	57.6	73.1	156.6	118.5	55.5	9.7	499.5

［**解**］ 1）分计筛余率和累计筛余率计算结果列于表 3.9。

表 3.9　　分计筛余和累计筛余计算结果

分计筛余率/%	a_1	a_2	a_3	a_4	a_5	a_6
	5.71	11.53	14.63	31.35	23.72	11.11
累计筛余率/%	A_1	A_2	A_3	A_4	A_5	A_6
	5.71	17.24	31.87	63.22	86.94	98.05

2）计算细度模数：

$$M_x=\frac{A_2+A_3+A_4+A_5+A_6-5A_1}{100-A_1}$$

$$=\frac{17.27+31.87+63.22+86.94+98.05-5\times5.71}{100-5.71}$$

$$=2.85$$

3）确定级配区、绘制级配曲线：该砂样在 0.60mm 筛上的累计筛余率 $A_4=63.22$ 落在Ⅱ级区，其他各筛上的累计筛余率也均落在Ⅱ级区规定的范围内，因此可以判定该砂为Ⅱ级区砂，其级配曲线如图 3.4 所示。

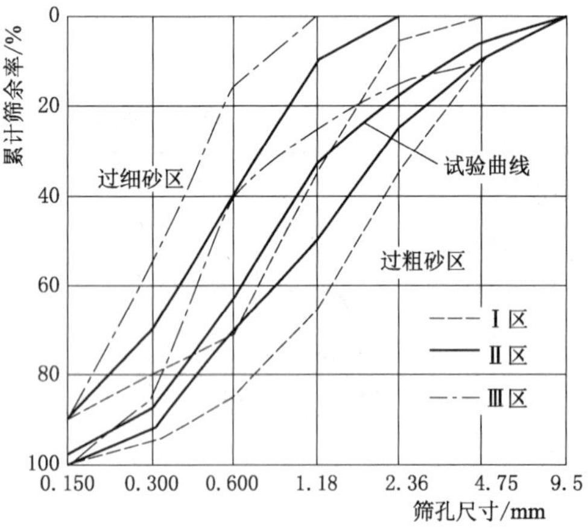

图 3.4　级配曲线

4）结果评定：该砂的细度模数 $M_x=2.85$，属中砂；Ⅱ级区砂，级配良好。可用于配制混凝土。

（2）砂的掺配使用。配制普通混凝土的砂宜为Ⅱ区砂（中砂）；Ⅰ区砂粗，Ⅲ区砂细。但实际工程中往往出现砂偏细或偏粗的情况。通常有两种处理方法：

1）当只有一种砂源时，对偏细砂适当减少砂用量，即降低砂率；对偏粗砂则适当增加砂用量，即增加砂率。

2）当粗砂和细砂可同时提供时，宜将细砂和粗砂按一定比例掺配使用，这样既可调整 M_x，也可改善砂的级配，有利于节约水泥，提高混凝土性能。掺配比例可根据砂资源状况，粗细砂各自的细度模数及级配情况，通过试验和计算确定。

6. 砂的含水状态

砂的含水状态有如下 4 种，如图 3.5 所示。

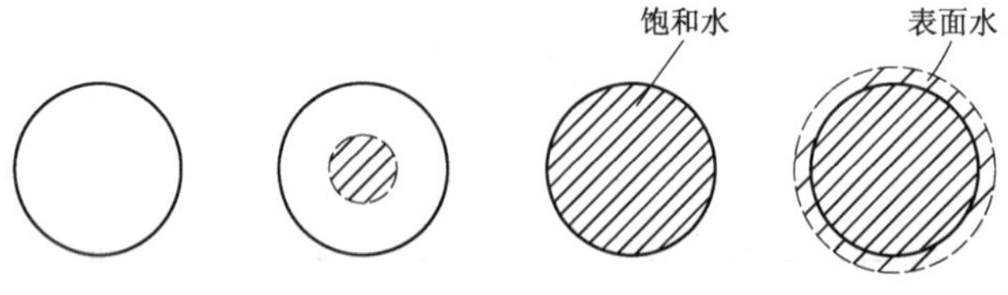

（a）绝干状态　（b）气干状态　（c）饱和面干状态　（d）湿润状态

图 3.5　砂的含水状态示意图

（1）绝干状态：砂粒内外不含任何水，通常在 105±5℃条件下烘干而得。

（2）气干状态：砂粒表面干燥，内部孔隙中部分含水。指室内或室外（天晴）空气平衡的含水状态，其含水量的大小与空气相对湿度和温度密切相关。

（3）饱和面干状态：砂粒表面干燥，内部孔隙全部吸水饱和。水利工程上通常采用饱和面干状态计量砂用量。

（4）湿润状态：砂粒内部吸水饱和，表面还含有部分表面水。施工现场，特别是雨后常出现此种状况，搅拌混凝土中计量砂用量时，要扣除砂中的含水量；同样，计量水用量时，要扣除砂中带入的水量。

3.2.3 粗骨料

颗粒粒径大于 4.75mm 的骨料为粗骨料。混凝土工程中常用的有碎石和卵石两大类。《建设用卵、碎石》(GB/T 14685—2011) 中卵石定义为由自然风化、水流搬运和分选、堆积形成的粒径大于 4.75mm 的岩石颗粒。碎石定义为天然岩石、卵石或矿山废石经机械破碎、筛分制成的,粒径大于 4.75mm 的岩石颗粒。

卵石和碎石按照技术要求分为Ⅰ类、Ⅱ类和Ⅲ类三个类别。通常Ⅰ类宜用于强度等级大于 C60 的混凝土;Ⅱ类宜用于 C30~C60 及抗冻抗渗或其他要求的混凝土;Ⅲ类宜用于小于 C30 的混凝土和建筑砂浆。

配制混凝土对骨料的要求,主要有以下几个方面。

3.2.3.1 粗骨料的技术要求

1. 颗粒级配

石子的粒级分为连续粒级和单位级两种。

连续粒级指 4.75mm 以上至最大粒径 D_{max},各粒级均占一定比例,且在一定范围内。单粒级指从 1/2 最大粒径开始至 D_{max}。

单粒级用于组成具有要求级配的连续粒级,也可与连续粒级混合使用,以改善级配或配成较大密实度的连续粒级。

单粒级一般不宜单独用来配制混凝土,如必须单独使用,则应作技术经济分析,并通过试验证明不发生离析或影响混凝土的质量。

石子的级配与砂的级配一样,通过一套标准筛筛分试验,计算累计筛余率确定。根据《建设用卵、碎石》(GB/T 14685—2011),碎石和卵石级配均应符合表 3.10 的要求。JGJ 53 的要求与此相似。

表 3.10　　卵石、碎石的颗粒级配

公称粒级/mm		累计筛余率/%											
		筛孔尺寸(方孔筛)/mm											
		2.36	4.75	9.50	16.0	19.0	26.5	31.5	37.5	53.0	63.0	75.0	90
连续粒级	5~16	95~100	85~100	30~60	0~10	0							
	5~20	95~100	90~100	40~80	—	0~10	0						
	5~25	95~100	90~100	—	30~70	—	0~5	0					
	5~31.5	95~100	90~100	70~90	—	15~45	—	0~5	0				
	5~40	—	95~100	75~90	—	30~65	—	—	0~5	0			
单粒级	5~10	95~100	80~100	0~15	0								
	10~16		95~100	80~100	0~15								
	10~20		95~100	85~100	—	0~15	0						
	16~25			95~100	55~70	25~40	0~10						
	16~31.5		95~100	—	85~100			0~10	0				
	20~40			95~100		80~100			0~10	0			
	40~80					95~100			70~100		30~60	0~10	0

2. 含泥量和泥块含量

卵石、碎石的含泥量为卵石、碎石中粒径小于75μm的颗粒含量；泥块含量是卵石、碎石中原粒径大于4.75mm，经水浸洗、手捏后小于2.36mm的颗粒含量。

卵石、碎石的含泥量和泥块含量应符合表3.11的规定。

表3.11　含泥量和泥块含量　%

项　目	指　标		
	Ⅰ类	Ⅱ类	Ⅲ类
含泥量（按质量计）	≤0.5	≤1.0	≤1.5
泥块含量（按质量重量计）	0	≤0.2	≤0.5

3. 针片状颗粒含量

卵石、碎石的颗粒形状以近立方体或近球状体为最佳，但在岩石破碎生产碎石的过程中往往产生一定量的针、片状，使骨料的空隙率增大，并降低混凝土的强度，特别是抗折强度。针状颗粒是指长度大于该颗粒所属相应粒级的平均粒径2.4倍的颗粒；片状颗粒是指厚度小于该颗粒所属相应粒级的平均粒径0.4倍的颗粒。

卵石、碎石的针片状颗粒总含量应符合表3.12的规定。

表3.12　针片状颗粒含量　%

项　目	指　标		
	Ⅰ类	Ⅱ类	Ⅲ类
针片状颗粒总含量（按质量计）	≤5	≤10	≤15

4. 有害物质

卵石、碎石中的有害物质主要有硫化物及硫酸盐、有机物等。根据《建设用卵石、碎石》（GB/T 14685－2011）有害物质限量应符合表3.13的规定。《普通混凝土用碎石或卵石质量标准及检验方法》（JGJ 53—92）也做了相应规定。

表3.13　有害物质限量　%

项　目	指　标		
	Ⅰ类	Ⅱ类	Ⅲ类
有机物	合格	合格	合格
硫化物及硫酸盐含量（按SO_3质量计）	≤0.5	≤1.0	≤1.0

5. 坚固性

卵石、碎石中的坚固性是指卵石、碎石在自然风化和其他外界物理化学因素作用下抵抗破裂的能力。根据《建设用卵石、碎石》（GB/T 14685—2011）坚固性指标采用硫酸钠溶液法进行试验。卵石、碎石的坚固性指标应符合表3.14的规定。《普通混凝土用碎石或卵石质量标准及检验方法》（JGJ 53—92）也做了相应规定。

表3.14　　坚 固 性 指 标

项　目	指　标		
	Ⅰ类	Ⅱ类	Ⅲ类
质量损失/%	≤5	≤8	≤12

6. 强度

(1) 岩石抗压强度。

卵石、碎石根据《建设用卵石、碎石》(GB/T 14685—2011) 和《普通混凝土用碎石或卵石质量标准及检验方法》(JGJ 53—92) 规定，卵石、碎石的强度可用岩石的抗压强度或压碎值指标两种方法表示。

岩石的抗压强度采用 ϕ50mm×50mm 的圆柱体或边长为 50mm 的立方体试样浸水 48h 后测定。一般要求其抗压强度大于配制混凝土强度的 1.5 倍，且不小于 45MPa (浸水饱水)

《建设用卵石、碎石》(GB/T 14685—2011) 规定在水饱和状态下岩石抗压强度火成岩不小于 80MPa，变质岩不小于 60MPa，水成岩不小于 30MPa。

(2) 压碎指标。

压碎值指标是将 9.5～19mm 的石子 3000mg，装入压碎指标测定仪专用试样筒中，用 200s 匀速施加荷载至 200kN 并稳荷 5s 卸荷，卸载后称圆桶内试样质量 (m_0) 用孔径 2.36mm 的筛子筛除被压碎的细粒，称试样的筛余量，计作 m_1，则压碎值指标为

$$\delta_a = (m_0 - m_1)/m_0 \times 100\% \tag{3.2}$$

式中 δ_a——压碎值指标，%；

m_0——试样质量，g；

m_1——压碎试验后试样 2.36mm 筛筛余量，g。

压碎值越小，表示石子强度越高，反之亦然。各类别骨料的压碎值指标应符合表 3.15 的规定。《普通混凝土用碎石或卵石质量标准及检验方法》(JGJ 53—92) 也做了相应规定。

表3.15　　压 碎 指 标

项　目	指　标		
	Ⅰ类	Ⅱ类	Ⅲ类
碎石压碎指标/%	10	20	30
卵石压碎指标/%	12	14	16

7. 表观密度、连续级配松散堆积孔隙率

卵石、碎石中表观密度、连续级配松散堆积孔隙率应符合如下规定：

(1) 表观密度不小于 2600kg/m³；水工混凝土用石表观密度不小于 2550kg/m³。

(2) 连续级配松散堆积孔隙率应符合表 3.16 的规定。

表 3.16 连续级配松散堆积孔隙率

项 目	指 标		
	Ⅰ类	Ⅱ类	Ⅲ类
孔隙率/%	≤43	≤45	≤47

8. 吸水率

吸水率应符合表 3.17 的规定。

表 3.17 吸 水 率

项 目	指 标		
	Ⅰ类	Ⅱ类	Ⅲ类
吸水率/%	≤1.0	≤2.0	≤2.0

9. 碱集料反应

碱集料反应是水泥、外加剂等混凝土组成材料及外界环境中的碱与集料中碱活性矿物在潮湿环境中缓慢发生并导致混凝土开裂破坏的膨胀反应。

经集料反应试验后，试件应无裂缝、酥裂、胶体外溢等现象，在规定的试验龄期，膨胀率应小于 0.10%。

3.2.3.2 粗骨料最大粒径

混凝土所用粗骨料的公称粒级上限称为最大粒径。

骨料粒径越大，其表面积越小，通常空隙率也相应减小，因此所需的水泥浆或砂浆数量也可相应减少，有利于节约水泥、降低成本，并改善混凝土性能。所以在条件许可的情况下，应尽量选择较大粒径的骨料。但在实际工程上，骨料最大粒径受到多种条件的限制：

（1）大粒径不得大于构件最小截面尺寸的 1/4，同时不得大于钢筋净距的 3/4。

（2）对于混凝土实心板，最大粒径不宜超过板厚的 1/3，且不得大于 40mm。

（3）对于泵送混凝土，当泵送高度在 50m 以下时，最大粒径与输送管内径之比，碎石不宜大于 1∶3；卵石不宜大于 1∶2.5。

（4）对大体积混凝土（如混凝土坝或围堤）或疏筋混凝土，往往受到搅拌设备和运输、成型设备条件的限制。

有时为了节省水泥、降低收缩，可在大体积混凝土中抛入大块石（或称毛石），常称作抛石混凝土。

3.2.3.3 颗粒表面特征对混凝土的影响

粗骨料的表面特征指表面粗糙程度。碎石表面比卵石粗糙，且多棱角，因此，拌制的混凝土拌合物流动性较差，但与水泥黏结强度较高，配合比相同时，混凝土强度相对较高。卵石表面较光滑，少棱角，因此拌合物的流动性较好，但黏结性能较差，强度相对较低。但若保持流动性相同，由于卵石可比碎石少用适量水，因此卵石混凝土强度并不一定低。

3.2.4 混凝土拌和用水

混凝土拌和用水和混凝土养护用水的总称，包括：饮用水、地表水、地下水、再生水、混凝土企业设备洗刷水和海水等。

为使混凝土性能符合技术要求，必须保证混凝土用水的质量，根据《混凝土用水标准》（JGJ 63—2006）的规定，凡符合国家标准的生活饮用水，均可拌制各种混凝土。海水可拌制素混凝土，但不宜拌制有饰面要求的素混凝土，更不得拌制钢筋混凝土和预应力混凝土。

值得注意的是，在野外或山区施工采用天然水拌制混凝土时，均应对水的有机质、Cl^-和含量等进行检测，合格后方能使用。特别是某些污染严重的河道或池塘水，一般不得用于拌制混凝土。

拌和用水所含物质对混凝土、钢筋混凝土和预应力混凝土不应产生以下有害作用：

（1）影响混凝土的和易性及凝结。

（2）有损于混凝土强度发展。

（3）降低混凝土的耐久性，加快钢筋腐蚀及导致预应力钢筋脆断。

（4）污染混凝土表面。

用待检验水和蒸馏水（或符合国家标准的生活饮用水）试验所得的水泥初凝时间差及终凝时间差均不得大于30min，其初凝和终凝时间尚应符合水泥国家标准的规定。

用待检验水配制的水泥砂浆或混凝土的28d抗压强度（若有早期抗压强度要求时需增加7d抗压强度）不得低于用蒸馏水（或符合国家标准的生活饮用水）拌制的对应砂浆或混凝土抗压强度的90%。

混凝土拌和用水水质要求应符合表3.18的规定。

表3.18　　混凝土拌和用水质量要求（JGJ 63—2006）

项　目	素混凝土	预应力混凝土	钢筋混凝土
pH值，≥	4.5	5.0	4.5
不溶物/(mg/L)，≤	5000	2000	2000
可溶物/(mg/L)，≤	10000	2000	5000
氯化物(以Cl^-计)/(mg/L)，≤	3500	500	1000
硫酸盐(以SO_4^{2-}计)/(mg/L)，≤	2700	600	2000
碱含量/(rag/L)，≤	1500	1500	1500

注　碱含量按$Na_2O+0.658K_2O$计算值来表示。采用非碱活性骨料时，可不检验碱含量。

对于设计使用年限为100年的结构混凝土，氯离子含量不得超过500mg/L；对使用钢丝或经热处理的钢筋的预应力混凝土，氯离子含量不得超过350mg/L。

3.2.5　混凝土外加剂

外加剂是指能有效改善混凝土某项或多项性能的一类材料。其掺量一般只占水泥量的5%以下，却能显著改善混凝土的和易性、强度、耐久性或调节凝结时间及节约水泥。外加剂的应用促进了混凝土技术的飞速进步，技术经济效益十分显著，使得高强高性能混凝土的生产和应用成为现实，并解决了许多工程技术难题。如远距离运输和高耸建筑物的泵送问题；紧急抢修工程的早强速凝问题；大体积混凝土工程的水化热问题；纵长结构的收缩补偿问题；地下建筑物的防渗漏问题等。目前，外加剂已成为除水泥、水、砂子、石子以外的第五组成材料，应用越来越广泛。

3.2.5.1 外加剂的分类

混凝土外加剂按其主要使用功能分为以下4类：

（1）改善混凝土拌合物流变性能的外加剂，包括各种减水剂和泵送剂等。

（2）调节混凝土凝结时间、硬化性能的外加剂，包括缓凝剂、促凝剂和速凝剂等。

（3）改善混凝土耐久性的外加剂，包括引气剂、防水剂、阻锈剂和矿物外加剂等。

（4）改善混凝土其他性能的外加剂，包括膨胀剂、防冻剂、着色剂等。

3.2.5.2 常用外加剂品种

1. 减水剂

减水剂是指在混凝土坍落度相同的条件下，能减少拌和用水量，或者在混凝土配合比和用水量均不变的情况下，能增加混凝土坍落度的外加剂。根据减水率大小或坍落度增加幅度分为普通减水剂和高效减水剂两大类。

普通减水剂是在混凝土坍落度基本相同的条件下，能减少拌和用水量的外加剂。

高效减水剂是在混凝土坍落度基本相同的条件下，能大幅度减少拌和用水量的外加剂。

此外，尚有复合型减水剂，如引气减水剂，既具有减水作用，同时具有引气作用；早强减水剂，既具有减水作用，又具有提高早期强度作用；缓凝减水剂，同时具有延缓凝结时间的功能等。

（1）减水剂的主要功能。

1）配合比不变时显著提高流动性。

2）流动性和水泥用量不变时，减少用水量，降低水灰比，提高强度。

3）保持流动性和强度不变时，节约水泥用量，降低成本。

4）配置高强高性能混凝土。

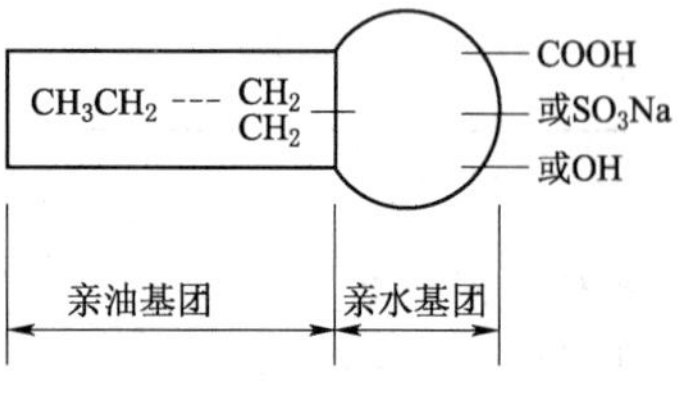

图3.6　表面活性剂（减水剂）

（2）减水剂的作用机理。减水剂提高混凝土拌合物流动性的作用机理主要包括分散作用和润滑作用两方面。减水剂实际上为一种表面活性剂，长分子链的一端易溶于水——亲水基，另一端难溶于水——憎水基，如图3.6所示。

1）分散作用：水泥加水拌和后，由于水泥颗粒分子引力的作用，使水泥浆形成絮凝结构，使10%～

30%的拌和水被包裹在水泥颗粒之中，不能参与自由流动和润滑作用，从而影响了混凝土拌合物的流动性［图 3.7（a)］。当加入减水剂后，由于减水剂分子能定向吸附于水泥颗粒表面，使水泥颗粒表面带有同一种电荷（通常为负电荷)，形成静电排斥作用，促使水泥颗粒相互分散，絮凝结构破坏，释放出被包裹部分水，参与流动，从而有效地增加混凝土拌合物的流动性［图 3.7（b)］。

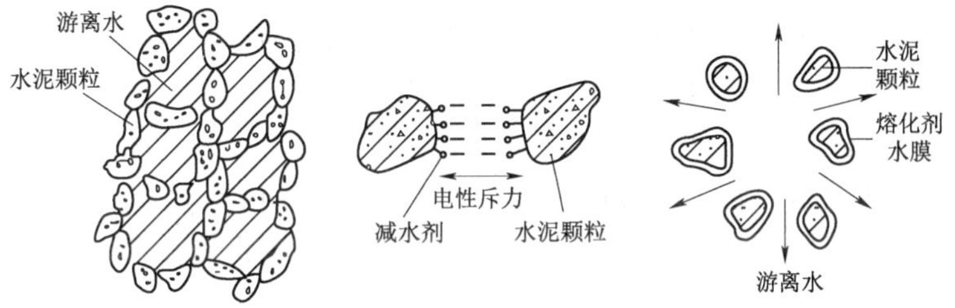

图 3.7　减水剂作用机理示意图

2）润滑作用：减水剂中的亲水基极性很强，因此水泥颗粒表面的减水剂吸附膜能与水分子形成一层稳定的溶剂化水膜［图 3.7（c)］，这层水膜具有很好的润滑作用，能有效降低水泥颗粒间的滑动阻力，从而使混凝土流动性进一步提高。

(3）常用减水剂品种。

1）木质素系减水剂：木素质系减水剂主要有木质素磺酸钙（简称木钙，代号 MG)，木质素磺酸钠（木钠）和木质素磺酸镁（木镁）三大类。工程上最常使用的为木钙。

木质素磺酸盐类及丹宁，减水率为 5%～10%，一般为普通减水剂。有的高效减水剂掺量减少也只能达到普通减水剂的效果。

MG 是由生产纸浆的木质废液，经中和发酵、脱糖、浓缩、喷雾干燥而制成的棕黄色粉末。

MG 属缓凝引气型减水剂，掺量拟控制在 0.2%～0.3%之间，超掺有可能导致数天或数十天不凝结，并影响强度和施工进度，严重时导致工程质量事故。

MG 的减水率约为 10%，保持流动性不变，可提高混凝土强度 8%～10%；若不减水则可增大混凝土坍落度 80～100mm；若保持和易性与强度不变时，可节约水泥 5%～10%。

MG 主要适用于夏季混凝土施工、滑模施工、大体积混凝土和泵送混凝土施工，也可用于一般混凝土工程。

MG 不宜用于蒸汽养护混凝土制品和工程。

2）萘磺酸盐系减水剂：萘磺酸盐系减水剂简称萘系减水剂，它是以工业萘或由煤焦油中分馏出含萘的同系物经分馏为原料，经磺化、缩合等一系列复杂的工艺而制成的棕黄色粉末或液体。其主要成分为 β-萘磺酸盐甲醛缩合物。品种很多，如 FDN、NNO、NF、MF、UNF、XP、SN-Ⅱ、建 1、NHJ 等。

萘系减水剂多数为非引气型高效减水剂，适宜掺量为 0.5%～1.2%，减水率可达 15%～30%，相应地可提高 28 天强度 10%以上，或节约水泥 10%～20%。

萘系减水剂对钢筋无锈蚀作用，具有早强功能。但混凝土的坍落度损失较大，故实际生产的萘系减水剂，绝大多数为复合型的，通常与缓凝剂或引气剂复合。

萘系减水剂主要适用于配制高强、早强、流态和蒸养混凝土制品和工程，也可用于一般工程。

3）树脂系减水剂：树脂系减水剂为磺化三聚氰胺甲醛树脂减水剂，通常称为密胺树脂系减水剂。主要以三聚氰胺、甲醛和亚硫酸钠为原料，经磺化、缩聚等工艺生产而成的棕色液体。最常用的是 SM 树脂减水剂。

SM 树脂减水剂为非引气型早强高效减水剂，性能优于萘系减水剂，但目前价格较高，适宜掺量 0.5%～2.0%，减水率可达 20%以上，1d 强度提高一倍以上，7d 强度可达基准 28d 强度，长期强度也能提高，且可显著提高混凝土的抗渗、抗冻性和弹性模量。

掺 SM 减水剂的混凝土黏聚性较大，可泵性较差，且坍落度经时损失也较大。目前主要用于配制高强混凝土、早强混凝土、流态混凝土、蒸汽养护混凝土和铝酸盐水泥耐火混凝土等。

4）糖蜜类减水剂：糖蜜类减水剂是以制糖业的糖渣和废蜜为原料，经石灰中和处理而成的棕色粉末或液体。国产品种主要有 3FG、TF、ST 等。

糖蜜减水剂与 MG 减水剂性能基本相同，但缓凝作用比 MG 强，故通常作为缓凝剂使用，适宜掺量 0.2%～0.3%，减水率为 10%左右，主要用于大体积混凝土、大坝混凝土和有缓凝要求的混凝土工程。

5）复合减水剂：单一减水剂往往很难满足不同工程性质和不同施工条件的要求，因此，减水剂研究和生产中往往复合各种其他外加剂，组成早强减水剂、缓凝减水剂、引气减水剂、缓凝引气减水剂等。

随着工程建设和混凝土技术进步的需要，各种新型多功能复合减水剂正在不断研制生产中，如 2～3h 内无坍落度损失的保塑高效减水剂等，这一类外加剂主要有：聚羧酸盐与改性木质素的复合物、带磺酸端基的聚羧酸多元聚合物、芳香族氨基磺酸系高分子化合物、改性羟基衍生物与烷基芳香磺酸盐的复合物、萘磺酸甲醛缩合物与木钙等的复合物、三聚氰胺甲醛缩合物与木钙等的复合物。

其他减水剂新品种还有以甲基萘为原料的聚次甲基萘磺酸钠减水剂；以古马隆为原料的氧茚树脂磺酸钠减水剂；氨基磺酸盐系高效减水剂；丙烯酸酯或醋酸乙烯的接枝共聚物系高效减水剂；聚羧酸醚系与交联聚合物的复合物系高效减水剂；顺丁烯二酸衍生共聚物系高效减水剂；聚羧酸系高分子聚合物系减水剂等。

2. 早强剂

早强剂是指能加速混凝土早期强度发展的外加剂。主要作用机理是加速水泥水化速度，加速水化产物的早期结晶和沉淀。主要功能是缩短混凝土施工养护期，加快施工进度，提高模板的周转率。主要适用于有早强要求的混凝土工程及低温、负温施工混凝土，有防冻要求的混凝土，预制构件，蒸汽养护等。早强剂的主要品种有氯盐、硫酸盐和有机胺三大类，但更多使用的是它们的复合早强剂。

（1）氯化钙早强剂。氯盐类早强剂主要有$CaCl_2$、NaCl、KCl、$AlCl_3$和$FeCl_3$等。工程上最常用的是$CaCl_2$，为白色粉末，适宜掺量0.5%～3%。由于Cl^-对钢筋有腐蚀作用，故钢筋混凝土中掺量应控制在1%以内。$CaCl_2$早强剂能使混凝土3d强度提高50%～100%，7d强度提高20%～40%，但后期强度不一定提高，甚至可能低于基准混凝土。此外，氯盐类早强剂对混凝土耐久性有一定影响，因此$CaCl_2$早强剂及氯盐复合早强剂不得在下列工程中使用：

1）环境相对湿度大于8%、水位升降区、露天结构或经常受水淋的结构。主要是防止泛卤。

2）镀锌钢材或铝铁相接触部位及有外露钢筋埋件而无防护措施的结构。

3）含有酸碱或硫酸盐侵蚀介质中使用的结构。

4）环境温度高于60℃的结构。

5）使用冷拉钢筋或冷拔低碳钢丝的结构。

6）给排水构筑物、薄壁构件、中级和重级吊车、屋架、落锤或锻锤基础。

7）预应力混凝土结构。

8）含有活性骨料的混凝土结构。

9）电力设施混凝土结构。

此外，为消除$CaCl_2$对钢筋的锈蚀作用，通常要求与阻锈剂亚硝酸钠复合使用。

（2）硫酸盐类早强剂。硫酸盐类早强剂主要有硫酸钠（即元明粉，俗称芒硝）、硫代硫酸钠、硫酸钙、硫酸铝及硫酸铝钾（即明矾）等。建筑工程中最常用的为硫酸钠早强剂。

硫酸钠为白色粉末，适宜掺量为0.5%～2.0%；早强效果不及$CaCl_2$。对矿渣水泥混凝土早强效果较显著，但后期强度略有下降。硫酸钠早强剂在预应力混凝土结构中的掺量不得大于1%；潮湿环境中的钢筋混凝土结构中掺量不得大于1.5%；严格控制最大掺量，超掺可导致混凝土后期膨胀开裂，强度下降；混凝土表面起“白霜”，影响外观和表面装饰。此外，硫酸钠早强剂不得用于下列工程：

1）与镀锌钢材或铝铁相接触部位的结构及外露钢筋预埋件而无防护措施的结构。

2）使用直流电源的工厂及电气化运输设施的钢筋混凝土结构。

3）含有活性骨料的混凝土结构。

（3）有机胺类早强剂。有机胺类早强剂主要有三乙醇胺、三异醇胺等。工程上最常用的为三乙醇胺。三乙醇胺为无色或淡黄色油状液体，呈碱性，易溶于水。三乙醇胺的掺量极微，一般为水泥重的0.02%～0.05%，虽然早强效果不及$CaCl_2$，但后期强度不下降并略有提高，且无其他影响混凝土耐久性的不利作用。但掺量不宜超过0.1%，否则可能导致混凝土后期强度下降。掺用时可将三乙醇胺先用水按一定比例稀释，以便于准确计量。此外，为改善三乙醇胺的早强效果，通常与其他早强剂复合使用。

（4）复合早强剂。为了克服单一早强剂存在的各种不足，发挥各自特点，通常将三乙醇胺、硫酸钠、氯化钙、氯化钠、石膏及其他外加剂复配组成复合早强剂效果大大改善，有时可产生超叠加作用。常用配方如下：

1）三乙醇胺（0.02%～0.05%）+NaCl(0.5%)。

2）三乙醇胺(0.02%～0.05%)+NaCl(0.3～0.5%)+亚硝酸钠(1%～2%)。

3）三乙醇胺(0.02%～0.05%)+生石膏(2%)+亚硝酸钠(1%)。

4）硫酸钠(1%～1.5%)+亚硝酸钠(1%～3%)+氯化钙(0.3%～0.5%)+氯化钠(0.3%～0.5%)。

5）硫酸钠(0.5%～1.5%)+NaCl(0.3%～0.5%)。

6）硫酸钠(0.5%～1.5%)+亚硝酸钠(1.0%)。

7）硫酸钠(0.5%～1.5%)+三乙醇胺(0.05%)。

8）硫酸钠(1%～1.5%)+三乙醇胺(2%)+石膏(0.03%～0.05%)。

9）$CaCl_2$(0.5%～3.5%)+亚硝酸钠(1%)。

3. 引气剂及引气减水剂

(1) 主要品种及性能。引气剂是指在混凝土搅拌过程中能通过物理作用引入均匀分布、稳定而封闭的微小气泡，且能将气保留在硬化混凝土中的外加剂。引气剂与减水剂复合称引气减水剂。

引气剂也是表面活性剂，能显著降低水的表面张力与界面能，使水在搅拌过程中极易产生许多微小的封闭气泡，其憎水基团径向朝向气泡，亲水基团朝向水，形成吸附水膜，由于引气剂分子对液膜的保护作用，使气泡不易破裂。微小气泡直径大多为50～250μm，按混凝土含气量3%～5%计（不加引气剂混凝土含气量约为1%），1m^3混凝土中含有数百亿个气泡。

引气剂主要品种有松香树脂类：如松香热聚物、松香皂等；烷基苯磺酸盐类：如烷基苯磺酸盐、烷基苯酚聚氧乙烯醚等；脂肪醇磺酸盐类：如脂肪醇聚氧乙烯醚、脂肪酸聚氧乙烯磺酸钠等；其他：如蛋白质盐、石油磺酸盐。

兼有引气和减水作用的外加剂称为引气减水剂。引气减水剂主要品种有：改性木质素磺酸盐类；烷基芳香基磺酸盐类：如萘磺酸盐甲醛缩合物；由各类引气剂与减水剂组成的复合剂。

引气剂及引气减水剂可用于抗冻混凝土、防渗混凝土、抗硫酸盐混凝土、泌水严重的混凝土、贫混凝土、轻骨料混凝土以及对饰面有要求的混凝土。

引气剂不宜用于蒸养混凝土及预应力混凝土。

(2) 应用技术要点。

1）抗冻性要求高的混凝土，必须掺用引气剂或引气减水剂，其掺量应根据混凝土的含气量要求，通过试验加以确定。加引气剂及引气减水剂混凝土的含气量，不宜超过表3.19的规定。

表3.19　　掺引气剂或引气减水剂混凝土的含气量

粗骨料最大粒径/mm	混凝土的含气量/%	粗骨料最大粒径/mm	混凝土的含气量/%
10	7.0	40	4.5
15	6.0	50	4.0
20	5.5	80	3.5
25	5.0	100	3.0

2）引气剂及引气减水剂配制溶液时，必须充分溶解，若产生絮凝或沉淀现象，应加热使其溶化后方可使用。

3）引气剂可与减水剂、早强剂、缓凝剂、防冻剂一起复合使用，配制溶液时如产生絮凝或沉淀现象，应分别配制溶液并分别加入搅拌机内。

4）检验引气剂和引气减水剂混凝土中的含气量，应在搅拌机出料口进行取样，并应考虑混凝土在运输和振捣过程中含气量的损失。

4. 泵送剂

能改善混凝土拌合物泵送性能的外加剂称为泵送剂。泵送性就是混凝土拌合物顺利通过输送管道，不阻塞、不离析、黏塑性良好的性能。

（1）特点。泵送剂是流化剂中的一种，它除了能大大提高拌合物流动性以外，还能使新拌混凝土在60～180min时间内保持其流动性，剩余坍落度应不低于初始值的55%。此外，它不是缓凝剂，缓凝时间不宜超过120min（有特殊要求除外）。

（2）适用范围。适用于各种需要采用泵送工艺的混凝土。超缓凝泵送剂用于大体积混凝土，含防冻组分的泵送剂适用于冬期施工混凝土。

泵送混凝土是在泵压作用下，经管道实行垂直及水平输送的混凝土。与普通混凝土相同的是要求具有一定的强度和耐久性指标。不同的是必须有相应的流动性和稳定性。

可泵性与流动性是两个不同的概念，泵送剂的组分较流化剂要复杂得多。泵送混凝土是流化混凝土的一种，不是所有的流态混凝土都适合泵送。

（3）主要品种与性能。常温下使用的泵送剂，经常由以下几种组分构成：

1）减水组分：木质素磺酸钙或木质素磺酸钠，与高效减水剂和高性能减水剂组合。

2）缓凝组分：掺入缓凝剂用以调节凝结时间，增加游离水含量，从而提高流动性。

3）增稠组分（亦称保水剂）：增稠组分多数是水溶性聚合物外加剂，其特性是在浓度低的情况下能使水的黏度大大增加。优良的增稠剂是水溶性聚合物中的水溶性树脂类外加剂和某些聚合物电解质。

4）引气组分：可参见“引气剂及引气减水剂”。

（4）应用技术要点。

1）泵送剂的掺量随品牌而异，相差很大，使用前应仔细了解说明书的要求，超掺泵送剂也可能造成堵泵现象。

2）掺泵送剂的混凝土性能试验与其他外加剂有所不同，泵送混凝土性能试验应用Ⅱ区中砂，水泥用量：采用卵石时（330±5）kg/m^3，采用碎石时（340±5）kg/m^3，砂率为42%。用水量分别以达到空白混凝土坍落度（8±1）cm、被检混凝土（18±1）cm为准。

3）掺泵送剂的混凝土黏聚性、流动性要好，泌水率要低。坍落度试验时，坍落度扩展后的混凝土试样中心部分不能有粗骨料堆积，边缘部分不能有明显的浆体和游离水分离出来。将坍落度筒倒置并装满混凝土试样，提起30cm后计算样品从筒中流空时间，用时少则流动性好。

4）应用泵送剂的混凝土温度不宜高于35℃。

5）混凝土温度越高，运输或泵管输送距离越长，对泵送剂品质的要求就越高。

5. 速凝剂

速凝剂是能使混凝土或砂浆迅速凝结硬化的外加剂。速凝剂主要用于喷射混凝土、砂浆及堵漏抢险工程。

（1）特点。速凝剂的促凝效果与掺入水泥中的数量成正比增长，但掺量超过4%～6%后则不再进一步促凝。而且掺入速凝剂的混凝土后期强度不如空白混凝土高。

（2）适用范围。主要用于喷射混凝土，是喷射混凝土所必需的外加剂，其作用是使喷至岩石上的混凝土在2～5min内初凝，10min内终凝，并产生较高的早期强度；在低温下使用不失效；混凝土收缩小；不锈蚀钢筋。速凝剂常用作调凝剂。速凝剂也适用于堵漏抢险工作。

（3）主要品种及性能。速凝剂用途不同，则化学成分也不同，因此按用途或化学成分，大致都可以分为三类：

1）喷射混凝土速凝剂。

喷射混凝土用速凝剂主要是使喷至土面、岩石面上的混凝土迅速凝结硬化，以防脱落。喷射混凝土的早期强度稍高些即可。红星一型、阳泉一型、西古尼特等都属于这类速凝剂。主要成分是铝氧熟料，即铝酸钠盐加碳酸钠或钾。

2）复合硫铝酸盐型速凝剂。

其主要用于喷射混凝土。由于成分中加入石膏或矾泥等硫酸盐类和硫铝酸盐，使后期强度与不掺的相比损失较小，含碱量较低，因而对人体腐蚀性较小。

3）硅酸钠型堵漏速凝剂。

第三类是止水堵水用速凝早强剂。这类速凝剂除要求混凝土混合物迅速凝结硬化外，还必须有较高的早期强度，以抵抗水流冲刷作用。水玻璃一类速凝早强剂就属于这一类。

（4）应用技术要点。

1）使用速凝剂时，须充分注意对水泥的适应性，正确选择速凝剂的掺量并控制好使用条件。若水泥中C_3A和C_3S含量高，则速凝效果好。一般说来对矿渣水泥效果较差。

2）注意速凝剂掺量必须适当。一般来说，气温低掺量适当加大而气温高时酌减。在满足施工要求的前提下掺量宜取低限。最佳量为2.5%～4%。

3）缩短混合（干）料的停放时间应严格控制在不超过20min。因为速凝剂可使水泥混凝土在很短时间内凝结。

4）水灰比应为0.4～0.6，不要过大，以喷出物不流淌、无干斑、色泽均匀为宜。

5）喷射混凝土成型要注意湿养护，防止干裂。

6）针对不同的工程要求，选择合适的速凝剂类型。除了上述三类速凝剂外，作为水泥本身还有一种调凝早强水泥。这类水泥可用于喷混凝土及紧急抢险工程（如加入高铝水泥），混凝土硬化时间甚至可调至几分钟，早期强度增长很快。

3.2.5.3　外加剂的选择

外加剂的品种应根据工程设计和施工要求选择，通过试验及技术经济比较确定。

严禁使用对人体产生危害、对环境产生污染的外加剂。

掺外加剂混凝土所用水泥，宜采用硅酸盐水泥、普通硅酸盐水泥、矿渣硅酸盐水泥、火山灰质硅酸盐水泥、粉煤灰硅酸盐水泥和复合硅酸盐水泥，并应检验外加剂与水泥的适应性，符合要求方可使用。

掺外加剂混凝土所用材料如水泥、砂、石、掺合料、外加剂均应符合国家有关现行标准的规定。试配掺外加剂的混凝土时，应采用工程使用的原材料，检测项目应根据设计及施工要求确定，检测条件应与施工条件相同，当工程所用原材料或混凝土性能要求发生变化时，应再进行试配试验。

不同品种外加剂复合使用时，应注意其相容性及对混凝土性能的影响，使用前应进行试验，满足要求方可使用。

3.2.6　混凝土掺合料

混凝土掺合料指以氧化硅、氧化铝为主要成分，在混凝土中可以代替部分水泥、改善混凝土性能，且掺量不小于5%的具有火山灰活性的粉体材料。也称矿物掺合料。

矿物掺合料是混凝土的主要组成材料，它起着根本改变传统混凝土性能的作用。在高性能混凝土中加入较大量的磨细矿物掺合料，可以起到降低温升，改善工作性，增进后期强度，改善混凝土内部结构，提高耐久性，节约资源等作用。其中某些矿物细掺合料还能起到抑制碱-骨料反应的作用。可以将这种磨细矿物掺合料作为胶凝材料的一部分。高性能混凝土中的水胶比是指水与水泥和其他掺合料（如粉煤灰）的和之比。

矿物掺合料不同于传统的水泥混合材，虽然两者同为粉煤灰、矿渣等工业废渣及沸石粉、石灰粉等天然矿粉，但两者的细度有所不同，由于组成高性能混凝土的矿物细掺合料细度更细，颗粒级配更合理，具有更高的表面活性能，能充分发挥细掺合料的粉体效应，其掺量也远远高过水泥混合材料。

不同的矿物掺合料对改善混凝土的物理、力学性能与耐久性具有不同的效果，应根据混凝土的设计要求与结构的工作环境加以选择。使用矿物细掺合料与使用高效减水剂同样重要，必须认真试验选择。

3.2.6.1　粉煤灰

1. 品质指标

粉煤灰按煤种分为F类和C类。F类粉煤灰为由无烟煤或烟煤煅烧收集的粉煤灰。C类粉煤灰为由褐煤或次烟煤煅烧收集的粉煤灰，其氧化钙含量一般大于10%。

粉煤灰按其品质分为Ⅰ、Ⅱ、Ⅲ三个等级。拌制混凝土和砂浆用粉煤灰应符合表3.20中的技术要求。这些指标适用于一般工业与民用建筑结构和构筑物中掺粉煤灰的混凝土和砂浆。水工混凝土参照《水工混凝土掺用粉煤灰技术规范》(DL/T 5055—2007)。

表 3.20　　粉煤灰品质指标和分类

<table>
<tr><th colspan="2">项　目</th><th>Ⅰ级</th><th>Ⅱ级</th><th>Ⅲ级</th></tr>
<tr><td rowspan="2">细度（45μm 方孔筛筛余）/%</td><td>F类粉煤灰</td><td rowspan="2">≤12.0</td><td rowspan="2">≤25.0</td><td rowspan="2">≤45.0</td></tr>
<tr><td>C类粉煤灰</td></tr>
<tr><td rowspan="2">需水量比/%</td><td>F类粉煤灰</td><td rowspan="2">≤95</td><td rowspan="2">≤105</td><td rowspan="2">≤115</td></tr>
<tr><td>C类粉煤灰</td></tr>
<tr><td rowspan="2">烧失量/%</td><td>F类粉煤灰</td><td rowspan="2">≤5.0</td><td rowspan="2">≤8.0</td><td rowspan="2">≤15.0</td></tr>
<tr><td>C类粉煤灰</td></tr>
<tr><td rowspan="2">含水量/%</td><td>F类粉煤灰</td><td rowspan="2" colspan="3">≤1.0</td></tr>
<tr><td>C类粉煤灰</td></tr>
<tr><td rowspan="2">三氧化硫/%</td><td>F类粉煤灰</td><td rowspan="2" colspan="3">≤3.0</td></tr>
<tr><td>C类粉煤灰</td></tr>
<tr><td rowspan="2">游离氧化钙/%</td><td>F类粉煤灰</td><td colspan="3">≤1.0</td></tr>
<tr><td>C类粉煤灰</td><td colspan="3">≤4.0</td></tr>
<tr><td rowspan="2">安定性
雷氏夹沸煮后增加距离/mm</td><td>F类粉煤灰</td><td rowspan="2" colspan="3">≤5.0</td></tr>
<tr><td>C类粉煤灰</td></tr>
</table>

2. 粉煤灰验收

粉煤灰的供货方应按规定对粉煤灰进行批量检验，并签发出厂合格证，其内容包括：①厂名和批号；②合格证编号及日期；③粉煤灰的级别及数量；④检验结果（按表3.20的要求）。

检验批以一昼夜连续供应200t相同等级的粉煤灰为一批，不足200t者按一批计。粉煤灰供应的数量按干灰（含水率<1%）的重量计算，必要时，使用者可对粉煤灰的品质进行随机抽样检验。取样的方法有以下两种：

（1）散装灰取样：从不同的部位取10份试样，每份不小于1kg，混合拌匀，按四分法缩取比试验所需量大一倍的试样（称为平均试样）。

（2）袋装灰取样：从每批中任抽10袋，并从每袋中各取试样不少于1kg，再按与散装灰取样中的方法混合缩取平均试样。

每批粉煤灰必须按有关试验方法的要求，检验细度和烧失量，有条件时，可加测需水量比，其他指标每季度至少检验一次。

检验后，若粉煤灰符合有关要求的为合格品；若其中任一项不符合要求时，则应重新从同一批中加倍取样，进行复检。复检仍不合格时，则该批粉煤灰应降级处理。

3. 运输和储存

粉煤灰散装运输时，必须采取措施，防止污染环境。干粉煤灰宜储存在有顶盖的料仓中，湿粉煤灰可堆放在带有围墙的场地上。袋装粉煤灰的包装袋上应清楚标明"粉煤灰"及其厂名、等级、批号及包装日期。

4. 粉煤灰的应用

（1）应用范围。

1）Ⅰ级粉煤灰允许用于后张预应力钢筋混凝土构件及跨度小于6m的先张预应力钢筋混凝土构件。

2）Ⅱ级粉煤灰主要用于普通钢筋混凝土和轻骨料钢筋混凝土。经过专门试验，或与减水剂复合，也可当Ⅰ级灰使用。

3）Ⅲ级粉煤灰主要用于无筋混凝土和砂浆。经过专门试验，也可用于钢筋混凝土。

（2）性能指标。

用于地上工程的粉煤灰混凝土，其强度等级龄期定为28d。用于地下大体积混凝土工程的粉煤灰混凝土，其强度等级龄期可定为60d、90d。

粉煤灰混凝土的设计强度等级不得低于基准混凝土的设计强度等级。粉煤灰混凝土的标准强度、设计强度和弹性模量，与基准混凝土一样按有关规程、规范取值。

粉煤灰混凝土的收缩、徐变、抗渗等性能指标可采用相同强度等级基准混凝土的性能指标。

在含气量相同的条件下，粉煤灰混凝土的抗冻性指标也可采用相同强度等级基准混凝土的抗冻性指标。

粉煤灰混凝土的抗碳化性能在满足现有规程有关要求或同时掺入减水剂时，也可视为与基准混凝土基本相同。

3.2.6.2 *磨细矿渣*

1. 粒化高炉矿渣粉品质指标

粒化高炉矿渣粉品质指标应满足表3.21要求。

表3.21　磨细矿渣技术指标

质量等级		S105级	S95级	S75级
密度/(g/cm^3)		≥2.8		
比表面积/(m^2/kg)		≥500	≥400	≥300
活性指数/%	7d	≥95	≥75	55
	28d	≥105	≥95	75
流动度/%		≥95		
含水量/%		≤1.0		
三氧化硫（质量分数）/%		≤4.0		
氯离子（质量分数）/%		≤0.06		
烧失量/%		≤3.0		
玻璃体含量（质量分数）/%		≥85		
放射性		合格		

注　1. 当掺加石膏或其他助磨剂应在报告中注明其种类及掺量。

2. S值为掺合料的活性指标，按照《用于水泥混合材的工业废渣活性试验方法》（GB/T 12957）规定的活性评定方法进行。

3. 试验方法按《用于混凝土和砂浆中的粒化高炉矿渣粉》（GB/T 18046）进行。

2. 磨细矿渣的应用

把水淬粒状高炉矿渣单独磨细到比表面积 $4000cm^2/g$ 以上，作为混凝土的掺合料使用，活性可以得到很好激发，混凝土多项性能得到改善和提高，成为配制高性能混凝土的重要技术途径之一。

混凝土中的矿渣粉越细，掺量越大，则拌合物越稠，往往需加粉煤灰复合掺入，黏稠问题可以得到缓解。考虑提高磨细矿渣粉对水泥的置换率，充分利用后期强度，不仅具有经济效果，还能降低水化热，对于大体积混凝土也是十分有益的。其次，掺磨细矿渣的高性能混凝土对抗海水侵蚀、抗硫酸盐侵蚀以及抑制碱骨料反应都是十分有效的。

3.2.6.3 沸石粉

沸石粉是用天然沸石粉配以少量无机物经细磨而成，沸石的主要成分为 SiO_2（60%～61%）和 Al_2O_3（12%～14%），是一种良好的火山灰质材料。天然沸石凝灰岩中，因活性成分差异很大，其中仅钙型沸石适于作混凝土的细掺料。用于高性能混凝土的超细沸石粉，与其他火山灰质掺合料类似，平均粒径小于 $10\mu m$，具有微填充效应与火山灰活性效应，因而能降低新拌混凝土的泌水与离析，提高混凝土的密实性，使强度提高、耐久性改善。

沸石粉品质指标应满足表 3.22 要求。试验方法按《天然沸石粉在混凝土与砂浆中应用技术规程》（JGJ/T 112）进行。

表 3.22　　沸石粉技术要求

质量等级	Ⅰ级	Ⅱ级	Ⅲ级
吸铵值/(meq/100g)	≥130	≥100	≥90
细度（0.08mm筛筛余）/%	≤4.0	≤10	≤15
沸石粉水泥胶砂需水量比/%	≤125	≤120	≤120
活性指数（28d）/%	≥75	≥70	≥62

3.2.6.4 硅粉

硅灰品质应满足表 3.23 要求。

表 3.23　　硅灰的技术要求

SiO_2 含量/%	烧失量/%	需水量比/%	活性指数（28d）/%
≥85	≤6.0	≤125	≥85

硅粉是铁合金厂在冶炼硅铁合金或金属硅时，从烟尘中收集的一种飞灰。硅粉的颗粒主要呈球状，粒径小于 $1\mu m$，平均粒径约 $0.1\mu m$。用氮气吸附方法测定的比表面积达 $180000cm^2/g$，比水泥颗粒细两个数量级。硅粉的主要成分为无定型 SiO_2。与粉煤灰类似，硅粉能与水泥水化产生的 $Ca(OH)_2$ 起反应生成 C－S－H 凝胶。由于硅粉中 SiO_2 的含量极高（通常用于高强混凝土中硅粉的 SiO_2 含量高达 85%以上），因此具有极高的火山灰活性，对混凝土早、中期的强度发展特别有利。此外，当它均匀地分布于水化产物中时，其极细的颗粒还具有良好的微填充效应，使混凝土的孔结构

充分致密。上述两个特性使得高性能混凝土的强度与耐久性显著提高。

3.2.6.5　复合及其他矿物掺合料

还可根据混凝土的设计要求与资源条件，选用以上矿物掺合料的复合，称为复合矿物掺合料，发挥其叠加效应。复合矿物掺合料质量指标应符合表3.24要求。

表3.24　　复合掺合料质量指标

级　别		S105	S95	S75
比表面积/m^2/kg，不小于		350		
细度（0.045mm方孔筛筛余）/%，不小于		10		
活性指标/%	7d，不小于	90	70	50
	28d，不小于	105	95	75
流动度比/%，不小于		85	90	95
含水量/%，不大于		1.0		
烧失量/%，不大于		5.0		
三氧化硫/%，不大于		3.0		
氯离子/%，不大于		0.02		

注　1. 在预应力混凝土中，由其他原材料带入的氯盐总量，不应大于水泥重量的0.1%；在潮湿环境下的钢筋混凝土中，不应大于水泥重量的0.25%。
2. 表中氯盐含量，以无水氯化钙计。

【工程实例分析3.1】石子最大粒径过大及针、片状颗粒含量超标的危害。

现象：某工程中，石子最大粒径过大及针、片状颗粒含量超标，导致混凝土强度降低。

原因分析：石子最大粒径过大，用在钢筋间距较小的结构中，会产生石子被钢筋卡住，浇筑不到位，混凝土产生蜂窝、孔洞的质量问题，导致日后混凝土强度降低；针、片状颗粒含量超过一定界限时，骨料空隙增加，不仅使混凝土拌合物和易性变差，而且会使混凝土的强度降低。

【工程实例分析3.2】某地区"海砂屋事件"的原因与危害。

现象：数年前，随着某地区基建规模的扩大和建筑业的蓬勃发展，出现了建筑用河砂奇缺的现象。虽有明文规定不准使用海砂，但由于经济利益促使，偷用海砂现象已逐渐成蔓延之势。海砂内含海盐，能对混凝土中钢筋造成严重腐蚀而导致建筑结构破坏。几年之后（1～15年间），陆续出现大量房屋、公共建筑的腐蚀破坏现象，并波及全地区，被称作"海砂屋事件"。

原因分析：海砂中的氯盐，能引起混凝土中钢筋的严重腐蚀破坏，导致结构不能耐久，甚至造成事故。

海砂含盐量限定值的规定应满足于混凝土中Cl^-限定值的规定。如果能够保证这个限定值，使用海砂是安全的；反之，超出此限定值，混凝土中Cl^-总量就会达到或超过钢筋腐蚀的"临界值"，若不采取可靠的保护措施，钢筋就会发生腐蚀，结构就会发生破坏，并且腐蚀速度与海砂带入的Cl^-总量成正比关系。即海砂含盐量越高，其腐蚀破坏出现就越早、发展就越快。这正是滥用海砂的危害所在，也是国内外出现

“海砂屋”问题的直接原因。

【工程实例分析3.3】含糖分水使混凝土2d仍未凝结。

现象：某糖厂新建房屋，以自来水拌制混凝土，浇筑后用曾装食糖的麻袋覆盖于混凝土表面，再淋水养护。后发现该混凝土两天仍未凝结，而水泥经检验无质量问题，请分析此异常现象的原因。

原因分析：由于养护水将曾装食糖的麻袋淋湿，养护水已成糖水，不具备养护水的使用标准。原因在于含糖分的水对水泥的凝结有抑制作用，故使混凝土凝结出现异常现象。

任务3.3　混凝土的主要技术性质

混凝土各组成材料按一定比例，经搅拌均匀后，尚未凝结硬化时的材料称为混凝土拌合物（又称混凝土混合物或新拌混凝土），如图3.8所示。

图3.8　混凝土拌合物

3.3 Ⓟ

新拌混凝土的性能影响到混合物的制备、运输、浇筑和振捣设备的选择。混凝土拌合物必须具备与施工条件相适应的和易性，才能便于施工，制得密实、均匀的混凝土。混凝土拌合物的性质会直接影响硬化后混凝土的质量，下面先介绍混凝土拌合物的性质——混凝土拌合物的和易性。

3.3.1　混凝土的和易性

3.3.1.1　和易性的概念

3.3 ▶

新拌混凝土的和易性，也称工作性，是指拌合物易于搅拌、运输、浇捣成型，并获得质量均匀密实的混凝土的一项综合技术性能。通常用流动性、黏聚性和保水性三项内容表示。

（1）流动性（稠度）。流动性是指混凝土拌合物在自重或施工振捣作用下，能产生流动并均匀密实地填满模板的性能。它是工作性中最重要的性质，反映了混凝土拌合物稀稠的程度，直接影响着施工捣实的难易和浇筑的质量。流动性愈大，操作愈方便，愈易于捣实、成型。若拌合物太干稠，混凝土难以捣实，易造成内部孔隙；若拌合物过稀，振捣后混凝土易出现水泥砂浆和水上浮而石子下沉的分层离析现象，影响混凝土的匀质性。

（2）黏聚性。黏聚性是指混凝土拌合物组成材料在施工过程中相互间具有一定的黏聚力，不致产生分层和离析现象。它反映了混凝土拌合物的均匀性。混凝土拌合物是由密度、粒径不同的固体材料及水组成的，各组成材料本身存在有分层的趋向，如果混凝土拌合物中各材料比例不当，黏聚性差，则在施工中易发生分层（拌合物中各组分出现层状分离现象）、离析（混凝土拌合物内某些组分的分离、析出现象）、泌水（水从水泥浆中泌出的现象），尤其是对于大流动性的泵送混凝土来说更为严重。混凝土的黏聚性差会给工程质量造成严重后果，致使混凝土硬化后产生蜂窝、麻面等缺陷，影响混凝土的强度和耐久性。

（3）保水性。保水性是指混凝土拌合物在施工过程中，具有一定的保水能力，不致产生严重的泌水现象。它反映了混凝土拌合物的稳定性。混凝土拌合物中的水，一部分是保持水泥水化所需的水量，另一部分是为保证混凝土具有足够的流动性便于浇捣所需的水量。前者以化合水的形式存在于混凝土中，水分不易析出；而后者，若保水性差则会发生泌水现象，泌水会使混凝土丧失流动性，严重影响混凝土的可泵性和工作性，而且会在混凝土内部形成泌水通道，使混凝土密实性变差，降低混凝土的质量。

流动性指标反应拌合物在自重或外力作用下产生流动的难易程度；黏聚性指标反应拌合物各组成材料之间不产生分层离析现象；保水性指标反应拌合物不产生严重的泌水现象。

通常情况下，混凝土拌合物的流动性越大，则保水性和黏聚性越差，反之亦然，相互之间存在一定矛盾。和易性良好的混凝土是指既具有满足施工要求的流动性，又具有良好的黏聚性和保水性。因此，不能简单地将流动性大的混凝土称之为和易性好，或者流动性减小说成和易性变差。良好的和易性既是施工的要求也是获得质量均匀密实混凝土的基本保证。

3.3.1.2　和易性的测试和评定

混凝土拌合物和易性是一项极其复杂的综合指标，到目前为止全世界尚无能够全面反映混凝土和易性的测定方法，通常通过测定流动性，再辅以其他直观观察目测评定黏聚性和保水性或经验综合评定混凝土和易性。流动性的测定方法有坍落度法、维勃稠度法、探针法、斜槽法、流出时间法和凯利球法等十多种，对普通混凝土而言，最常用的是坍落度法和维勃稠度法。

3.4

我国现行标准《混凝土质量控制标准》（GB 50164—2011）要求混凝土拌合物性能应满足设计和施工要求。混凝土拌合物性能试验方法应符合现行国家标准《普通混凝土拌合物性能试验方法标准》（GB/T 50080）的有关规定；混凝土拌合物的稠度可采用坍落度、维勃稠度或扩展度表示。坍落度检验适用于坍落度不小于 10mm 的混凝土拌合物，维勃稠度检验适用于维勃稠度 5～30s 的混凝土拌合物，扩展度适用于泵送高强混凝土和自密实混凝土。

（1）坍落度与坍落扩展度法：本方法适用于骨料最大粒径不大于40mm、坍落度不小于10mm的混凝土拌合物稠度测定。

3.5

湿润坍落度筒及底板，在坍落度筒内壁和底板上应无明水。底板应放置在坚实水平面上，并把筒放在底板中心，然后用脚踩住两边的脚踏板，坍落度筒在装料时应保持固定的位置。将搅拌好的混凝土试样用小铲分三层均匀地装入筒内［图3.9（a）］，使捣实后每层高度为筒高的1/3左右。每层用捣棒插捣25次。抹刀抹平后垂直平稳地提起坍落度筒，混凝土则在自重作用下坍落，测量筒高与坍落后混凝土试体最高点之间的高度差，即为该混凝土拌合物的坍落度值（单位：mm）代表混凝土的流动性。坍落度越大，则流动性越好。

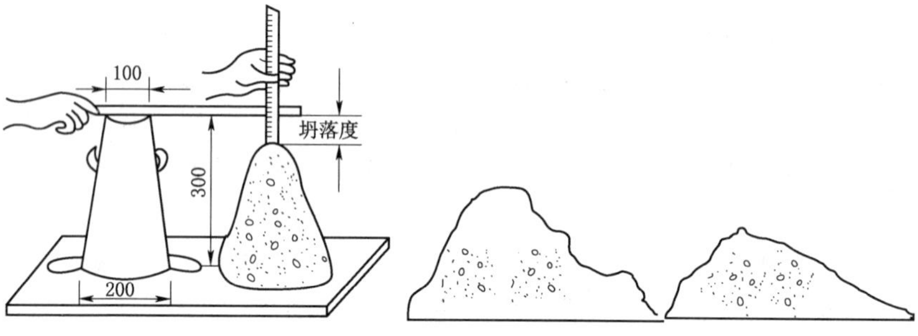

（a）坍落度筒　（b）坍落度测试　（c）黏聚性欠佳　（d）黏聚性不良

图3.9　混凝土拌合物和易性测定

黏聚性通过观察坍落度测试后混凝土所保持的形状，及用捣棒在已坍落的混凝土锥体侧面轻轻敲打后的形状判定。此时如果锥体逐渐下沉，则表示黏聚性良好，如图3.9（b）状，表示黏聚性良好；如果锥体突然倒塌、部分崩裂或发生石子离析如图3.9（c）或（d）形状则表示黏聚性不好；敲击后出现（c）状，则黏聚性欠佳；敲击后出现（d）状，则黏聚性不良。

保水性是以混凝土拌合物稀浆析出的程度来评定，坍落度筒提起后如有较多的稀浆从底部析出，锥体部分的混凝土也因失浆而骨料外露，则表明此混凝土拌合物的保水性能不好；如坍落度筒提起后无稀浆或仅有少量稀浆自底部析出，则表示此混凝土拌合物保水性良好。

当混凝土拌合物的坍落度大于220mm时，用钢尺测量混凝土扩展后最终的最大直径和最小直径，在这两个直径之差小于50mm的条件下，用其算术平均值作为坍落扩展度值；否则，此次试验无效。

混凝土拌合物坍落度和坍落扩展度值以mm为单位，测量精确至1mm，结果表达修约至5mm。

（2）维勃稠度法：坍落度法的测试原理是混凝土在自重作用下坍落，而维勃稠度法则是在坍落度筒提起后，施加一个振动外力，以混凝土在外力作用下完全填满面板所需时间（单位：s）来代表混凝土流动性。时间越短，流动性越好；时间越长，流动性越差，如图3.10所示。

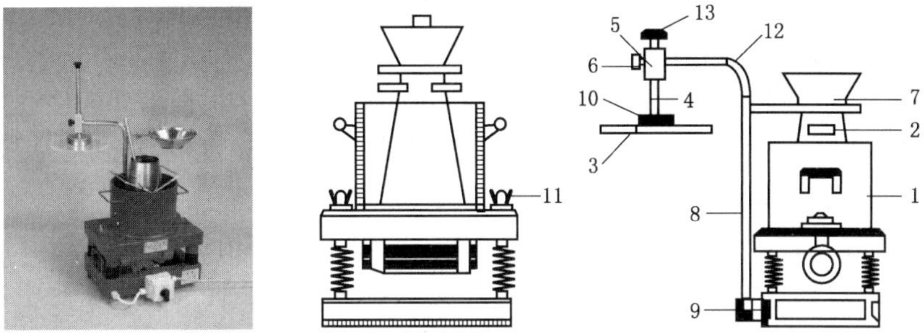

图 3.10　维勃稠度试验仪

1—容器；2—坍落度筒；3—圆盘；4—滑棒；5—套筒；6、13—螺栓；7—漏斗；
8—支柱；9—定位螺丝；10—荷重；11—元宝螺丝；12—旋转架

坍落度、维勃稠度和扩展度的等级划分及其稠度允许偏差应分别符合表 3.25～表 3.28 的规定。

表 3.25　混凝土拌合物坍落度等级划分

等　级	坍落度/mm
S1	10～40
S2	40～90
S3	100～150
S4	160～210
S5	≥220

表 3.26　混凝土拌合物维勃稠度等级划分

等　级	维勃稠度/s
V0	≥31
V1	21～30
V2	11～20
V3	6～10
V4	3～5

表 3.27　　混凝土拌合物的扩展度等级划分

等级	扩展度/mm	等级	扩展度/mm
F1	≤340	F4	490～550
F2	350～410	F5	560～620
F3	420～480	F6	≥630

表 3.28　　混凝土拌合物稠度允许偏差

拌 合 物 性 能		允 许 偏 差		
坍落度/mm	设计值	≤40	50～90	≥100
	允许偏差	±10	±20	±30
维勃稠度/s	设计值	≥40	50～90	≤100
	允许偏差	±3	±2	±1
扩展度/mm	设计值	≥350		
	允许偏差	±30		

混凝土拌合物应在满足施工要求的前提下，尽可能采用较小的坍落度；泵送混凝土拌合物坍落度设计值不宜大于180mm。泵送高强混凝土的扩展度不宜小于500mm；自密实混凝土的扩展度不宜小于600mm。

（3）坍落度的选择原则：实际施工时采用的坍落度大小根据下列条件选择。

1）构件截面尺寸大小：截面尺寸大，易于振捣成型，坍落度适当选小些，反之亦然。

2）钢筋疏密：钢筋较密，则坍落度选大些。反之亦然。

3）捣实方式：人工捣实，则坍落度选大些。机械振捣则选小些。

4）运输距离：从搅拌机出口至浇捣现场运输距离较远时，应考虑途中坍落度损失，坍落度宜适当选大些，特别是商品混凝土。

5）气候条件：气温高、空气相对湿度小时，因水泥水化速度加快及水分挥发加速，坍落度损失大，坍落度宜选大些，反之亦然。

一般情况下，坍落度可按表3.29选用。

表3.29　混凝土浇筑时的坍落度

构件种类	坍落度/mm
基础或地面等的垫层、无配筋的大体积结构（挡土墙、基础等）或配筋稀疏的结构	10～30
板、梁和大型及中型截面的柱子等	30～50
配筋密列的结构（薄壁、斗仓、筒仓、细柱等）	50～70
配筋特密的结构	70～90

3.3.1.3　影响和易性的主要因素

1. 单位用水量

单位用水量是混凝土流动性的决定因素。用水量增大，流动性随之增大。但用水量大带来的不利影响是保水性和黏聚性变差，易产生泌水分层离析，从而影响混凝土的匀质性、强度和耐久性。大量的实验研究证明在原材料品质一定的条件下，单位用水量一旦选定，单位水泥用量增减50～100kg/m^3，混凝土的流动性基本保持不变，这一规律称为固定用水量定则。这一定则对普通混凝土的配合比设计带来极大便利，即可通过固定用水量保证混凝土坍落度的同时，调整水泥用量，即调整水灰比，来满足强度和耐久性要求。在进行混凝土配合比设计时，单位用水量可根据施工要求的坍落度和粗骨料的种类、规格，根据《普通混凝土配合比设计规程》(JGJ 55—2006）按表3.30选用，再通过试配调整，最终确定单位用水量。

表3.30　混凝土单位用水量选用表

项目	指标	卵石最大粒径/mm				碎石最大粒径/mm			
		10	20	31.5	40	16	20	31.5	40
坍落度/mm	10～30	190	170	160	150	200	185	175	165
	35～50	200	180	170	160	210	195	185	175
	55～70	210	190	180	170	220	205	195	185
	75～90	215	195	185	175	230	215	205	195

续表

项　目	指标	卵石最大粒径/mm				碎石最大粒径/mm			
		10	20	31.5	40	16	20	31.5	40
维勃稠度/s	16～20	175	160	—	145	180	170	—	155
	11～15	180	165	—	150	185	175	—	160
	5～10	185	170	—	155	190	180	—	165

注　1. 本表用水量系采用中砂时的平均取值，如采用细砂，每立方米混凝土用水量可增加5～10kg，采用粗砂时则可减少5～10kg。
2. 掺用各种外加剂或掺合料时，可相应增减用水量。
3. 本表不适用于水灰比小于0.4时的混凝土以及采用特殊成型工艺的混凝土。

2. 浆骨比

浆骨比指水泥浆用量与砂石用量之比值。在混凝土凝结硬化之前，水泥浆主要赋予流动性；在混凝土凝结硬化以后，主要赋予黏结强度。在水灰比一定的前提下，浆骨比越大，即水泥浆量越大，混凝土流动性越大。通过调整浆骨比大小，既可以满足流动性要求，又能保证良好的黏聚性和保水性。浆骨比不宜太大，否则易产生流浆现象，使黏聚性下降。浆骨比也不宜太小，否则因骨料间缺少黏结体，拌合物易发生崩塌现象。因此，合理的浆骨比是混凝土拌合物和易性的良好保证。

3. 水灰比（用 W/C 表示）和水胶比（用 W/B 表示）

水灰比即水用量与水泥用量之比。水胶比是水用量与胶凝材料总用量之比。在水泥用量和骨料用量不变的情况下，水灰比或水胶比增大，相当于单位用水量增大，水泥浆很稀，拌合物流动性也随之增大，反之亦然。用水量增大带来的负面影响是严重降低混凝土的保水性，增大泌水，同时使黏聚性也下降。但水灰比或水胶比也不宜太小，否则因流动性过低影响混凝土振捣密实，易产生麻面和空洞。合理的水灰比或水胶比是混凝土拌合物流动性、保水性和黏聚性的良好保证。

4. 砂率（β_s）

砂率是指砂子占砂石总重量的百分率，表达式为

$$\beta_s=\frac{m_s}{m_s+m_g}\times100\% \tag{3.3}$$

式中　β_s——砂率，%；

m_s——$1m^3$ 混凝土的砂用量，kg；

m_g——$1m^3$ 混凝土的石子用量，kg。

砂率对和易性的影响非常显著。

（1）对流动性的影响。在水泥用量和水灰比一定的条件下，由于砂子与水泥浆组成的砂浆在粗骨料间起到润滑和辊珠作用，可以减小粗骨料间的摩擦力，所以在一定范围内，随砂率增大，混凝土流动性增大。另一方面，由于砂子的比表面积比粗骨料大，随着砂率增加，粗细骨料的总表积增大，在水泥浆用量一定的条件下，骨料表面包裹的浆量减薄，润滑作用下降，使混凝土流动性降低。所以砂率超过一定范围，流动性随砂率的增加而下降，如图3.11（a）所示。

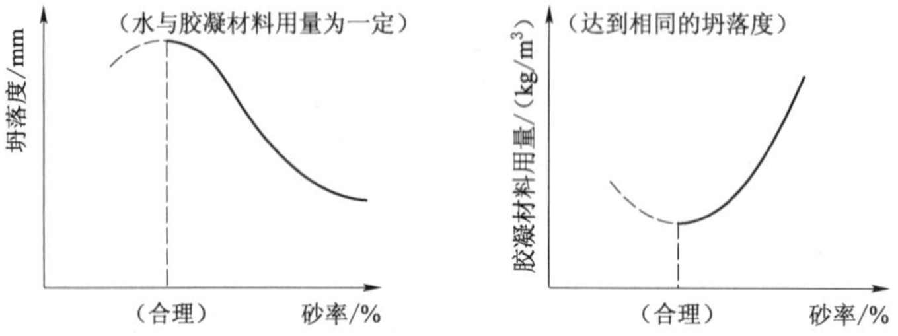

（a）砂率与坍落度的关系　（b）砂率与水泥用量的关系

图3.11　砂率与混凝土流动性和水泥用量的关系

（2）对黏聚性和保水性的影响。砂率减小，混凝土的黏聚性和保水性均下降，易产生泌水、离析和流浆现象。砂率增大，黏聚性和保水性增加。但砂率过大，当水泥浆不足以包裹骨料表面时，则黏聚性反而下降。

（3）合理砂率的确定。合理砂率是指砂子填满石子空隙并有一定的富余量，能在石子间形成一定厚度的砂浆层，以减少粗骨料间的摩擦阻力，使混凝土流动性达最大值。或者在保持流动性不变的情况下，使水泥浆用量达最小值。如图3.11（b）所示。

合理砂率的确定可根据上述两原则通过试验确定。在大型混凝土工程中经常采用。对普通混凝土工程可根据经验或根据《普通混凝土配合比设计规程》（JGJ 55—2006）参照表3.31选用。

表3.31　　混凝土砂率选用表

水灰比（*W*/*C*）	卵石最大粒径/mm			碎石最大粒径/mm		
	10	20	40	16	20	40
0.40	26～32	25～31	24～30	30～35	29～34	27～32

注　1. 表中数值系中砂的选用砂率：对细砂或粗砂，可相应地减少或增大砂率。
2. 本砂率适用于坍落度为10～60mm的混凝土。坍落度如大于60mm或小于10mm时，应相应增大或减小砂率；按每增大20mm，砂率增大1%的幅度予以调整。
3. 只用一个单粒级粗骨料配制混凝土时，砂率值应适当增大。
4. 掺有各种外加剂或掺合料时，其合理砂率值应经试验或参照其他有关规定选用。
5. 对薄壁构件砂率取偏大值。

5. 水泥品种及细度

水泥品种不同时，达到相同流动性的需水量往往不同，从而影响混凝土流动性。另一方面，不同水泥品种对水的吸附作用往往不等，从而影响混凝土的保水性和黏聚性。如火山灰水泥、矿渣水泥配制的混凝土流动性比普通水泥小。在流动性相同的情况下，矿渣水泥的保水性能较差，黏聚性也较差。同品种水泥越细，流动性越差，但黏聚性和保水性越好。

6. 骨料的品种和粗细程度

卵石表面光滑，碎石粗糙且多棱角，因此卵石配制的混凝土流动性较好，但黏聚性和保水性则相对较差。河砂与山砂的差异与上述相似。对级配符合要求的砂石料来说，粗骨料粒径越大，砂子的细度模数越大，则流动性越大，但黏聚性和保水性有所下降，特别是砂的粗细，在砂率不变的情况下，影响更加显著。

7. 外加剂

改善混凝土和易性的外加剂主要有减水剂和引气剂。它们能使混凝土在不增加用水量的条件下增加流动性，并具有良好的黏聚性和保水性。

8. 时间、施工条件、环境因素

随着水泥水化和水分蒸发，混凝土的流动性将随着时间的延长而下降。气温高、湿度小、风速大将加速流动性的损失。

混凝土拌合物拌制后，随着时间的延长而逐渐变得干稠，流动性减小，这种现象称为坍落度损失。其原因是时间延长，会有一部分水被骨料吸收，一部分水蒸发，从而使得流动性变差。时间对混凝土拌合物坍落度的影响如图3.12所示。施工中应考虑到混凝土拌合物随时间延长对流动性的影响，并采取相应的措施。另外，一般情况下采用机械搅拌的混凝土拌合物的和易性好于人工拌合的混凝土拌合物的和易性。

环境温度的变化会影响到混凝土的和易性。因为环境温度升高，水分蒸发及水化反应加快，坍落度损失也加快，因此在施工中为保证混凝土拌合物的和易性，要考虑温度的影响，并采取相应的措施。温度对混凝土拌合物坍落度的影响如图3.13所示。

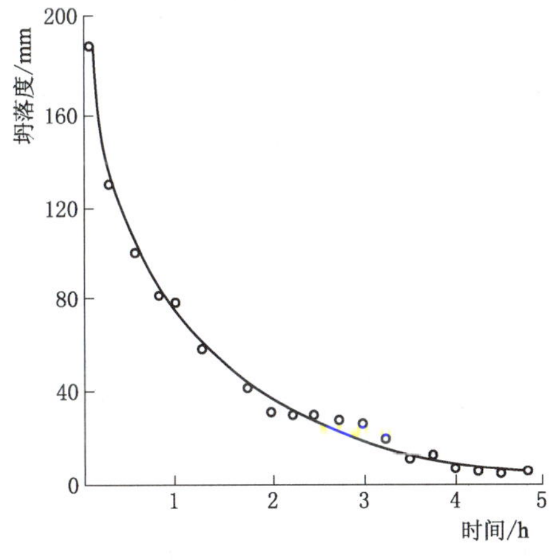

图3.12　时间对混凝土拌合物坍落度的影响

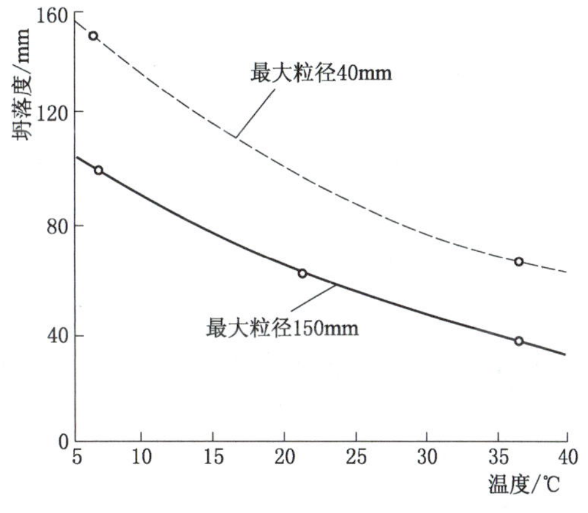

图3.13　温度对混凝土拌合物坍落度的影响

3.3.1.4　混凝土和易性的调整和改善措施

掌握了混凝土拌合物的变化规律，就可以运用这些规律去能动地调整拌合物的和易性。针对上述影响混凝土拌合物和易性的因素，在实际工作中，可采取以下措施来改善混凝土拌合物的和易性。

(1) 当混凝土流动性小于设计要求时，为了保证混凝土的强度和耐久性，不能单独加水，必须保持水灰比不变，增加水泥浆用量。但水泥浆用量过多，则混凝土成本提高，且将增大混凝土的收缩和水化热等。混凝土的黏聚性和保水性也可能下降。

(2) 当坍落度大于设计要求时，可在保持砂率不变的前提下，增加砂石用量。实际上相当于减少水泥浆数量。

（3）改善骨料级配，既可增加混凝土流动性，也能改善黏聚性和保水性。但骨料占混凝土用量的75%左右，实际操作难度往往较大。

（4）掺减水剂或引气剂，是改善混凝土和易性的最有效措施。

（5）尽可能选用最优砂率。当黏聚性不足时可适当增大砂率。

【工程实例分析3.4】细度模数变小对坍落度的影响。

现象：某混凝土搅拌站原用砂的细度模数为2.5，后改用细度模数为2.1的砂。改用砂后原混凝土配合比不变，发现混凝土坍落度明显变小。请分析原因。

原因分析：因砂粒径变细后，砂的总表面积增大，由于原混凝土配合比不变，水泥浆量不变，所以包裹砂表面的水泥浆层变薄，流动性就变差，即坍落度变小。

【工程实例分析3.5】混凝土未完成硬化的原因分析。

现象：某工程为钢筋混凝土基础，混凝土设计强度等级为C30。混凝土配合比（水泥：砂：石：水）为1：1.24：3.04：0.44。混凝土所用材料为当地水泥厂的32.5级普通水泥、本地砂石、自来水及NF减水剂。现场混凝土施工为普通搅拌、小车运输、振捣棒振捣，施工时温度为22℃。当混凝土浇筑后，第二天发现混凝土没有完全硬化，部分结块、部分呈疏松状，混凝土强度显然没达到设计要求，工程被迫停工。

原因分析：经过检测，砂中含泥量为6.4%，细度模数1.82，属细砂。分析如下。

（1）砂子质量。当混凝土强度等级在C30以上时，砂的含泥量需小于等于3.0%，现场用砂的含泥量已达6.4%，超过了标准一倍以上。含泥量的增多，不但需要更多的水泥浆包裹，而且泥粒本身强度低，降低了混凝土的强度。另一个原因是现场砂子偏细，颗粒较小。在质量相同的情况下，表面积大大增加，要包裹它们需要的水泥应大大增多，否则部分砂子表面没有水泥浆，这就大大降低了混凝土的强度。

（2）水泥用量。在砂子偏细、含泥量增大的前提下，按常规混凝土配合比设计，水泥用量偏少，结果就出现混凝土中砂子成团、松散的现象，导致混凝土强度下降很多。

3.3.2　混凝土的强度

3.4 ℗

混凝土强度是硬化混凝土最重要的技术性质之一，与混凝土的其他性能密切相关，也是工程施工中控制和评定混凝土质量的主要指标。

混凝土的强度包括抗压强度、抗拉强度、抗剪强度、抗弯强度以及钢筋与混凝土的黏结强度等。混凝土抗压强度最大，抗拉强度最低，抗拉强度为抗压强度的1/20～1/10，因此在结构工程中混凝土主要用于承受压力。抗压强度与其他强度之间有一定的关联性，可以根据抗压强度的大小来估算其他强度的大小。因此，常以混凝土的抗压强度作为其力学性能的总指标。泛指的混凝土强度就是其极限抗压强度。

3.6 ▶

3.3.2.1　混凝土立方体抗压强度（f_{cu}）及混凝土强度等级

按照国家标准《普通混凝土力学性能试验方法》（GB/T 50081—2002）的规定，将混凝土拌合物制成150mm×150mm×150mm的立方体试件，在标准条件下［温度(20±2)℃，相对湿度95%以上］养护28d（从搅拌加水开始计时），用标准试验方法所测得的抗压强度值称为混凝土立方体抗压强度，用 f_{cu} 表示。在钢筋混凝土结构中大都采用混凝土的立方体抗压强度作为设计依据，它是施工中控制和评定混凝土质量的主要指标。

在实际施工中，允许采用非标准尺寸的试件。《混凝土结构工程施工质量验收规范》（GB 50204—2002）规定，当采用不同尺寸最大粒径的粗骨料时，应选用不同尺寸的试件，这是因为试件尺寸不同，同批混凝土浇筑成的试块存在的缺陷（包括孔隙、裂缝等）也不同，这就影响到试件的抗压强度值。试件尺寸越大，存在缺陷的概率也越大，故测得的抗压强度值越小。混凝土强度等级小于 60MPa 时，用非标准试件测得的强度值均应乘以尺寸换算系数，其值对 200mm×200mm×200mm 试件为 1.05，对 100mm×100mm×100mm 试件为 0.95。当混凝土强度≥60MPa 时，宜采用标准试件；使用非标准试件时，尺寸换算系数应由试验确定，其试件数量不应少于 30 对组[《混凝土强度检验评定标准》(GB 50107)的规定]。

按照国家标准《混凝土结构设计规范》(GB 50010—2010）的规定，混凝土的强度等级应按混凝土立方体抗压强度标准值确定。立方体抗压强度标准值系按标准试验方法制作、养护的边长为 150mm 的立方体试件（图 3.14），在 28d 或设计规定龄期，以标准试验方法测得的具有 95%保证率的抗压强度值，以 $f_{cu,k}$ 表示。

图 3.14　混凝土立方体试件

混凝土的强度等级是根据立方体抗压强度标准值划分的。混凝土立方体抗压强度标准值指在立方体抗压强度总体分布中，具有 95%保证率的强度，共分为 C15、C20、C25、C30、C35、C40、C45、C50、C55、C60、C65、C70、C75、C80 等 14 个等级，强度等级采用符号 C 与立方体抗压强度标准值（以 N/mm^2，即 MPa）来表示。例如，C30 表示 28d 混凝土立方体抗压强度的标准值是 30MPa。混凝土的强度等级是混凝土结构设计时强度计算取值的依据，建筑物的不同部位或者承受不同荷载的结构，应根据需要选择不同等级的混凝土。目前，立方体抗压强度为 100～$200N/mm^2$ 的超高强混凝土也在实际工程中得到了应用。

3.3.2.2　混凝土轴心抗压强度（f_{ck}）

混凝土轴心抗压强度又称棱柱体抗压强度，用 f_{ck} 表示。前文介绍过确定混凝土强度等级采用的是立方体试件，但在实际结构中，钢筋混凝土受压构件大部分是棱柱体和圆柱体。为了使测得的混凝土强度接近于混凝土结构构件的实际情况，在混凝土结构设计中，计算轴心抗压构件（如柱子）时都采用轴心抗压强度作为计算依据。根据标准试验方法规定，轴心抗压强度的测定采用 150mm×150mm×300mm 的棱柱体作为标准试件，如有必要，也可采用非标准试件，但其高宽比应在 2～3 内。混凝土轴心抗压强度（f_{ck}）比同截面的立方体抗压强度（f_{cu}）要小，当立方体抗压强度在 10～50MPa 时，二者的比值（f_{ck}/f_{cu}）为 0.7～0.8。

3.7

3.3.2.3 混凝土抗拉强度（f_{tk}）

混凝土抗拉强度通常指混凝土轴心抗拉强度，是指试件受拉力后断裂时所承受的最大负荷载除以截面积所得的应力值，用 f_{tk}来表示，单位为 MPa。

混凝土轴心抗拉强度的测试主要有两种方法，一是直接测试法，二是劈裂试验。

（1）直接测试法：用钢模浇筑成型的 100mm×100mm×500mm 棱柱体试件通过预埋在试件轴线两端的钢筋，对试件施加均匀拉力，试件破坏时的平均拉应力即为混凝土的轴心抗拉强度。

（2）劈裂试验：用立方体或圆柱体试件进行，在试件上下支承面与压力机压板之间加一条垫条，使试件上下形成对应的条形加载，造成试件沿立方体中心或圆柱体直径切面的劈裂破坏，将劈裂时的力值进行换算即可得到混凝土的轴心抗拉强度。

混凝土作为一种典型的脆性材料，抗拉强度远低于其抗压强度，混凝土的抗拉强度只有抗压强度的 1/20～1/10，且随着混凝土强度等级的提高，其比值有所降低，即抗拉强度的增加不及抗压强度增加得快。因此，混凝土在工作时一般不依靠其抗拉强度，而是由钢筋承受拉力。但混凝土的抗拉强度对抵抗裂缝的产生有着重要意义，在结构计算中抗拉强度是确定混凝土抗裂度的重要指标。混凝土抗拉试验的具体做法可参考试验部分。

混凝土按劈裂试验所得的抗拉强度 f_{tk} 换算成轴向抗拉试验所得的抗拉强度 f_{tk}，应乘以换算系数，该系数可由试验确定。

《公路钢筋混凝土及预应力混凝土桥涵设计规范》(JTG D62—2004）中对混凝土轴心抗拉强度值做了相应规定（表 3.32)，可参照采用。

表 3.32　　混凝土强度等级、抗拉强度标准值、抗拉强度设计值对照表

混凝土强度等级	抗拉强度标准值 f_{tk}	抗拉强度设计值 f_{td}	混凝土强度等级	抗拉强度标准值 f_{tk}	抗拉强度设计值 f_{td}
C20	1.54	1.10	C45	2.51	1.80
C25	1.78	1.27	C50	2.64	1.89
C30	2.01	1.43	C55	2.74	1.96
C35	2.20	1.57	…	…	…
C40	2.39	1.71			

3.3.2.4 混凝土的抗折强度（f_{cf}）

混凝土的抗折强度是指处于受弯状态下混凝土抵抗外力的能力，混凝土抗折强度是以 150mm×150mm×550mm 的梁形试件，在标准养护条件下达到规定龄期后(28d)，在净跨 450mm、双支点荷载作用下的弯拉破坏。

由于混凝土为典型的脆性材料，它在断裂前无明显的弯曲变形，故称抗折强度。根据《普通混凝土力学性能试验方法标准》(GB/T 50081—2002)，混凝土抗折强度试验按三分点加荷方式加载测得的（图 3.15)，试件受弯状态下的抗折强度计算公式为

$$f_{cf}=\frac{FL}{bh^2} \tag{3.4}$$

式中　f_{cf}——混凝土的抗折强度，MPa；

F——所承受的极限垂直荷载，N；

L——支座间距，mm；

b——试件截面宽度，mm；

h——试件截面高度，mm。

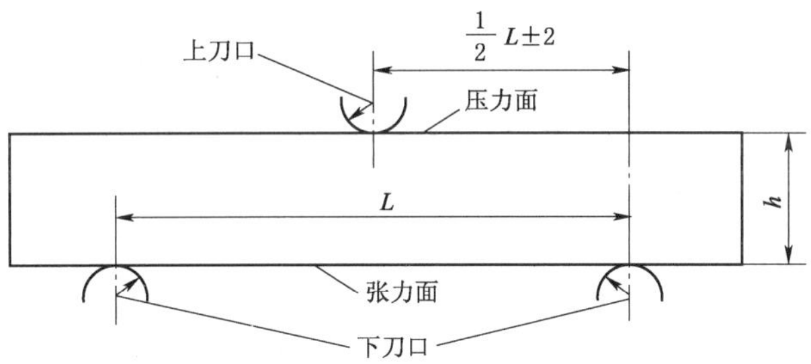

图 3.15　三分点加荷方式

当采用 100mm×100mm×400mm 的非标准试件时，应乘以尺寸换算系数 0.85；当混凝土强度等级≥C60 时，宜采用标准试件。

3.3.2.5　影响混凝土强度的因素及提高混凝土强度的措施

普通混凝土受力破坏一般出现在骨料和水泥石的分界面上，这就是常见的黏结面破坏形式。另外，当水泥石强度较低时，水泥石本身破坏也是常见的破坏形式。在普通混凝土中，骨料最先破坏的可能性小，因为骨料强度一般大大超过水泥石和黏结面的强度。所以，混凝土的强度主要取决于水泥石强度及其与骨料表面的黏结强度。而水泥石强度及其与骨料的黏结强度又与水泥强度等级、水灰比及骨料的性质有密切的关系。此外，混凝土的强度还受施工质量、养护条件及龄期的影响。影响水泥混凝土强度的因素是多方面的，归纳起来有材料组成、制备方法、养护条件和试验条件、龄期等。

1. 水泥的强度等级和水灰比——决定混凝土强度的主要因素

水泥是混凝土中的活性组分，其强度的大小直接影响着混凝土强度的高低。在配合比相同的条件下，所用的水泥强度等级越高，制成的混凝土强度也越高。当用同一种水泥时，混凝土的强度主要取决于水灰比。因为水泥水化时所需的结合水，一般只占水泥质量的 23%左右，但在拌制混凝土拌合物时，为了获得必要的流动性，常需用较多的水（占水泥质量的 40%～70%），也即较大的水灰比。当混凝土硬化后，多余的水分就残留在混凝土中形成水泡或蒸发后形成气孔，大大地减少了混凝土抵抗荷载的实际有效断面，而且可能在孔隙周围产生应力集中。因此，可以认为，在水泥强度等级相同的情况下，水灰比越小，水泥石的强度越高，与骨料黏结力也越大，混凝土的强度就越高。但应说明：如果加水太少（水灰比太小），拌合物过于干硬，在一定的捣实成型条件下，无法保证浇筑质量，混凝土中将出现较多的蜂窝、孔洞，强度也将下降。试验证明，混凝土强度随水灰比的增大而降低，如图3.16所示。

混凝土强度与灰水比、水泥强度之间的关系可用经验公式（鲍罗米公式）表示：

$$f_{cu}=\alpha_a f_{ce}(C/W-\alpha_b) \qquad (3.5)$$

式中　f_{cu}——混凝土28d龄期的抗压强度，MPa；

W——每立方米混凝土所需水量，kg；

C——每立方米混凝土所需水泥量，kg；

α_a、α_b——与粗骨料有关的回归系数；

f_{ce}——水泥的实际强度，MPa。

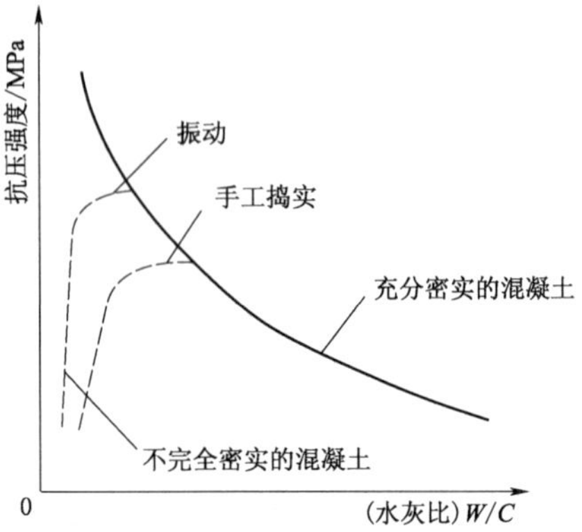

图3.16　强度与水灰比的关系

水泥的实际强度通常高于其强度等级的标准值（$f_{ce,g}$）。$f_{ce}=\gamma_c f_{ce,g}$，其中γ_c为水泥强度等级标准值的富余系数，一般取1.13。

当采用碎石配制混凝土时，可取$\alpha_a=0.53$、$\alpha_b=0.20$，当采用卵石配制混凝土时，可取$\alpha_a=0.49$、$\alpha_b=0.13$。

利用混凝土强度计算公式，可初步解决两个问题：

(1) 当水泥强度等级已经选定，配制某一强度的混凝土时，算出应用的水灰比近似值。

(2) 当已知水泥强度等级及选定水灰比时，可以计算出该混凝土28d可能达到的强度。

2. 骨料

骨料在混凝土中起稳定和骨架作用。骨料本身的强度一般都比水泥石的强度高（轻骨料除外），所以不直接影响混凝土的强度，但若骨料经风化等作用而强度降低，则用其配制的混凝土强度也较低；若骨料表面粗糙，则与水泥石黏结力较大，故用碎石配制的混凝土比用卵石配制的混凝土强度要高。试验证明当W/C小于0.4时，用碎石配制的混凝土强度比用卵石配制的混凝土强度高38%，但随着水灰比增大，两者的差别就不大了。这是因为当水灰比较小时，界面强度对混凝土强度的影响很大，而水灰比很大时，水泥石本身的强度则成为主要影响因素。

通常，只有骨料本身的强度较高、有害杂质含量少，且级配良好时，才能形成坚强密实的骨架；反之，骨料中含有较多的有害杂质、级配不良，且骨料本身强度较低时，混凝土的强度则会较低。

骨料的最大粒径增大，可降低用水量及水灰比，提高混凝土的强度。但对于高强度混凝土，较小粒径的粗骨料，可明显改善粗骨料与水泥石界面的强度，提高混凝土的强度。

3. 养护的温度和湿度

混凝土所处的环境温度和湿度等是影响混凝土强度的重要因素，它们都是通过对

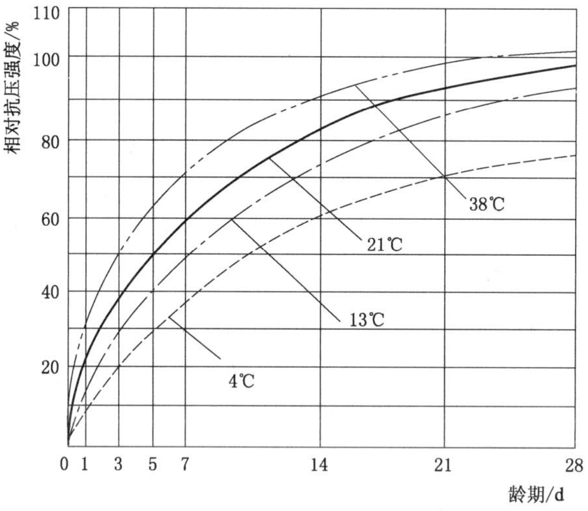

图 3.17　养护温度对混凝土强度的影响

水泥水化过程所产生的影响而起作用的。混凝土的硬化，原因在于水泥的水化作用。周围环境的温度对水化作用进行的速度有显著的影响，养护温度高可以增大初期水化速度，混凝土初期强度也高。但急速的初期水化会导致水化物分布不均匀，水化物稠密程度低的区域将成为水泥石中的薄弱点，从而降低整体的强度；水化物稠密程度高的区域，水化物包裹在水泥粒子的周围，会妨碍水化反应的继续进行，对后期强度的发展不利。而在养护温度较低的情况下，由于水化缓慢，具有充分的扩散时间，从而使得水化物在水泥石中均匀分布，有利于后期强度的发展。国家标准规定，在严寒的北方地区（如新疆、黑龙江等地），气温过低时不允许进行混凝土施工。养护温度对混凝土强度的影响，如图 3.17 所示。

周围环境的湿度对水泥的水化作用能否正常进行也有显著影响：湿度适当，水泥水化便能顺利进行，使混凝土强度得到充分发展；如果湿度不够，混凝土会失水干燥而影响水泥水化作用的正常进行，甚至停止水化。所以，为了使混凝土正常硬化，必须在成型后一定时间内维持一定的温度和湿度。混凝土在自然条件下养护，称为自然养护。自然养护的温度随气温变化，为保持自然状态，在混凝土凝结以后，一般 12h 以后在混凝土表面应覆盖草袋等物并不断洒水，这样也能防止其产生干缩裂缝。

4. 龄期

混凝土在正常养护条件下，其强度将随着龄期的增加而增加。最初 7～14d 内，强度增长较快，28d 以后增长缓慢，但随着龄期延续其强度仍有所增长。因此，在一定条件下养护的混凝土，可根据其早期强度大致地估计 28d 的强度。普通水泥制成的混凝土，在标准条件养护下，混凝土强度的发展大致与其龄期的对数成正比关系（龄期不小于 3d）。混凝土强度与保湿养护时间的关系，如图 3.18 所示。

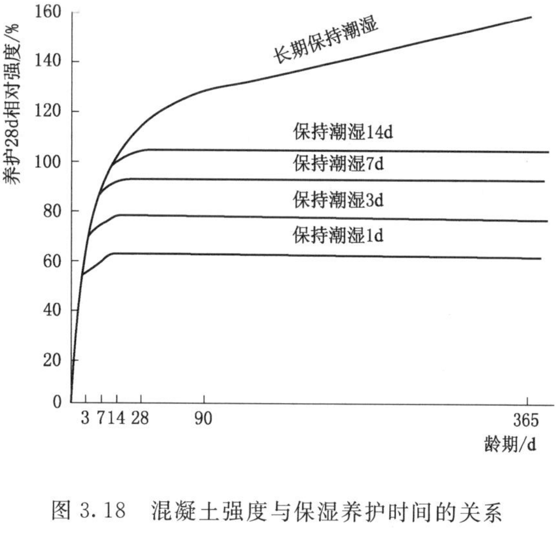

图 3.18　混凝土强度与保湿养护时间的关系

5. 试验条件

试验过程中，试件的尺寸、形状、表面状态、含水程度及加荷速度都对混凝土的强度值产生一定的影响。

(1) 试件尺寸。在测定混凝土立方体抗压强度时，当混凝土强度等级小于C60时，可根据粗骨料最大粒径选用非标准试块，但应将其抗压强度值按系数换算成标准试块对应的抗压强度值。当混凝土强度等级≥C60时，宜采用标准试件，使用非标准试件时，其强度的尺寸换算系数可通过试验确定。

(2) 试件形状。当试件受压面积相同而高度不同时，高宽比越大，抗压强度越小。这是由于试件受压时，试件受压面与试件承压板之间的摩擦力对其横向膨胀起着约束作用，这种约束作用称为环箍效应。环箍效应阻碍了近试件表面混凝土裂缝的扩展，使其强度提高。显然，越接近试件的端面，环箍效应作用就越大，在距端面大约$\frac{\sqrt{3}}{2}a$（a为试件横向尺寸）处这种效应消失，破坏后的棱锥体试件形状如图3.19所示。

图3.19　混凝土立方体破坏后的试件

不同尺寸的立方体试块其抗压强度值不同，也可通过环箍效应的现象来解释。压力机压板对混凝土试件的横向摩擦力是沿周界分布的，大试块尺寸周界与面积之比较小，环箍效应的相对作用小，这也是混凝土强度降低的原因。因此，非标准试块所测强度值应乘尺寸换算系数换算成标准试块的立方体抗压强度。

(3) 表面状态。当混凝土试件受压面上有油脂类润滑物质时，压板与试件间摩阻力减小而使环箍效应影响减弱，试件将出现垂直纹而破坏。

(4) 加荷速度。试验时加荷速度对强度值影响很大。试件破坏是当变形达到一定程度时才发生的，当加荷速度较快时，材料变形的增长落后于荷载的增加，故破坏时强度值偏高。

由上述内容可知，即使原材料、施工工艺及养护条件都相同，但试验条件的不同也会导致试验结果的不同。因此，混凝土抗压强度的测定必须严格遵守国家有关试验标准的规定。

6. 外加剂和矿物掺合料

“双掺技术”或“三掺技术”对提高混凝土强度非常有利，配置高强、超高强混凝土时掺优质的矿物掺合料与高效剂在所难免；掺早强剂可提高混凝土早期强度，掺缓凝剂会降低混凝土早期强度。

根据以上混凝土强度的影响因素，可相应地归纳出提高混凝土强度的主要技术措施：

(1) 采用高强度等级的水泥。提高水泥的强度等级可有效增加混凝土的强度，但由于水泥强度等级的提高受原料、生产工艺以及成本的制约，故单靠提高水泥强度来达到提高混凝土强度的目的往往不太经济和现实。

（2）降低水灰比。这是提高混凝土强度的有效措施。随着混凝土拌合物水灰比的降低，硬化混凝土的孔隙率也随之降低，从而也就增加了水泥和骨料间的黏结力，使强度提高。但降低水灰比，又会使混凝土拌合物的工作性降低。因此，必须有相应的技术措施配合，如采用加强机械振捣、掺加提高和易性的外加剂等。

（3）湿热养护。除采取蒸汽养护、蒸压养护、冬季骨料预热等技术措施外，还可利用贮存水泥本身的水化热来提高强度的增长速度。

（4）龄期调整。混凝土随着龄期的延续，强度会持续上升。试验证明，混凝土的龄期在3～6个月时，强度较28d会提高25%～50%。

（5）改进施工工艺。当采用机械搅拌和机械振捣成型，都可使混凝土拌合物在低水胶比的情况下更加均匀、密实地浇筑，从而获得更高的强度。采用多次投料的搅拌工艺，配制出造壳混凝土。造壳，就是在骨料表面裹上一层低水胶比的胶凝材料浆薄壳，以改善混凝土的过渡区，从而提高混凝土强度。

（6）掺加外加剂。掺加外加剂是提高混凝土强度的有效方法之一，减水剂和早强剂都对混凝土的强度发展起到明显的作用。尤其是在高强混凝土（强度等级大于C60）的设计中，采用高效减水剂已成为配制高强混凝土的一项关键技术措施。

3.3.3　混凝土的变形

混凝土在硬化和使用中，因受各种因素的影响会产生变形，这些变形是产生裂缝的重要原因之一，从而影响混凝土的强度与耐久性。因此，必须对这些变形性质的基本规律和影响因素有所了解。

3.3.3.1　化学收缩

由于混凝土中的水泥水化后生成物的体积比反应前物质的总体积小，而使混凝土收缩，这种收缩称为化学收缩。化学收缩是不能恢复的，其收缩量随硬化龄期的延长而增加，大致与时间的对数成正比，一般在成型后40多天内增加较快，以后就渐趋稳定。

3.3.3.2　干缩湿胀

干湿变形取决于周围环境的湿度变化。混凝土在干燥过程中，首先发生气孔水和毛细水的蒸发。气孔水的蒸发并不引起混凝土的收缩，毛细水的蒸发，使毛细孔中形成负压，随着空气湿度的降低负压逐渐增大，产生收缩力，导致混凝土收缩。当毛细孔中的水蒸发完，如继续干燥，则凝胶体颗粒的吸附水也发生部分蒸发，由于分子引力的作用，粒子间距离变小，使凝胶体紧缩。混凝土的这种收缩在重新吸水以后大部分可以恢复。当混凝土在水中硬化时，体积不变，甚至轻微膨胀，这是由于凝胶体的吸附水膜增厚，胶体粒子间的距离增大。膨胀值远比收缩值小，一般没有坏作用。收缩受到约束时往往引起混凝土开裂，故施工时应予以注意。减少混凝土的收缩量，应该尽量减少水泥用量，砂、石骨料要洗干净，尽可能采用振捣器捣实和加强养护等。

3.3.3.3　温度变形

混凝土与其他材料一样，也具有热胀冷缩的性质。混凝土的温度膨胀系数为10×10^{-6}～14×10^{-6}/℃。温度变形对大体积混凝土及大面积混凝土工程极为不利。在混凝土硬化初期，水泥水化放出较多的热量，混凝土又是热的不良导体，散热较慢，因此在大体积混凝土内部的温度较外部高，有时可达50～70℃。这将使内部混凝土的体积产生较大的膨胀，而外部混凝土却随气温降低而收缩。内部膨胀和外部收缩互相制约，在外部混凝土中将产生很大拉应力，严重时使混凝土产生裂缝。因此，对大体积混凝土工程，必须尽量设法减少混凝土发热量，如采用低热水泥，减少水泥用量，采取人工降温等措施。一般对于沿纵向过长的钢筋混凝土结构物，应采取每隔一段长度设置温度伸缩缝以及在结构物中设置温度钢筋等措施，以减少温度变形引起的混凝土质量缺陷。

3.3.3.4　受荷变形

（1）混凝土的弹塑性变形。混凝土内部结构中含有砂石骨料、水泥石（水泥石中又存在着凝胶体和未水化的水泥颗粒）、游离水分和气泡，这就决定了混凝土本身的不均质性。它不是一种完全的弹性体，而是一种弹塑性体。它在受力时，既会产生可以恢复的弹性变形，又会产生不可恢复的塑性变形，其应力与应变之间的关系不是直线而是曲线。

在静力试验的加荷过程中，若加荷至一定点，然后将荷载逐渐卸去，则卸荷后能恢复的应变ε弹是由混凝土的弹性作用引起的，称为弹性应变；剩余的不能恢复的应变ε塑则是由于混凝土的塑性作用引起的，称为塑性应变。若所加应力在$(0.5\sim0.7)f_c$以上重复，随着重复次数的增加，塑性应变逐渐增加，将导致混凝土疲劳破坏。

（2）混凝土的弹性模量。在应力-应变曲线上任一点的应力σ与其应变ε的比值，叫作混凝土在该应力下的弹性模量。它反映混凝土所受应力与所产生应变之间的关系。在计算钢筋混凝土的变形、裂缝开展及大体积混凝土的温度应力时，均应知道该情况下混凝土的弹性模量。混凝土的强度越高，弹性模量越高，两者存在一定的相关性。当混凝土的强度等级由C10增高到C60时，其弹性模量大致由1.75×10^6MPa增至3.60×10^6MPa。

混凝土的弹性模量随其骨料与水泥石的弹性模量而异。由于水泥石的弹性模量一般低于骨料的弹性模量，所以混凝土的弹性模量一般略低于其骨料的弹性模量。在材料质量不变的条件下，混凝土的骨料含量较多、水灰比较小、养护较好及龄期较长时，混凝土的弹性模量就较大。蒸汽养护混凝土的弹性模量比标准养护的低。

混凝土的弹性模量还与钢筋混凝土构件的刚度有很大关系，一般建筑物须有足够的刚度，在受力下保持较小的变形，才能发挥其正常使用功能，因此所用混凝土须有足够高的弹性模量。

3.3.3.5　徐变

混凝土在长期荷载作用下，沿着作用力方向的变形会随时间不断增长，即荷载不变而变形仍随时间增大。一般要延续2～3年才逐渐趋于稳定。这种在长期荷载作用下产生的变形，称为混凝土的徐变。混凝土的徐变与时间的关系如图3.20所示。

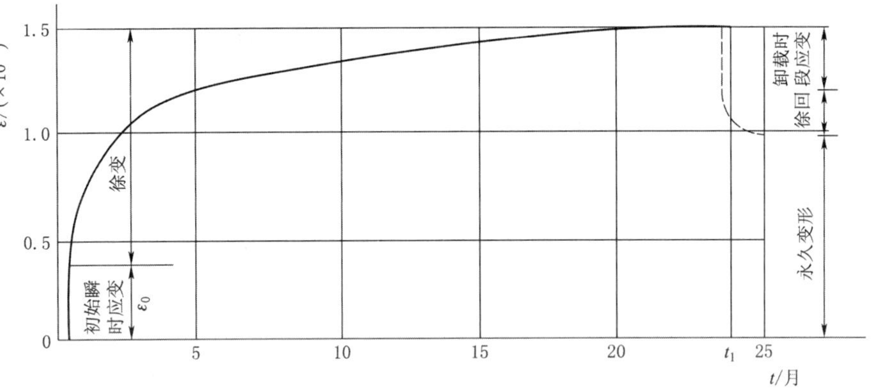

图3.20　混凝土的徐变与时间的关系

混凝土在长期荷载作用下，一方面在开始加荷时发生瞬时变形（又称瞬变，即混凝土受力后立刻发生的变形，以弹性变形为主）；另一方面发生缓慢增长的徐变。在荷载作用初期，徐变变形增长较快，以后逐渐变慢且稳定下来。混凝土的徐变应变一般可达$3\times10^{-4}\sim15\times10^{-4}$。

混凝土徐变和许多因素有关。混凝土的水灰比较小或混凝土在水中养护时，同龄期的水泥石中未填满的孔隙较少，故徐变较小。水灰比相同的混凝土，其水泥用量越多，即水泥石相对含量越大，其徐变越大。混凝土所用骨料弹性模量较大时，徐变较小。此外，徐变与混凝土的弹性模量也有密切关系，一般弹性模量大者，徐变小；混凝土不论是受压、受拉或受弯，均有徐变现象。

混凝土徐变对钢筋混凝土构件的影响有利也有弊。有利方面：徐变可消除混凝土结构内部的应力集中，通过应力重新分布而使结构物的整体承载能力提高，也可避免因局部集中应力而造成的逐渐破坏；对大体积混凝土结构，徐变还能消除一部分由于温度变形所产生的破坏应力。不利方面：由于徐变变形而使预应力钢筋混凝土中钢筋的预应力损失。

3.3.3.6　碱—骨料反应

碱—骨料反应是指混凝土原料水泥、外加剂、混合材料和水中的强碱（氧化钠和氧化钾）与骨料中的活性二氧化硅成分反应，在骨料表面形成复杂的碱—硅酸胶体。在混凝土浇筑成型后若干年逐渐反应，其生成物吸水膨胀使混凝土产生应力，膨胀开裂（体积可增大3倍以上），导致混凝土体积膨胀开裂而破坏的现象。

（1）碱—骨料反应对混凝土造成危害，必须具备以下条件：

1）水泥中含有较高的碱量，总碱量（按$Na_2O+0.658K_2O$计）大于0.6%时，才会与活性骨料发生碱—骨料反应。

2）骨料中含有活性SiO_2并超过一定数量，它们常存在于流纹岩、安山岩、凝灰岩等天然岩石中。

3）存在水分。在干燥状态下碱—骨料反应不会造成危害。

(2) 抑制碱一骨料反应的措施有：

1) 条件许可时选择非活性骨料。

2) 当不可能采用完全没有活性的骨料时，则应严格控制混凝土中总的碱量，符合现行有关标准的规定。

3) 掺用活性混合材料，如硅粉、粉煤灰（高钙高碱粉煤灰除外），对碱一骨料反应有明显的抑制效果，因活性混合材料可与混凝土中的碱（Na^+、K^+）起反应，从而降低了混凝土中的含碱量，抑制了碱一骨料反应。同样道理，采用矿渣含量较高的矿渣水泥也是抑制碱一骨料反应的有效措施。

4) 碱一骨料反应要有水分，如果没有水分，碱一骨料反应就会大为减慢乃至完全停止。因此，防止外界水分渗入混凝土或者使混凝土变干可减轻碱一骨料反应的危害程度。

如果混凝土内部具备了碱一骨料反应的条件，就很难控制其反应的发展。以碱一硅酸反应为例，其反应积累期为10～20年，即混凝土工程建成投产使用10～20年就发生膨胀开裂。当碱一骨料反应发展至膨胀开裂时，混凝土力学性能明显降低，其抗压强度降低40%，弹性模量降低尤为显著。

3.3.4　混凝土的耐久性

3.5 Ⓟ

混凝土除应具有设计要求的强度以保证其能安全地承受设计荷载外，还应根据其周围的自然环境以及在使用上的特殊要求，而具有各种特殊性能。例如：承受压力水作用的混凝土，需要具有一定的抗渗性能；遭受反复冰冻作用的混凝土，需要有一定的抗冻性能；遭受环境水侵蚀作用的混凝土需要具有与之相适应的抗侵蚀性能；处于高温环境中的混凝土则需要具有较好的耐热性能等，而且要求混凝土在使用环境条件下性能要稳定。因此，把混凝土抵抗环境介质作用并长期保持其良好的使用性能和外观完整性，从而维持混凝土结构的安全、正常使用的能力称为混凝土的耐久性。

3.8 ▶

环境对混凝土结构的物理和化学作用以及混凝土结构抵御环境作用的能力，是影响混凝土结构耐久性的因素。在通常的混凝土结构设计中，往往忽视环境对结构的作用，许多混凝土结构在达到预定的设计使用年限前，就出现了钢筋锈蚀、混凝土劣化剥落等影响结构性能及外观耐久性的破坏现象，需要大量投资进行修复甚至拆除重建。近年来，混凝土结构的耐久性及耐久性设计受到普遍关注。某些国家或国际学术组织在混凝土结构设计或施工规范中，对混凝土结构耐久性设计做出了明确的规定。我国的混凝土结构设计规范也把混凝土结构的耐久性设计作为一项重要内容。混凝土结构耐久性设计的目标是使混凝土结构在规定的使用年限即设计使用寿命内，在常规的维修条件下，不出现混凝土劣化、钢筋锈蚀等影响结构正常使用和影响外观的损坏。

混凝土耐久性能主要包括抗渗、抗冻、抗侵蚀、抗碳化、抗碱一骨料反应等性能。

3.3.4.1　混凝土的抗渗性

抗渗性是指混凝土抵抗压力水、油等液体渗透作用的性能。它直接影响混凝土的抗冻性和抗侵蚀性。混凝土的抗渗性主要与其密实度及内部孔隙的大小和构造有关。

混凝土内部互相连通的孔隙和毛细管通路，以及由于在混凝土施工成型时，振捣不实产生的蜂窝、孔洞都会造成混凝土渗水。

在我国，混凝土的抗渗性一般采用抗渗等级表示，也有采用相对抗渗系数来表示的。抗渗等级是按标准试验方法进行试验，以 28d 龄期的标准试件，用每组 6 个试件中 4 个试件未出现渗水时的最大水压力来表示的。混凝土的抗渗等级有 P6、P8、P10、P12 及以上等级。如抗渗等级 P8，即表示混凝土能抵抗 0.8MPa 的静水压力而不渗水。图 3.21 所示为混凝土抗渗仪。

混凝土渗水的主要原因是内部的孔隙形成连通的渗水通道，这些渗水通道主要来源于水泥浆中多余水分蒸发而留下的气孔和泌水后留下的毛细管道，以及粗骨料下缘界面聚集的水隙。另外，混凝土在施工中振捣不密实及硬化后因干缩、热胀等变形造成的裂隙也会产生渗水通道。影响混凝土抗渗性的因素有水灰比、水泥品种、骨料的最大粒径、养护方法、外加剂及掺合料等。

图 3.21　混凝土抗渗仪

因此，要提高混凝土的抗渗性，可以采取提高混凝土的密实度和改善混凝土中的孔隙结构特征，减少连通孔隙，可掺加引气剂或减水剂，减少水灰比，选择致密、干净、级配良好的骨料，精心施工，加强养护等措施。

水工混凝土中，混凝土抗渗试验和混凝土相对渗透性试验的具体内容详见《水工混凝土试验规程》(SL 352—2006) 4.21 和 4.22 的有关规定。

3.3.4.2　混凝土的抗冻性

混凝土的抗冻性是指混凝土在水饱和状态下，经受多次冻融循环作用，能保持强度和外观完整性的能力。在寒冷地区，特别是在接触水又受冻的环境下的混凝土，要求具有较高的抗冻性能。混凝土受冻融作用破坏的主要原因，一是混凝土内部的孔隙水在负温下结冰后体积膨胀造成的静水压力，二是因冷冻水蒸气压的差别推动未冻水向冻结区的迁移造成的渗透压力。当这两种压力产生的内应力超过混凝土的抗拉强度时，混凝土就会产生裂缝，多次冻融使裂缝不断扩展直至破坏。

混凝土的密实度、孔隙构造和数量是决定抗冻性的重要因素。因此，当混凝土采用的原材料质量好、水灰比小、具有封闭细小孔隙（如掺入引气剂的混凝土）及掺入减水剂、防冻剂等其抗冻性都较高。

混凝土抗冻性一般以抗冻等级表示。抗冻等级是采用慢冻法以龄期 28d 的试块在吸水饱和后，承受反复冻融循环，以抗压强度下降不超过 25%，而且质量损失不超过 5%时所能承受的最大冻融循环次数来确定的。将混凝土划分为以下几个抗冻等级：F50、F100、F150、F200、F250 和 F300 等，分别表示混凝土能够承受反复冻融循环次数为 50、100、150、200、250 和 300。例如，F100 表示混凝土能承受最大冻融循环次数为 100 次。

提高混凝土抗冻性的有效方法是提高混凝土的密实度和改善孔隙结构。若混凝土的水灰比小、密实度高、含封闭小孔多，则抗冻性好。通过减少水灰比、提高水泥强度等级以及加入引气剂（如松香热聚物等）、减水剂和防冻剂以提高混凝土的抗冻性。

3.3.4.3　混凝土的抗侵蚀性

混凝土受侵蚀原理与水泥石相同，可参照第三章相关内容。

当混凝土所处环境中含有侵蚀性介质时，混凝土便会遭受侵蚀，通常有软水侵蚀、硫酸盐侵蚀、镁盐侵蚀、碳酸侵蚀、一般酸侵蚀与强碱侵蚀等。混凝土在海岸、海洋工程中的应用也很广，海水对混凝土的侵蚀作用除化学作用外，还有反复干湿的物理作用；盐分在混凝土内的结晶与聚集、海浪的冲击磨损、海水中氯离子对混凝土内钢筋的锈蚀作用等，也都会使混凝土遭受破坏。

混凝土的抗侵蚀性与所用水泥的品种、混凝土的密实程度和孔隙特征有关。密实和孔隙封闭的混凝土，环境水不易侵入，故其抗侵蚀性较强。所以，提高混凝土抗侵蚀性的措施，主要是合理选择水泥品种、降低水灰比、提高混凝土的密实度和改善其孔隙结构。

3.3.4.4　混凝土的碳化（中性化）

混凝土的碳化作用是二氧化碳与水泥石中的氢氧化钙作用，生成碳酸钙和水。碳化过程是二氧化碳由表及里向混凝土内部逐渐扩散的过程。因此，气体扩散规律决定了碳化速度的快慢。碳化引起水泥石化学组成及组织结构的变化，从而对混凝土的化学性能和物理力学性能有明显的影响，主要是对碱度、强度和收缩的影响。

碳化对混凝土性能既有有利的影响，也有不利的影响，总体而言，弊大于利。

碳化使混凝土碱度降低，减弱了对钢筋的保护作用，可能导致钢筋锈蚀。碳化将显著增加混凝土的收缩，这是由于在收缩产生的压应力下的氢氧化钙晶体溶解和碳酸钙在无压力处沉淀，此时暂时地加大了水泥石的可压缩性。碳化使混凝土的抗压强度增大，其原因是碳化放出的水分有助于水泥的水化作用，而且碳酸钙减少了水泥石内部的孔隙。但是由于混凝土的碳化会产生碳化收缩，对其核心形成压力，而表面碳化层产生拉应力，可能产生微细裂缝，而使混凝土抗拉、抗折强度降低。

（1）碳化的速度受以下因素的影响：

1）水泥的品种及掺混合材料的数量。硅酸盐水泥水化生成的氢氧化钙含量较掺混合材料硅酸盐水泥的数量多，因此碳化速度较掺混合材料的硅酸盐水泥慢；对于掺混合材料的水泥，混合材料数量越多，碳化速度越快。

2）水灰比。在一定的条件下，水灰比越小的混凝土越密实，碳化速度越慢。

3）环境因素。环境因素主要指空气中二氧化碳的浓度及空气的相对湿度，二氧化碳浓度增大，碳化速度加快；在相对湿度达到50%～70%的情况下，碳化速度最快；在相对湿度达到100%或相对湿度在25%以下时碳化将停止进行。

综上所述，混凝土在遭受压力水、冰冻或侵蚀作用时的破坏过程虽然各不相同，但对提高混凝土的耐久性的措施来说，却有很多共同之处。除原材料的选择外，混凝土的密实度是提高混凝土耐久性的一个重要环节。

（2）一般提高混凝土耐久性的措施有以下几个方面：

1）严格控制水灰比，保证足够的水泥用量，见表 3.33。水胶比的大小是决定混凝土密实性的主要因素，它不但影响混凝土的强度，而且也严重影响其耐久性，故必须严格控制水胶比，见表 3.34。

混凝土的最小胶凝材料用量应符合表 3.33 的规定，配制 C15 及其以下强度等级的混凝土，可不受表 3.34 的限制。

表 3.33　混凝土的最小胶凝材料用量

最大水胶比	最小胶凝材料用量/(kg/m^3)		
	素混凝土	钢筋混凝土	预应力混凝土
0.60	250	280	300
0.55	280	300	300
0.50	320		
≤0.45	330		

注　本表摘自《普通混凝土配合比设计规程》(JGJ 55—2011)。

表 3.34　结构混凝土材料的耐久性基本要求（设计使用年限为 50 年的混凝土结构）

环境类别	条　件	最大水胶比	最低强度等级	最大氯离子含量/%	最大碱含量/(kg/m^3)
一	室内干燥环境； 无侵蚀性静水浸没环境	0.60	C20	0.30	不限制
二 a	室内潮湿环境 非严寒和非寒冷地区的露天环境； 非严寒和非寒冷地区与无侵蚀性的水或土壤直接接触的环境； 严寒和寒冷地区的冰冻线以下与无侵蚀性的水或土壤直接接触的环境	0.55	C25	0.20	3.0
二 b	干湿交替环境； 水位频繁变动环境； 严寒和寒冷地区的露天环境； 严寒和寒冷地区的冰冻线以上与无侵蚀性的水或土壤直接接触的环境	0.50（0.55）	C30（C25）	0.15	
三 a	严寒和寒冷地区冬季水位变动区环境； 受除冰盐影响环境； 海风环境	0.45（0.50）	C35（C20）	0.15	
三 b	盐渍土环境； 受除冰盐作用环境； 海岸环境	0.40	C40	0.10	

续表

环境类别	条　件	最大水胶比	最低强度等级	最大氯离子含量/%	最大碱含量/(kg/m³)
四	海水环境				
五	受人为或自然的侵蚀性物质影响的环境				

注　1. 室内潮湿环境是指构件表面经常处于结露或湿润状态的环境，氯离子含量系指占胶凝材料总量的百分比，素混凝土的水胶比及最低强度等级的要求可适当放松。
2. 严寒和寒冷地区的划分应符合现行国家标准《民用建筑热工设计规范》(GB 50176—2016）的有关规定。
3. 海岸环境和海风环境宜根据当地情况，考虑主导风向及结构所处迎风、背风部位等因素的影响。由调查研究和工程经验确定。
4. 受除冰盐影响环境是指受到除冰盐盐雾影响的环境；受除冰盐作用环境是指被除冰盐溶液溅射的环境以及实用除冰盐地区的洗车房、停车楼等建筑。
5. 暴露的环境是指混凝土结构表面所处的环境。
6. 有可靠经验时，二类环境中的最低混凝土强度等级可降低一个强度等级，处于严寒和寒冷地区的二 b、三 a 类环境中的混凝土应使用引气剂，并可采用括号中的数据。
7. 本表摘自《混凝土结构设计规范》(GB 50010—2010)。

2）合理选择水泥品种。

3）选用较好的砂、石骨料，并尽量采用合理砂率。质量良好、技术条件合格的砂、石骨料，是保证混凝土耐久性的重要条件。

4）掺引气剂、减水剂等外加剂，改善混凝土内部的孔隙率和孔隙结构，提高混凝土的耐久性。

5）掺入高效活性矿物掺料。大量研究表明，掺粉煤灰、矿渣、硅粉等掺合料能有效改善混凝土的性能，填充内部孔隙，改善孔隙结构，提高密度，高掺量混凝土还能抑制碱一骨料反应。因而混凝土掺混合料，是提高混凝土耐久性的有效措施。

6）在混凝土施工中，应搅拌均匀、振捣密实、加强养护，增加混凝土密实度，提高混凝土质量。

【工程实例分析 3.6】混凝土裂缝原因。

现象：某工程混凝土结构拆模后，裂缝在结构表面出现，形状不规则且长短不一，互不连贯，类似干燥的泥浆面。

原因分析：水泥用量过大或使用过量的粉砂。混凝土水灰比过大，模板过于干燥，也是导致这类裂缝出现的因素。混凝土浇筑后，表面没有及时覆盖，受风吹日晒，表面游离水分蒸发过快，产生急剧的体积收缩，而此时混凝土早期强度低，不能抵抗这种变形应力而导致开裂。

【工程实例分析 3.7】混凝土试件强度不合格。

现象：某工程从夏季开始施工，混凝土试件强度一直稳定合格。而进入秋冬季施工以来，混凝土强度却出现偏低现象。甚至有的试件不合格，采用非破损检测工程部位混凝土，强度却合格。

原因分析：搅拌站和施工单位技术人员共同分析原因，找出症结。发现工地试验员做完混凝土试件后，对试件并没有进行“标准养护”而是将试件散落在工地上。夏季施工气温偏高，混凝土试件在自然养护条件下气温高，强度也高；秋冬季气温偏低，混凝土试件强度也随之偏低。

任务3.4　混凝土配合比设计

混凝土配合比是指混凝土中各组成材料数量之间的比例关系。常用的表示方法有两种：一种是质量配合比，它是以 $1m^3$ 混凝土中各项材料的质量表示，如 $1m^3$ 混凝土中水泥 300kg、水 180kg、砂 720kg、石子 1200kg，其中 $1m^3$ 混凝土总质量为 2400kg；另一种是以各项材料相互间的质量比来表示，以水泥质量为1，将上例换算成质量比即为：水泥∶砂∶石＝1∶2.4∶4，水灰比0.6。

3.6 Ⓟ

按照《普通混凝土配合比设计规程》（JGJ 55—2011）规定，普通混凝土配合比应根据原材料性能及对混凝土的技术要求进行计算，并经实验室试配、调整后确定。

3.4.1　混凝土配合比设计的要求及技术资料

3.4.1.1　混凝土配合比设计的要求

普通混凝土配合比设计需要满足设计和施工要求，即满足混凝土配制强度、拌合物性能、力学性能和耐久性能的设计要求。保证混凝土工程质量，并且达到经济合理。

混凝土拌合物性能、力学性能和耐久性能的试验方法应分别符合现行国家标准《普通混凝土拌合物性能试验方法标准》(GB/T 50080—2016)、《普通混凝土力学性能试验方法标准》(GB/T 50081—2019) 和《普通混凝土长期性能和耐久性能试验方法标准》(GB/T 50082—2009) 的规定。

设计混凝土配合比的任务，就是要根据原材料的技术性能及施工条件，确定出能满足工程所要求的各项技术指标，并在此基础上符合经济性原则的各项组成材料的用量。配合比设计的基本要求是使所配制的混凝土在比较经济的情况下具有所期望的强度、和易性、耐久性。具体要求如下：

（1）满足施工要求的混凝土拌合物的和易性。

（2）满足混凝土结构设计所要求的强度等级。

（3）满足混凝土的耐久性（如抗冻等级、抗渗等级）。

（4）在满足各项技术性质的前提下，使各组成材料经济合理。经济性的表现有两个方面：一方面是节约水泥用量、降低混凝土的成本（包括材料、劳动力、能源的节约），另一方面是长远的经济效益（如耐久性好、维护费用少、保温性好等）。对特殊工程中使用的混凝土，除满足以上要求外，还应满足特殊要求（如耐火性、防辐射、耐高温等）。

3.4.1.2　混凝土配合比设计的技术资料

在进行混凝土配合比设计之前，必须详细掌握下列基本资料：

（1）掌握工程设计要求的强度等级、表示质量稳定性的强度标准差或施工质量水平，以便于确定混凝土配制强度；掌握工程所处的环境对混凝土可能造成的危害，即对混凝土耐久性的要求，以便于确定所配制混凝土的最大水灰比和最小水泥用量。

（2）掌握混凝土的施工方法、结构断面尺寸以及配筋情况，以便于确定混凝土拌合物的坍落度及骨料最大粒径。

（3）掌握原材料的基本性能指标，包括水泥的品种、强度等级、密度；粗细骨料的品种、级配、表观密度、堆积密度、含水率、石子的最大粒径；拌和用水的水质以及来源；外加剂的品种、性能、掺量以及与水泥的相容性和掺入方法。

混凝土配合比设计应采用工程实际使用的原材料，并应满足国家现行标准的有关要求；配合比设计应以干燥状态骨料为基准，细骨料含水率应小于0.5%，粗骨料含水率应小于0.2%。

3.4.2　混凝土配合比设计的方法及步骤

进行混凝土配合比设计时，首先要正确选用原材料品种，检验原材料质量，然后按混凝土技术要求通过经验公式、经验数据进行初步计算，得出初步计算配合比；在初步计算配合比的基础上，经试拌、检验、调整到和易性满足要求时，得出基准配合比；通过实验室进行混凝土的强度检验、复核（如有其他性能要求，则须作相应的检验项目，如抗冻性、抗渗性等），定出实验室配合比（也称设计配合比）；最后根据现场原材料实际情况（如砂、石的实际含水率等）修正实验室配合比从而得出施工配合比。

混凝土配合比设计的过程比较复杂，这是因为混凝土所需材料的性质是多种多样的，而且经常变化，因此不能定量地描述。例如，骨料的粒径、形状及表面组织特征都不易进行定量描述。这就意味着所需混凝土的最佳配合比是依据经验和知识的一种猜测。因此，这不仅要求估计和计算可获得材料的配合比，而且还要进行一系列的试配试验。试配的混合料的性能经测定，并且混合材料组成经过调整后，才能获得最终的配比方案。

3.4.2.1　初步计算配合比的参数

为使混凝土的强度保证率能满足规定的要求，在设计混凝土配合比时必须使得混凝土的配制强度 $f_{cu,0}$ 高于设计强度等级 $f_{cu,k}$。混凝土的强度保证率要求达到95%。

3.9

当混凝土的设计强度等级小于C60时，$f_{cu,0}$ 可采用下式计算：

$$f_{cu,0}=f_{cu,k}+1.645\sigma \tag{3.6}$$

式中　$f_{cu,0}$——混凝土配制强度，MPa；

$f_{cu,k}$——混凝土立方体抗压强度标准值，MPa，这里取设计混凝土强度等级值；

σ——混凝土强度标准差，MPa；

1.645——达到95%强度保证率的系数。

式（3.6）中 σ 的大小表示施工单位的管理水平的高低，σ 越低，说明混凝土施工质量越稳定。σ 的取值，当具有近1～3个月的同一品种、同一强度等级混凝土的强度资料时，可按式（3.7）求得。

$$\sigma=\sqrt{\frac{\sum_{i=1}^{n}f_{cu,k}^{2}-nm_{f_{cu}}^{2}}{n-1}} \quad (3.7)$$

式中 $f_{cu,i}$——第 i 组的试件强度，MPa；

$m_{f_{cu}}$——n 组试件的强度平均值，MPa；

n——试件组数，n 值应大于或者等于 30。

当设计强度等级大于或等于 C60 时，配制强度应按下式计算：

$$f_{cu,0}\geqslant 1.15f_{cu,k} \quad (3.8)$$

对于强度等级不大于 C30 的混凝土：当 σ 计算值不小于 3.0MPa 时，应按照计算结果取值；当 σ 计算值小于 3.0MPa 时，σ 应取 3.0MPa。对于强度等级大于 C30 且不大于 C60 的混凝土：当 σ 计算值不小于 4.0MPa 时，应按照计算结果取值；当 σ 计算值小于 4.0MPa 时，σ 应取 4.0MPa。

当没有近期的同一品种、同一强度等级混凝土的强度资料时，其强度标准差 σ 可按表 3.35 取值。在采用该表时，施工单位可根据实际情况，对 σ 做适当调整。

表 3.35　　混凝土强度标准差 σ 取值　　单位：MPa

混凝土强度标准值	≤C20	C25～C45	C50～C55
σ	4.0	5.0	6.0

3.4.2.2 混凝土配合比计算

1. 水胶比（用 W/B 表示）

混凝土强度等级不大于 C60 等级时，混凝土水胶比宜按下式计算：

$$\frac{W}{B}=\frac{\alpha_a f_b}{f_{cu,o}+\alpha_a\alpha_b f_b} \quad (3.9)$$

式中 W/B——混凝土水胶比；

α_a、α_b——回归系数，根据工程所使用的原材料，通过试验建立的水胶比与混凝土强度关系式来确定；当不具备上述试验统计资料时，可按表 3.36 采用；

f_b——胶凝材料（水泥与矿物掺合料按使用比例混合）28d 胶砂强度，MPa，可实测，且试验方法应按现行国家标准《水泥胶砂强度检验方法（ISO 法）》（GB/T 17671—1999）执行。

当无实测值时，可按下列规定确定：

1）根据 3d 胶砂强度或快测强度推定 28d 胶砂强度关系式推定 f_b 值；

2）当矿物掺合料为粉煤灰和粒化高炉矿渣粉时，可按下式推算 f_b 值。

当胶凝材料 28d 胶砂抗压强度（f_b）无实测值时，可按式（3.10）计算：

$$f_b=1.1\gamma_f\gamma_s f_{ce} \quad (3.10)$$

式中 γ_f、γ_s——粉煤灰影响系数和粒化高炉矿渣粉影响系数，可按表 3.37 选用；

f_{ce}——水泥 28d 胶砂抗压强度（MPa），可实测，也可按式（3.11）计算：

$$f_{ce}=\gamma_c f_{ce,g} \tag{3.11}$$

式中　γ_c——水泥强度等级值的富余系数，可按实际统计资料确定；当缺乏实际统计资时，也可按表3.38选用；

$f_{ce,g}$——水泥强度等级值，MPa。

表3.36　　回归系数 α_a、α_b 选用表

粗骨料品种	碎　石	卵　石
α_a	0.53	0.49
α_b	0.20	0.13

表3.37　　粉煤灰影响系数 γ_f 和粒化高炉矿渣粉影响系数 γ_s

掺量/%	粉煤灰影响系数 γ_f	粒化高炉矿渣粉影响系数 γ_s
0	1.00	1.00
10	0.90～0.95	1.00
20	0.80～0.85	0.95～1.00
30	0.70～0.75	0.90～1.00
40	0.60～0.65	0.80～0.90
50	—	0.70～0.85

注　1. 本表应以P・O 42.5水泥为准；如采用普通硅酸盐水泥以外的通用硅酸盐水泥，可将水泥混合材料掺量20%以上部分计入矿物掺合料；
2. 宜采用Ⅰ级或Ⅱ级粉煤灰，采用Ⅰ级灰宜取上限值，采用Ⅱ级灰宜取下限值；
3. 采用S75级粒化高炉矿渣粉宜取下限值，采用S95级粒化高炉矿渣粉宜取上限值，采用S105级粒化高炉矿渣粉可取上限值加0.05；
4. 当超出表中的掺量时，粉煤灰和粒化高炉矿渣粉影响系数应经试验确定。

表3.38　　水泥强度等级值的富余系数（γ_c）

水泥强度等级值	32.5	42.5	52.5
富余系数	1.12	1.16	1.10

为了保证混凝土必要的耐久性，混凝土的最大水胶比应符合《混凝土结构设计规范》（GB 50010—2010）的规定。水胶比还不得大于表3.33中规定的最大水胶比值，若计算所得的水胶比大于规定的最大水胶比值，应取表3.33规定的最大水胶比值进行计算。

混凝土的最小胶凝材料用量应符合表3.33的规定，配制C15及其以下强度等级的混凝土，可不受表3.33的限制。

2. 用水量和外加剂用量

单位用水量主要根据所要求的坍落度值及骨料种类、规格来选择。首先根据施工条件按规范选定1m^{3}混凝土用水量。

混凝土水胶比在0.40～0.80范围时每立方米混凝土的用水量（m_{w0}）可按表3.39选取。

表 3.39 **混凝土单位用水量选用表** 单位：kg/m^3

项目	指标	卵石最大粒径/mm				碎石最大粒径/mm			
		10	20	31.5	40	16	20	31.5	40
坍落度/mm	10～30	190	170	160	150	200	185	175	165
	35～50	200	180	170	160	210	195	185	175
	55～70	210	190	180	170	220	205	195	185
	75～90	215	195	185	175	230	215	205	195
维勃稠度/s	16～20	175	160	—	145	180	170	—	155
	11～15	180	165	—	150	185	175	—	160
	5～10	185	170	—	155	190	180	—	165

注 1. 本表用水量系采用中砂时的平均取值，如采用细砂，每立方米混凝土用水量可增加 5～10kg，采用粗砂时则可减少 5～10kg；
2. 掺用各种外加剂或掺合料时，可相应增减用水量；
3. 本表不适用于水灰比小于 0.4 时的混凝土以及采用特殊成型工艺的混凝土。

混凝土水胶比小于 0.40 时，可通过试验确定。

掺外加剂时，每立方米流动性或大流动性混凝土的用水量（m_{w0}）可按下式计算：

$$m_{w0}=m'_{w0}(1-\beta) \tag{3.12}$$

式中 m_{w0}——计算配合比每立方米混凝土的用水量，kg/m^3；

m'_{w0}——未掺外加剂时推定的满足实际坍落度要求的每立方米混凝土用水量，kg/m^3，以表 3.39 中 90mm 坍落度的用水量为基础，按每增大 20mm 坍落度相应增加 5kg 用水量来计算，当坍落度增大到 180mm 以上时，随坍落度相应增加的用水量可减少；

β——外加剂的减水率，%，应经混凝土试验确定。

每立方米混凝土中外加剂用量应按下式计算：

$$m_{a0}=m_{b0}\beta_a \tag{3.13}$$

式中 m_{a0}——每立方米混凝土中外加剂用量，kg；

m_{b0}——每立方米混凝土中胶凝材料用量，kg；

β_a——外加剂掺量，%，应经混凝土试验确定。

3. 胶凝材料、矿物掺合料和水泥用量

每立方米混凝土的胶凝材料用量（m_{b0}）应按式（3.14）计算，并应进行试拌调整，在拌合物形能满足的情况下，取经济合理的胶凝材料用量。

$$m_{b0}=\frac{m_{w0}}{W/B} \tag{3.14}$$

矿物掺合料在混凝土中的掺量应通过试验确定。钢筋混凝土中矿物掺合料最大掺量宜符合表 3.40 的规定；预应力钢筋混凝土中矿物掺合料最大掺量宜符合表 3.41 的规定。每立方米混凝土的矿物掺合料用量（m_{f0}）计算应按式（3.15）计算：

$$m_{f0}=m_{b0}\beta_f \tag{3.15}$$

式中 m_{f0}——计算配合比每立方米混凝土中矿物掺合料用量，kg/m^3；

β_f——矿物掺合料掺量，%。

表 3.40　　钢筋混凝土中矿物掺合料最大掺量

矿物掺合料种类	水胶比	最大掺量/%	
		采用硅酸盐水泥时	采用普通硅酸盐水泥时
粉煤灰	≤0.40	45	35
	>0.40	40	30
粒化高炉矿渣粉	≤0.40	65	55
	>0.40	55	45
钢渣粉	—	30	20
磷渣粉	—	30	20
硅灰	—	10	10
复合掺合料	≤0.40	65	55
	>0.40	55	45

注　1. 采用其他通用硅酸盐水泥时，宜将水泥混合材料掺量20%以上的混合材量计入矿物掺合料；
2. 复合掺合料中各组分的掺量不宜超过单掺时的最大掺量；
3. 在混合使用两种或两种以上矿物掺合料时，矿物掺合料总掺量应符合表中复合掺合料的规定。对基础大体积混凝土，粉煤灰、粒化高炉矿渣粉和复合掺合料的最大掺量可增加5%。

表 3.41　　预应力钢筋混凝土中矿物掺合料最大掺量

矿物掺合料种类	水胶比	最大掺量/%	
		采用硅酸盐水泥时	采用普通硅酸盐水泥时
粉煤灰	≤0.40	35	30
	>0.40	25	20
粒化高炉矿渣粉	≤0.40	55	45
	>0.40	45	35
钢渣粉	—	20	10
磷渣粉	—	20	10
硅灰	—	10	10
复合掺合料	≤0.40	55	45
	>0.40	45	35

注　1. 采用其他通用硅酸盐水泥时，宜将水泥混合材料掺量20%以上的混合材量计入矿物掺合料；
2. 复合掺合料中各组分的掺量不宜超过单掺时的最大掺量；
3. 在混合使用两种或两种以上矿物掺合料时，矿物掺合料总掺量应符合表中复合掺合料的规定。对基础大体积混凝土，粉煤灰、粒化高炉矿渣粉和复合掺合料的最大掺量可增加5%。

每立方米混凝土的水泥用量（m_{c0}）应按下式计算：

$$m_{c0}=m_{b0}-m_{f0} \tag{3.16}$$

式中　m_{c0}——每立方米混凝土中水泥用量，kg/m^3。

4. 选用合理的砂率（β_s）

砂率（β_s）应根据骨料的技术指标、混凝土拌和物性能和施工要求，参考既有历史资料确定。当缺乏砂率的历史资料时，混凝土砂率的确定应符合下列规定：坍落度小于10mm的混凝土，其砂率应经试验确定；坍落度为10～60mm的混凝土砂率，可根据粗骨料品种、最大公称粒径及水胶比按表3.42选取。坍落度大于60mm的混凝土砂率，其砂率可经试验确定，也可在表3.42的基础上，按坍落度每增大20mm、砂率增大1%的幅度予以调整。

表3.42　　混凝土的砂率　　%

水胶比 (W/B)	卵石最大公称粒径/mm			碎石最大粒径/mm		
	10.0	20.0	40.0	16.0	20.0	40.0
0.40	26～32	25～31	24～30	30～35	29～34	27～32
0.50	30～35	29～34	28～33	33～38	32～37	30～35
0.60	33～38	32～37	31～36	36～41	35～40	33～38
0.70	36～41	35～40	34～39	39～44	38～43	36～41

注 1. 本表数值系中砂的选用砂率，对细砂或粗砂，可相应地减少或增大砂率；
2. 采用人工砂配制混凝土时，砂率可适当增大；
3. 只用一个单粒级粗骨料配制混凝土时，砂率应适当增大；
4. 对薄壁构件，砂率宜取偏大值。

5. 混凝土粗、细骨料用量计算

粗、细骨料的用量可用质量法和体积法求得。

当采用质量法计算混凝土配合比时，粗、细骨料的用量应按式（3.17）计算；砂率按式（3.18）计算：

$$m_{f0}+m_{c0}+m_{g0}+m_{s0}+m_{w0}=m_{cp} \tag{3.17}$$

$$\beta_s=\frac{m_{s0}}{m_{g0}+m_{s0}}\times 100\% \tag{3.18}$$

式中 m_{g0}——每立方米混凝土的粗骨料用量，kg/m^3；

m_{s0}——每立方米混凝土的细骨料用量，kg/m^3；

β_s——砂率，%；

m_{cp}——每立方米混凝土的假定质量，kg，可取2350～2450kg；

m_{w0}——每立方米混凝土的用水量，kg/m^3。

当采用体积法计算混凝土配合比时，砂率按式（3.18）计算，粗、细骨料的用量应按式（3.19）计算：

$$\frac{m_{c0}}{\rho_c}+\frac{m_{f0}}{\rho_f}+\frac{m_{g0}}{\rho_g}+\frac{m_{s0}}{\rho_s}+\frac{m_{w0}}{\rho_w}+0.01\alpha=1 \tag{3.19}$$

式中 ρ_c——水泥密度，kg/m^3，可按现行国家标准《水泥密度测定方法》（GB/T 208—2014）测定，也可取2900～3100kg/m^3；

ρ_f——矿物掺合料密度，kg/m^3，可按现行国家标准《水泥密度测定方法》（GB/T 208—2014）测定；

ρ_g——粗骨料的表观密度，kg/m^3，应按现行国家标准《建设用卵、碎石》（GB/T 14685—2011）测定；

ρ_s——细骨料的表观密度，kg/m³，应按现行国家标准《建设用砂》（GB/T 14684—2011）测定；

ρ_w——水的密度，kg/m³，可取 1000kg/m³；

α——混凝土的含气量百分数，在不使用引气剂或引气型外加剂时，α 可取为 1。

通过以上步骤，可将水泥、水、砂、石子的用量求出，得出初步计算配合比。

应注意的是：以上混凝土配合比计算，均以干燥状态骨料为基准（干燥状态骨料是指含水率小于 0.5%的细骨料或含水率小于 0.2%的粗骨料），如需以饱和面干骨料为基准进行计算，则应作相应修改。

3.4.2.3　混凝土配合比的试配、和易性调整与基准配合比的确定

以上求出的各种材料用量，即初步配合比是借助于一些经验公式和数据计算出来的，或是利用经验资料查得的，因而不一定能符合实际情况。如不一定满足实际工程和易性要求，必须经过试拌调整，直到混凝土拌合物的和易性符合要求为止，然后提出供检验混凝土强度用的基准配合比。

3.10

1. 试配

混凝土试配时，试验室成型条件应符合现行国家标准《普通混凝土拌合物性能试验方法标准》（GB/T 50080—2016）的规定。

每盘混凝土的最小搅拌量有如下规定：骨料最大粒径不大于 31.5mm 时为 20L；骨料最大粒径为 40mm 时为 25L；当采用机械搅拌时，搅拌量且不应小于搅拌机公称容量的 1/4 且不应大于搅拌机的公称容量。

在计算配合比的基础上进行试拌。宜在水胶比不变、胶凝材料用量和外加剂用量合理的原则下调整胶凝材料用量、外加剂用量和砂率等，直到混凝土拌合物性能符合设计和施工要求，然后提出试拌配合比—基准配合比。

调整混凝土拌合物和易性的方法：当坍落度低于设计要求时，可保持水灰比不变，适当增加水泥浆量；若坍落度过大，则可在砂率不变的条件下增加砂石用量；如出现含砂不足，黏聚性和保水性不良，可适当增加砂率，反之应减小砂率。每次调整后再试拌，直到和易性符合要求为止。

在试拌配合比—基准配合比的基础上，进行混凝土强度试验，并应至少采用三个不同的配合比。当采用三个不同的配合比时，其中一个为试拌配合比—基准配合比，另外两个配合比的水胶比宜较试拌配合比分别增加和减少 0.05，用水量应与试拌配合比相同，砂率可分别增加和减少 1%。

进行混凝土强度试验时，应继续保持拌合物性能符合设计和施工要求，并检验其坍落度或维勃稠度、黏聚性、保水性及表观密度等，作为相应配合比的混凝土拌合物性能指标。

每种配合比至少应制作一组试件，标准养护到 28d 或设计强度要求的龄期时试压；也可同时多制作几组试件，按《早期推定混凝土强度试验方法标准》（JGJ/T 15—2008）早期推定混凝土强度，用于配合比调整，但最终应满足标准养护 28d 或设计规定龄期的强度要求。

2. 配合比的调整和确定

根据三个不同配合比的混凝土强度试验结果，绘制强度和水胶比的线性关系图，用图解法或插值法求出与略大于配制强度的强度对应的胶水比，包括混凝土强度试验中的一个满足配制强度的水胶比；用水量（m_w）应在试拌配合比用水量的基础上，根据混凝土强度试验时实测的拌合物性能情况做适当调整；胶凝材料用量（m_b）应以用水量乘以图解法或插值法求出的水胶比计算得出；粗骨料和细骨料用量（m_g 和 m_s）应在用水量和胶凝材料用量调整的基础上，进行相应调整。

测试调整的配合比的混凝土拌合物表观密度。当实测值与计算值之差的绝对值不超过计算值的 2%时，调整的配合比可维持不变；当二者之差超过 2%时，应将配合比中每项材料用量均乘以校正系数 δ。

配合比应按以下规定进行校正。

调整后的配合比按式（3.20）计算混凝土拌合物的表观密度计算值 $\rho_{c,c}$：

$$\rho_{c,c}=m_c+m_f+m_g+m_s+m_w \tag{3.20}$$

按式（3.21）计算混凝土配合比校正系数 δ：

$$\delta=\frac{\rho_{c,t}}{\rho_{c,c}} \tag{3.21}$$

式中　$\rho_{c,t}$——混凝土拌合物表观密度实测值，kg/m^3；

$\rho_{c,c}$——混凝土拌合物表观密度计算值，kg/m^3。

配合比调整后，应测定拌合物水溶性氯离子含量，并应对设计要求的混凝土耐久性能进行试验，符合设计规定的氯离子含量和耐久性能要求的配合比方可确定为设计配合比。

生产单位可根据常用材料设计出常用的混凝土配合比备用，并应在使用过程中予以验证或调整。当对混凝土性能有特殊要求、水泥外加剂或矿物掺合料品种质量有显著变化或该配合比的混凝土生产间断半年以上时，应重新进行配合比设计。

实验室得出的配合比，是以干燥材料为基准的，而工地存放的砂、石材料都含有一定的水分。所以，现场材料的实际称量应按工地砂、石的含水情况进行修正，修正后的配合比，叫作施工配合比。

假设施工工地测出砂的含水率为 $a\%$、石子的含水率为 $b\%$，则上述实验室配合比换算成施工配合比为（每 $1m^3$ 各材料用量，单位 kg）

$$\left.\begin{aligned} m_c'&=m_c\\ m_s'&=m_s\ (1+a\%)\\ m_g'&=m_g\ (1+b\%)\\ m_w'&=m_w-m_s a\%-m_g b\% \end{aligned}\right\} \tag{3.22}$$

3.4.3　混凝土配合比设计实例

【工程实例分析 3.8】某工程预制钢筋混凝土梁（不受风雪影响）。混凝土设计强度等级为 C25，要求强度保证率为 95%。施工要求坍落度为 30～50mm（混凝土由机械搅拌，机械振捣），该施工单位无历史统计资料。

采用材料：普通硅酸盐水泥 32.5 级（实测 28d 强度为 38.0MPa），密度 $\rho_c=$

3.1g/cm^3；中砂，表观密度 ρ_{0s}=2.65g/cm^3，堆积密度 ρ'_{0s}=1.50g/cm^3；碎石，粒径5～40mm，表观密度 ρ_{0g}=2.70g/cm^3，堆积密度 ρ'_{0g}=1.55g/cm^3；水为自来水。试设计该混凝土的配合比（以干燥状态为准）。施工现场砂含水率为3%，碎石含水率为1%，求施工配合比。

解：1. 初步计算配合比的参数

（1）确定配制强度（$f_{cu,0}$）

根据保证率及混凝土设计强度等级C25，查下表得 σ=5.0MPa。

标 准 差 σ 值

混凝土强度标准值	≤C20	C25～C45	C50～C55
σ/MPa	4.0	5.0	6.0

根据式（3.6）求得

$$f_{cu,0}=25+1.645\times5.0=33.2\text{（MPa）}$$

（2）确定水灰比（W/C）

用碎石，取 α_a=0.46，α_b=0.07，根据式（3.9）得

$$\frac{W}{C}=\frac{\alpha_a f_{ce}}{f_{cu,o}+\alpha_a\alpha_b f_{ce}}=\frac{0.46\times38.0}{33.2+0.46\times0.07\times38.0}=0.51 \quad (3.23)$$

查表4.32知最大水灰比为0.65，故取 W/C=0.51。

（3）确定单位用水量（m_{w0}）

查表3.34，取 m_{w0}=175kg。

如果按式（4.11），$m_{w0}=\frac{10}{3}(T+K)$ 求出 m_{w0} 用量。

取 T=5cm，查表4.13，取 K=48.5，则

$$m_{w0}=\frac{10}{3}(T+K)=\frac{10}{3}\times(5+48.5)=178\text{（kg）}$$

以上两个结果很接近，所以暂取 m_{w0}=175kg。

（4）计算水泥用量（m_{c0}）

$$m_{c0}=m_{w0}\times\frac{1}{w/c}=175\times\frac{1}{0.51}=343.1\text{（kg）}$$

查表3.32，最小水泥用量为260kg，所以取 m_{c0}=343kg。

（5）确定砂率（β_s）

查表3.42，取 β_s=35%。

按式（3.13）进行计算。其中

$$P'=\left(1-\frac{\rho'_{0g}}{\rho_{0g}}\right)\times100\%=\left(1-\frac{1.55}{2.7}\right)\times100\%=43\%$$

取 k=1.2，则 $\beta_s=1.2\times0.43\times\frac{0.43\times1.50}{0.43\times1.50+1.55}\times100\%=35\%$

计算结果与查表结果相同。

（6）计算粗、细骨料用量（m_{g0}、m_{s0}）

1）绝对体积法。根据式（3.15）则有

$$\left.\begin{aligned}\frac{343}{3.1}+\frac{m_{g0}}{2.70}+\frac{m_{s0}}{2.65}+175+10\times 1=1000\\ \frac{m_{s0}}{m_{s0}+m_{g0}}\times 100\%=35\%\end{aligned}\right\}$$

联立解得：$m_{g0}=1228\text{kg}$，$m_{s0}=661\text{kg}$。因此，该混凝土初步计算配合比为

$$m_{c0}:m_{s0}:m_{g0}=343:661:1228=1:1.93:3.58,\ W/C=0.51$$

2）假定表观密度法。假定混凝土表观密度$\rho'_{0h}=2400\text{kg/m}^3$，根据式（3.15）则有

$$\left.\begin{aligned}343+m_{g0}+m_{s0}+175=2400\\ \frac{m_{s0}}{m_{s0}+m_{g0}}\times 100\%=35\%\end{aligned}\right\}$$

联立解得：$m_{g0}=1223\text{kg}$，$m_{s0}=659\text{kg}$。

计算结果与绝对体积法相近。

2. 初步配合比的试拌调整（以绝对体积法结果为例）

（1）和易性调整。按初步计算配合比试拌15L，其材料用量：

水泥	0.015×343=5.15（kg）
砂	0.015×661=9.92（kg）
石	0.015×1228=18.42（kg）
水	0.015×175=2.63（kg）

搅拌均匀后，做坍落度试验，测得坍落度为20mm。增加水泥浆用量3%，即水泥用量增至5.30kg，水用量增至2.71kg，砂用量保持不变，搅拌后测得坍落度为60mm，黏聚性、保水性均良好。经调整后各材料用量为：水泥5.30kg，砂9.92kg，碎石18.42kg，水2.71kg，其总量为36.35kg。

（2）强度复核。采用水灰比0.46、0.51和0.56三个不同配合比（水灰比为0.46和0.56得两个配合比也经过坍落度试验调整，坍落度均满足要求），测定出三个配合比混凝土拌和物表观密度分别为2410kg/m³、2405kg/m³、2400kg/m³。28d强度实测结果，三组中水灰比为0.51的一组，既满足试配强度要求，又较节约水泥。因此，该组配合比可确定为实验室配合比。

（3）实验室配合比的计算（根据实测混凝土表观密度校正）。水灰比为0.51的配合比，试拌调整后各材料的用量如下：$m_{c0b}=5.30\text{kg}$，$m_{s0b}=9.92\text{kg}$，$m_{g0b}=18.42\text{kg}$，$m_{w0b}=2.71\text{kg}$，总量为36.35kg。因此，实验室配合比为

$$m_c=\frac{m_{c0b}}{m_{c0b}+m_{w0b}+m_{s0b}+m_{g0b}}\times\rho_{0h实}=\frac{5.30}{36.35}\times 2405=350\ (\text{kg})$$

同理可得

$$m_s=\frac{9.92}{36.35}\times 2405=656\ (\text{kg})$$

$$m_g=\frac{18.42}{36.35}\times 2405=1219\ (\text{kg})$$

$$m_w=\frac{2.71}{36.35}\times 2405=179\ (\text{kg})$$

所以，实验室配合比为

$$m_c : m_s : m_g = 350 : 656 : 1219 = 1 : 1.87 : 3.48,\ W/C = 0.51$$

3. 现场施工配合比

考虑砂含水率 3%，碎石含水率 1%，故施工配合比

$$m_c' = m_c = 350\text{kg}$$

$$m_s' = m_s(1 + a\%) = 656 \times (1 + 0.03) = 675\ (\text{kg})$$

$$m_g' = m_g(1 + b\%) = 1219 \times (1 + 0.01) = 1231\ (\text{kg})$$

$$m_w' = m_w - m_s a\% - m_g b\% = 179 - 656 \times 3\% - 1219 \times 1\% = 147\ (\text{kg})$$

所以现场施工配合比

$$m_c' : m_s' : m_g' = 350 : 675 : 1231 = 1 : 1.93 : 3.52,\ W'/C' = 0.42$$

3.4.4　有特殊要求的混凝土配合比设计

3.11

3.4.4.1　抗渗混凝土配合比设计

1. 抗渗混凝土的原材料

水泥宜采用普通硅酸盐水泥；粗骨料宜采用连续级配，其最大公称粒径不宜大于 40.0mm，含泥量不得大于 1.0%，泥块含量不得大于 0.5%；细骨料宜采用中砂，含泥量不得大于 3.0%，泥块含量不得大于 1.0%；抗渗混凝土宜掺用外加剂和矿物掺合料；粉煤灰应采用 F 类，并不应低于Ⅱ级。

2. 抗渗混凝土配合比参数要求

抗渗混凝土配合比最大水胶比应符合表 3.43 规定，且每立方米混凝土中的胶凝材料用量不宜小于 320kg、砂率宜为 35%～45%。

3. 配合比设计中混凝土抗渗技术要求

配合比设计中混凝土抗渗技术要求应符合下列规定：配制抗渗混凝土要求的抗渗水压值应比设计值提高 0.2MPa；抗渗试验结果应符合下式要求：

$$p_t \geqslant \frac{P}{10} + 0.2 \qquad (3.24)$$

表 3.43　抗渗混凝土最大水胶比

设计抗渗等级	最大水胶比	
	C20～C30	C30 以上混凝土
P6	0.60	0.55
P8～P12	0.55	0.50
>P12	0.50	0.45

式中　p_t——6 个试件中不少于 4 个未出现渗水时的最大水压值（MPa）；

P——设计要求的抗渗等级值。

掺用引气剂的抗渗混凝土，应进行含气量试验，含气量宜控制在 3.0%～5.0%。

3.4.4.2　抗冻混凝土配合比设计

1. 抗冻混凝土的原材料应符合下列规定

抗冻混凝土的原材料应符合下列规定：应采用硅酸盐水泥或普通硅酸盐水泥；宜选用连续级配的粗骨料，其含泥量不得大于 1.0%，泥块含量不得大于 0.5%；细骨料含泥量不得大于 3.0%，泥块含量不得大于 1.0%；粗、细骨料均应进行坚固性试验，并应符合现行国家及行业标准的规定；

钢筋混凝土和预应力混凝土不应掺用含有氯盐的外加剂。

2. 抗冻混凝土配合比参数要求

抗冻混凝土配合比应符合下列规定：最大水胶比和最小胶凝材料用量应符合表3.44的规定；复合矿物掺合料掺量应符合表3.45的规定；其他矿物掺合料掺量应符合表3.42的规定；长期处于潮湿或水位变动的寒冷环境以及盐冻环境的混凝土应掺用引气剂。引气剂掺量应根据混凝土含气量要求经试验确定；掺用引气剂的混凝土最小含气量应符合表3.46的规定，最大不宜超过7.0%。

表3.44　　抗冻混凝土的最大水胶比和最小胶凝材料用量

设计抗冻等级	最大水胶比		最小胶凝材料用量
	无引气剂时	掺引气剂时	
F50	0.55	0.60	300
F100	0.50	0.55	320
不低于F150	—	0.50	350

表3.45　　抗冻混凝土中复合矿物掺合料掺量限值

矿物掺合料种类	水胶比	对应不同水泥品种的矿物掺合料掺量/%	
		硅酸盐水泥	普通硅酸盐水泥
复合矿物掺合料	≤0.40	≤60	≤50
	>0.40	≤50	≤40

注　1. 采用硅酸盐水泥和普通硅酸盐水泥之外的通用硅酸盐水泥时，混凝土中水泥混合材和复合矿物掺合料用量之和应不大于普通硅酸盐水泥（混合材掺量按20%计）混凝土中水泥混合材和复合矿物掺合料用量之和。
2. 复合矿物掺合料中各矿物掺合料组分的掺量不宜超过表3.40及表3.41中单掺时的限量。

表3.46　　掺用引气剂的混凝土最小含气量

粗骨料最大公称粒径/mm	混凝土最小含气量/%	
	潮湿或水位变动的寒冷和严寒环境	盐冻环境
40.0	4.5	5.0
25.0	5.0	5.5
20.0	5.5	6.0

注　含气量为气体占混凝土体积的百分比。

3.4.4.3 高强混凝土配合比设计

1. 强度等级高于C60的混凝土配合比设计原材料

强度等级高于C60的混凝土配合比设计原材料应符合下列规定：应选用硅酸盐水泥或普通硅酸盐水泥；粗骨料最大公称粒径不宜大于25.0mm，针片状颗粒含量不宜大于5.0%；含泥量不应大于0.5%，泥块含量不应大于0.2%；细骨料的细度模数宜为2.6～3.0，含泥量不应大于2.0%，泥块含量不应大于0.5%；宜采用减水率不小于25%的高性能减水剂；宜复合掺用粒化高炉矿渣粉、粉煤灰和硅灰等矿物掺合料；粉煤灰应采用F类，并不应低于Ⅱ级；强度等级不低于C80的高强混凝土宜掺用硅灰。

2. 高强混凝土配合比参数确定

高强混凝土配合应经试验确定。在缺乏试验依据的情况下，高强混凝土配合比设计的水胶比、胶凝材料用量和砂率宜按表3.47要求，并应经试配确定：

表3.47 高强混凝土水胶比、胶凝材料用量和砂率

强度等级	水胶比	胶凝材料用量/(kg/m³)	砂率/%
>C60，<C80	0.28～0.33	480～560	35～42
≥C80，<C100	0.26～0.28	520～580	
C100	0.24～0.26	550～600	

外加剂和矿物掺合料的品种、掺量，应通过试配确定；矿物掺合料掺量宜为25%～40%；硅灰掺量不宜大于10%；水泥用量不宜大于500kg/m³。

3. 高强混凝土配合比的调整、确定

在试配过程中，应采用三个不同的配合比进行混凝土强度试验，其中一个可为计算后调整拌合物的试拌配合比，另外两个配合比的水胶比，宜较试拌配合比分别增加和减少0.02。

高强混凝土设计配合比确定后，尚应用该配合比进行不少于三盘混凝土的重复试验，每盘混凝土应至少成型一组试件，每组混凝土的抗压强度不应低于配制强度。高强混凝土抗压强度宜采用标准试件通过试验测定；使用非标准尺寸试件时，尺寸折算系数应由试验确定。

3.4.4.4 泵送混凝土配合比设计

1. 泵送混凝土配合比设计原材料

泵送混凝土配合比设计原材料应符合下列规定：泵送混凝土宜选用硅酸盐水泥、普通硅酸盐水泥、矿渣硅酸盐水泥和粉煤灰硅酸盐水泥，泵送混凝土的胶凝材料用量不宜小于300kg/m³；粗骨料宜采用连续级配，其针片状颗粒含量不宜大于10%；粗骨料的最大公称粒径与输送管径之比宜符合表3.48的规定。

泵送混凝土宜采用中砂，其通过公称直径315μm筛孔的颗粒含量不宜少于15%；泵送混凝土应掺用泵送剂或减水剂，并宜掺用粉煤灰等矿物掺合料。

表3.48 粗骨料的最大公称粒径与输送管径之比

粗骨料品种	泵送高度/m	粗骨料最大公称粒径与输送管径之比
碎石	<50	≤1∶3.0
	50～100	≤1∶4.0
	>100	≤1∶5.0
卵石	<50	≤1∶2.5
	50～100	≤1∶3.0
	>100	≤1∶4.0

2. 泵送混凝土配合比参数确定

混凝土试配时砂率宜为 35%～45%；混凝土试配时要求的坍落度值应按下式计算：

$$T_t = T_p + \Delta T \qquad (3.25)$$

式中 T_t——试配时要求的坍落度值；

T_p——入泵时要求的坍落度值；

ΔT——试验测得的预计出机到泵送时间段内的坍落度经时损失值。

3.4.4.5 体积混凝土配合比设计

1. 大体积混凝土所用的原材料

大体积混凝土所用的原材料应符合下列规定：大体积混凝土宜采用中、低热硅酸盐水泥或低热矿渣硅酸盐水泥，水泥的 3d 和 7d 水化热应符合标准规定；当采用硅酸盐水泥或普通硅酸盐水泥时应掺加矿物掺合料，胶凝材料的 3d 和 7d 水化热分别不宜大于 240kJ/kg 和 270kJ/kg。水化热试验方法应按现行国家标准《水泥水化热测定方法》GB/T 12959—2008 执行；粗骨料宜为连续级配，最大公称粒径不宜小于 31.5mm，含泥量不应大于 1.0%；细骨料宜采用中砂，含泥量不应大于 3.0%；宜掺用矿物掺合料和缓凝型减水剂；当设计采用混凝土 60d 或 90d 龄期强度时，宜采用标准试件进行抗压强度试验。

2. 大体积混凝土配合比参数

大体积混凝土配合比参数应符合下列规定：水胶比不宜大于 0.55，用水量不宜大于 175kg/m^3。在保证混凝土性能要求的前提下，宜提高每立方米混凝土中的粗骨料用量；砂率宜为 38%～42%。在保证混凝土性能要求的前提下，应减少胶凝材料中的水泥用量，提高矿物掺合料掺量，混凝土中矿物掺合料掺量应符合表 3.40 及表 3.41 的规定。

3. 大体积混凝土配合比试配和调整

大体积混凝土配合比控制混凝土绝热温升不宜大于 50℃；配合比应满足施工对混凝土凝结时间的要求。

任务 3.5 混凝土的质量控制及强度评定

3.5.1 混凝土的质量控制

混凝土在施工过程中由于原材料、施工条件、试验条件等许多复杂因素的影响，其质量总是波动的。

3.7 Ⓟ

为了使混凝土的质量变化满足规范要求，就必须在施工过程中对原材料、坍落度、强度等各个方面进行质量控制。由于混凝土的抗压强度与混凝土其他性能有相关性，能较好地反映出混凝土的全面质量，因此工程中常以混凝土抗压强度作为重要的质量控制指标。

3.5.1.1 材料进场质量检验和质量控制

混凝土原材料包括水泥、掺合料、外加剂和骨料，运至工地的原材料需具有出厂合格证和品质试验报告，同时使用单位还应进行验收检验。下面仅对水泥和骨料作简单介绍。

3.12 ▶

(1) 水泥。按每 200～400t 同厂家、同品种、同强度等级的水泥为一取样单位，不足200t也作一取样单位。按照国家标准《水泥取样标准》(GB/T 12573—2008)取样。取样应有代表性，可以连续取，也可以从20个以上不同部位等量取样，总量不少于12kg。验收检验项目有强度、细度、安定性、标准稠度需水量、凝结时间，品质检验标准详见项目1。

(2) 骨料。细骨料应按同料源每600～1200t为一批，检测项目有细度模数、石粉含量(人工砂)、含泥量、泥块含量和含水率。粗骨料应按同料源、同规格碎石每2000t为一批，卵石每1000t为一批，检测项目有：超径、逊径、针片状含量、含泥量、泥块含量和D20级骨料的中径筛筛余量。

混凝土原材料质量控制应在混凝土搅拌楼(或站)进行。检测项目和频率(次数)如表3.49所示。

表3.49　　混凝土原材料质量控制抽检

序号	检测项目		检测频率	备注
1	水泥	细度、安定性、强度 全面性能	2次/周 1次/月	在拌和楼抽样每厂每个品种
2	砂	砂细度模数、石粉含量或含泥量 含水量	2～3次/d 2次/班	在拌和楼抽样
3	石	超径、逊径含量 含水量	1～2次/d 2次/班	有二次筛分装置应在拌和楼二次筛分后抽样
4	掺合料	需水量比 细度、烧失量	1～2次/d 1次/周	在拌和楼抽样
5	减水剂	配制溶液浓度 使用溶液浓度	1～2次/池 1～2次/班	在配制车间(材料应称量)抽样 在拌和楼抽样
6	引气剂	配制溶液浓度、表面张力 使用溶液浓度、表面张力	1～2次/池 1～2次/班	在配制车间(材料应称量)抽样 在拌和楼抽样

3.5.1.2 新拌混凝土的质量检验和质量控制

在混凝土拌和生产中，应定期对混凝土拌合物的均匀性、拌和时间进行检验，如发现问题应立即处理。混凝土拌合物均匀性检验方法按《混凝土搅拌机》(GB/T 9142—2000)和《水工混凝土试验规程》(SL 352—2006)进行，由混凝土拌合物均匀性试验，决定混凝土最佳拌和时间。混凝土拌合物的均匀性主要取决于搅拌机机型、拌和时间和投料顺序等。

新拌混凝土的质量控制贯穿整个拌和过程，质量检验项目和检验频率如表3.50所示。

表3.50　　混凝土拌和与混凝土拌合物性能检验项目和频率

检验项目	检验频率	检验项目	检验频率
原材料称量	2～3次/8h	含气量(有抗冻要求时，必检)	1次/4h
拌和时间	2次/8h	出机口温度	(有要求时)1次/4h
稠度	1～2次/4h		

3.5.1.3　混凝土强度的检验

现场混凝土质量检验以抗压强度为主，并以边长 150mm 立方体试件的抗压强度为标准。混凝土试件以机口随机取样为主，每组混凝土的三个试件应在同一贮料斗或运输车箱内的混凝土中取样制作。浇筑地点（仓面）试件取样宜为机口取样数量的 10%。每组三个试件的算术平均值为该组试件的强度代表值，即子样强度值。

大坝混凝土除要成型设计龄期（90d 或 180d）的抗压强度试件外，还要大量成型 28d 龄期试件。工程开工初期还要部分成型早龄期（3d 或 7d）试件，以验证混凝土配制强度选用是否准确，及时修正，以免造成质量事故。

应注意的是，28d 龄期抗压强度用以评定混凝土拌和质量控制水平和预示混凝土强度验收通过与否，设计龄期抗压强度用于强度验收。

在混凝土强度质量控制中，除了须考虑所生产的混凝土强度质量的稳定性之外，还必须考虑符合设计要求的强度等级的合格率，此即强度保证率。它是指在混凝土强度总体中，不小于设计要求的强度等级标准值（$f_{cu,k}$）的概率 P（%）。

3.5.2　混凝土强度的评定

3.5.2.1　混凝土强度波动规律——正态分布

受各方面因素影响，在正常生产施工条件下，混凝土的强度值随机波动，并呈一定的规律性分布，一般接近正态分布规律。其分布曲线，如图 3.22 所示。

混凝土强度分布规律（正态分布）有如下特点：

（1）曲线高峰为混凝土平均强度 f_{cu}，以平均强度为对称轴，左右两边曲线是对称的。距对称轴越远，出现的概率越小，并逐渐趋近于零。

（2）曲线与该坐标轴之间所围成的面积为概率的总和，等于 100%。

（3）曲线对称轴两侧各有一个拐点，拐点距强度平均值的距离即为标准差 σ。

（4）概率分布曲线窄而高，说明强度测定值比较集中，波动较小，混凝土的均匀性好，施工水平较高。如果曲线宽而矮，则说明强度值离散程度大，混凝土的均匀性较差，施工水平较低。

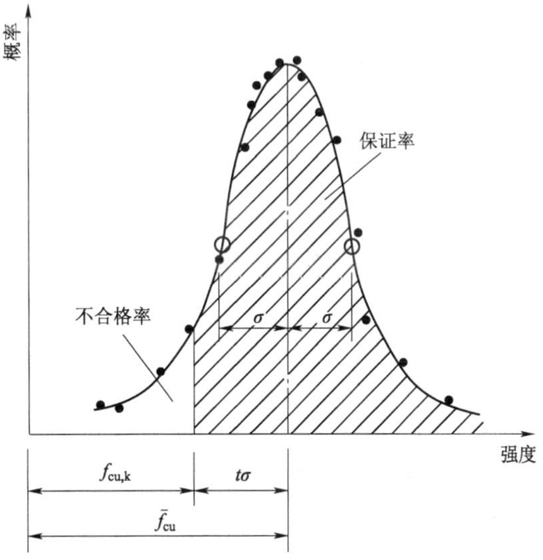

图 3.22　混凝土强度的正态分布曲线及保证率

3.5.2.2　混凝土强度数理统计方法

在数理统计方法中，常用强度平均值、标准差、变异系数和强度保证率等统计参数来综合评定混凝土质量。

1．混凝土强度平均值 $\overline{f}_{cu}$

混凝土强度平均值计算式为

$$\overline{f}_{cu}=\frac{1}{n}\sum_{i=1}^{n}f_{cu,i} \tag{3.26}$$

式中　n——混凝土试件组数；

$f_{cu,i}$——第 i 组混凝土试件的抗压强度试验值，MPa。

在混凝土强度正态分布曲线图（图 3.22）中，强度平均值 f_{cu} 处于对称轴上（即强度概率曲线最高点的横坐标），也称为样本平均值，可代表总体平均值。f_{cu} 仅代表混凝土强度总体的平均值，但并不说明混凝土强度的波动情况。标准差 σ 和变异系数 C_v 是决定强度分布特性的重要参数。

2．标准差 σ

标准差的计算式为

$$\sigma=\sqrt{\frac{\sum_{i=1}^{n}(f_{cu,i}-\overline{f}_{cu})}{n-1}} \tag{3.27}$$

标准差也称均方差，它表示分布曲线的拐点距强度平均值的距离。σ 值越大，说明其强度离散程度越大，混凝土质量也越不稳定。

3．变异系数 C_v

变异系数的计算式为

$$C_v=\sigma/\overline{f}_{cu} \tag{3.28}$$

变异系数又称离差系数或标准差系数。C_v 值越小，说明混凝土质量越稳定，混凝土生产的质量水平越高。

从生产和使用的角度来说，要得到质量均匀、波动较小的混凝土强度，要求 σ（或 C_v）较小。在施工质量控制中，可用这两个参数作为评定混凝土均匀性的指标。

4．混凝土强度保证率 P

混凝土强度保证率是指混凝土强度总体中大于或等于设计强度所占的概率，以正态分布曲线上的阴影部分面积表示，如图 3.22 所示。亦即统计周期内，同批混凝土试件强度大于或等于设计强度等级的组数占统计周期内混凝土试件总组数的百分率。计算方法为先根据混凝土设计等级（$f_{cu,k}$）、混凝土强度平均值（$\overline{f}_{cu}$）、标准差（σ）或变异系数（C_v）计算出概率度，即

$$t=\frac{f_{cu,k}-\overline{f}_{cu}}{\sigma}\quad 或\quad t=\frac{f_{cu,k}-\overline{f}_{cu}}{C_v\overline{f}_{cu}} \tag{3.29}$$

再根据 t 值，由表 3.51 查得保证率 P（%）。

表 3.51　　　　**不同 t 值的保证率 P**

t	0.00	0.50	0.84	1.00	1.20	1.28	1.40	1.60
P/%	50.0	69.2	80.0	84.1	88.5	90.0	91.9	94.5
t	1.645	1.70	1.81	1.88	2.00	2.05	2.33	3.00
P/%	95.0	95.5	96.5	97.0	97.7	99.0	99.4	99.87

工程中 P（%）值可根据统计周期内，混凝土试件强度不低于要求强度等级标准值的组数 N_0 与试件总数 N（$N \geqslant 25$）之比求得。

5. 混凝土配制强度 $f_{cu,0}$

从上述分析可知，如果混凝土的平均强度（f_{cu}）与设计强度等级（$f_{cu,k}$）相等，强度保证率系数 $t=0$，此时保证率为 50%，亦即只有 50%的混凝土强度大于等于设计强度等级，工程质量难以保证。因此，必须适当提高混凝土的配制强度，以提高保证率。

$$f_{cu,0} \geqslant f_{cu,k} - t\sigma \tag{3.30}$$

根据我国《混凝土强度检验评定标准》（GB/T 50107—2000）及《混凝土结构设计规范》（GB 50010—2010）的规定，立方体抗压强度标准值应为按标准方法制作和养护的边长为 100mm 的立方体试件，用标准试验方法在 28d 龄期测得的混凝土抗压强度总体分布中的一个值，强度低于该值的概率应为 5%。即同批试件的统计强度保证率不得小于 95%。

$$f_{cu,0} \geqslant f_{cu,k} + 1.645\sigma \tag{3.31}$$

值得注意的是，由于水利水电混凝土工程包括大坝、水闸和水电站厂房等多种建筑物，混凝土强度的评定和验收标准各不相同，其强度保证率也稍有不同，电站厂房保证率为 95%，水闸工程为 90%，大坝混凝土为 80%，相应概率度 t 值可查表 3.51，代入式（3.33）计算即可。

3.5.2.3　混凝土强度检验评定标准

根据《混凝土强度检验评定标准》（GB/T 50107—2000）的规定，混凝土强度评定方法可分为统计方法和非统计方法两种。

1. 采用统计方法评定时应按下列规定进行评定

（1）当连续生产的混凝土，生产条件在较长时间内保持一致，且同一品种、同一强度等级混凝土的强度变异性保持稳定时，一个检验批的样本容量应为连续的 3 组试件，其强度应同时符合下列规定：

$$m_{f_{cu}} \geqslant f_{cu,k} + 0.7\sigma_0 \tag{3.32}$$

$$f_{cu,min} \geqslant f_{cu,k} - 0.7\sigma_0 \tag{3.33}$$

检验批混凝土立方体抗压强度的标准差应按下式计算：

$$\sigma_0 = \sqrt{\frac{\sum_{i=1}^{n}(f_{cu,i}^2 - nm_{f_{cu}}^2)}{n-1}} \tag{3.34}$$

当混凝土强度等级不高于 C20 时，其强度的最小值尚应满足下式要求：

$$f_{cu,min} \geqslant 0.85 f_{cu,k} \tag{3.35}$$

当混凝土强度等级高于C20时，其强度的最小值尚应满足下列要求：

$$f_{cu,min} \geqslant 0.90 f_{cu,k} \tag{3.36}$$

式中　$m_{f_{cu}}$——同一检验批混凝土立方体抗压强度的平均值，N/mm^2；精确到 $0.1N/mm^2$；

$f_{cu,k}$——混凝土立方体抗压强度标准值，N/mm^2；精确到 $0.1N/mm^2$；

σ_0——检验批混凝土立方体抗压强度的标准差，N/mm^2；精确到 $0.01N/mm^2$。当检验批混凝土强度标准差σ_0 计算值小于 $2.0N/mm^2$ 时，应取 $2.5N/mm^2$；

$f_{cu,i}$——前一个检验期内同一品种、同一强度等级的第 i 组混凝土试件的立方体抗压强度代表值，N/mm^2，精确到 $0.1N/mm^2$；该检验期不应少于60d，也不得大于90d；

n——前一检验期内的样本容量，在该期间内样本容量不应少于45；

$f_{cu,min}$——同一检验批混凝土立方体抗压强度的最小值，N/mm^2；精确到 $0.1N/mm^2$。

（2）当样本容量不少于10组时，其强度应同时满足下列要求：

$$m_{f_{cu}} \geqslant f_{cu,k} + \lambda_1 S_{f_{cu}} \tag{3.37}$$

$$f_{cu,min} \geqslant \lambda_2 f_{cu,k} \tag{3.38}$$

其他情况应按本标准第5.1.3条的规定进行评定。

同一检验批混凝土立方体抗压强度的标准差应按下式计算：

$$S_{f_{cu}} = \sqrt{\frac{\sum_{i=1}^{n}(f_{cu,i}^2 - nm_{f_{cu}}^2)}{n-1}} \tag{3.39}$$

$$f_{cu,min} \geqslant 0.90 f_{cu,k} \tag{3.40}$$

式中　$S_{f_{cu}}$——同一检验批混凝土立方体抗压强度的标准差，N/mm^2；精确到 $0.01N/mm^2$。当检验批混凝土强度标准差σ_0 计算值小于 $2.5N/mm^2$ 时，应取 $2.5N/mm^2$；

λ_1、λ_2——合格评定系数，按表3.52取用；

n——本检验期内的样本容量；

$f_{cu,min}$——同一检验批混凝土立方体抗压强度的最小值，N/mm^2；精确到 $0.1N/mm^2$。

表3.52　　混凝土强度的合格评定系数

试件组数	10～14	15～19	≥20
λ_1	1.15	1.05	0.95
λ_2	0.90	0.85	

2. 非统计方法评定

当用于评定的样本容量小于10组时，应采用非统计方法评定混凝土强度。按非统计方法评定混凝土强度时，其强度应同时符合下列规定：

$$m_{f_{cu}} \geqslant \lambda_3 f_{cu,k} \tag{3.41}$$

$$f_{cu,min} \geqslant \lambda_4 f_{cu,k} \tag{3.42}$$

式中 λ_3、λ_4——合格评定系数，按表3.53取用；

混凝土强度的合格性评定：

按混凝土是否连续生产、生产条件在较长时间内是否保持一致及样本容量大小根据上述规定进行混凝土强度的合格性评定。当检验结果满足以上规定时，则该批混凝土强度应评定为合格；当不能满足上述规定时，该批混凝土强度应评定为不合格。对评定为不合格批的混凝土，可按国家现行的有关标准进行处理。

表3.53 混凝土强度的非统计法合格评定系数

混凝土强度等级	<60	≥60
λ_3	1.15	1.10
λ_4	0.95	

任务3.6 其他种类混凝土

项目3主要讲述的是最基本、应用最普遍的普通混凝土。当然，混凝土品种很多，分别具有特殊的性能和施工方法，适用于某一特殊领域。如泵送混凝土、喷射混凝土、碾压混凝土等。随着技术的进步，新型混凝土品种也会时有出现。下面介绍几种常用混凝土品种。

3.6.1 高强高性能混凝土

高强混凝土为采用水泥、砂、石、高效减水剂等外加剂和粉煤灰、超细矿渣、硅灰等矿物掺合料，以常规工艺配制的C50～C80级混凝土。

根据《高强混凝土结构技术规程》(CECS 104：99)，将强度等级大于等于C50的混凝土称为高强混凝土；将具有良好的施工和易性和优异耐久性，且均匀密实的混凝土称为高性能混凝土；同时具有上述各性能的混凝土称为高强高性能混凝土；而《普通混凝土配合比设计规程》(JGJ 55—2011) 中则将强度等级不小于C60的混凝土称为高强混凝土；《混凝土结构设计规范》(GB 50010—2010) 则未明确区分普通混凝土或高强混凝土，只规定了钢筋混凝土结构的混凝土强度等级不应低于C15，混凝土强度范围为C15～C80。综合国内外对高强混凝土的研究和应用实践，以及现代混凝土技术的发展，将大于等于C60的混凝土称为高强度混凝土是比较合理的。

获得高强高性能混凝土的最有效途径主要有掺高性能混凝土外加剂和活性掺合料，并同时采用高强度等级的水泥和优质骨料。对于具有特殊要求的混凝土，还可掺用纤维材料提高抗拉、抗弯性能和冲击韧性；也可掺用聚合物等提高密实度和耐磨性。常用的外加剂有高效减水剂、高效泵送剂、高性能引气剂、防水剂和其他特种外加剂。常用的活性混合材料有Ⅰ级粉煤灰或超细磨粉煤灰、细磨矿粉、沸石粉、偏高岭土、硅粉等，有时也可掺适量超细磨石灰石粉或石英粉。常用的纤维材料有钢纤维、聚酯纤维和玻璃纤维等。

3.6.1.1 高强高性能混凝土的原材料

1. 水泥

水泥的品种通常选用硅酸盐水泥和普通水泥，也可采用矿渣水泥等。强度等级选择一般为：C50～C80混凝土宜用强度等级42.5的水泥；C80以上选用更高强度的水泥。1m^3混凝土中的水泥用量要控制在500kg以内，且尽可能降低水泥用量。水泥和矿物掺合料的总量不应大于600kg/m^3。

2. 掺合料

（1）硅粉：它是生产硅铁时产生的烟灰，故也称硅灰，是高强混凝土配制中应用最早、技术最成熟、应用较多的一种掺合料。硅粉中活性SiO_2含量达90%以上，比表面积达15000m^2/kg以上，火山灰活性高，且能填充水泥的空隙，从而极大地提高混凝土密实度和强度。硅灰的适宜掺量为水泥用量的5%～10%。

研究结果表明，硅粉对提高混凝土强度十分显著，当外掺6%～8%的硅灰时，混凝土强度一般可提高20%以上，同时可提高混凝土的抗渗、抗冻、耐磨、耐碱—骨料反应等耐久性能。但硅灰对混凝土也带来不利影响，如增大混凝土的收缩值、降低混凝土的抗裂性、减小混凝土流动性、加速混凝土的坍落度损失等。

（2）细磨矿粉：通常将矿渣磨细到比表面积350m^2/kg以上，从而具有优异的早期强度和耐久性。掺量一般控制在20%～50%之间。矿粉的细度越大，其活性越高，增强作用越显著，但磨粉成本也大大增加。与硅粉相比，增强作用略逊，但其他性能优于硅粉。

（3）优质粉煤灰：一般选用Ⅰ级灰，利用其内含的玻璃微珠润滑作用，降低水灰比，以及细粉末填充效应和火山灰活性效应，提高混凝土强度和改善综合性能。掺量一般控制在20%～30%之间。Ⅰ级粉煤灰的作用效果与矿粉相似，且抗裂性优于矿粉。

（4）沸石粉：天然沸石含大量活性SiO_2和微孔，磨细后作为混凝土掺合料能起到微粉和火山灰活性功能，比表面积500m^2/kg以上，能有效改善混凝土粘聚性和保水性，并增强了内养护，从而提高混凝土后期强度和耐久性，掺量一般为5%～15%。

（5）偏高岭土：偏高岭土是由高岭土（$Al_2O_3 \cdot 2SiO_2 \cdot 2H_2O$）在700～800℃条件下脱水制得的白色粉末，平均粒径1～2μm，SiO_2和Al_2O_3含量90%以上，特别是Al_2O_3较高。在混凝土中的作用机理与硅粉及其他火山灰相似，除了微粉的填充效应和对硅酸盐水泥的加速水化作用外，主要是活性SiO_2和Al_2O_3与Ca（OH）$_2$作用生成CSH凝胶和水化铝酸钙（C_4AH_{13}、C_3AH_6）水化硫铝酸钙（C_2ASH_8）。由于其极高的火山灰活性，故有超级火山灰（Super-Pozzolan）之称。

研究结果表明，掺入偏高岭土能显著提高混凝土的早期强度和长期抗压强度、抗弯强度及劈裂抗拉强度。由于高活性偏高岭土对钾、钠和氯离子的强吸附作用和对水化产物的改善作用，能有效抑制混凝土的碱—骨料反应和提高抗硫酸盐腐蚀能力。J. Bai的研究结果表明，随着偏高岭土掺量的提高，混凝土的坍落度将有所下降，因此需要适当增加用水量或高效减水剂的用量。A. Dubey的研究结果表明，混凝土中掺入高活性偏高岭土能有效改善混凝土的冲击韧性和耐久性。

我国《高强高性能混凝土用矿物外加剂》(GB/T 18736—2002) 规定了用于高强高性能混凝土用矿物外加剂的技术性能要求。见表3.54。

表3.54　　高强高性能混凝土用矿物外加剂的技术要求

试验项目			指标							
			磨细矿渣			磨细粉煤灰		磨细天然沸石		硅灰
			Ⅰ	Ⅱ	Ⅲ	Ⅰ	Ⅱ	Ⅰ	Ⅱ	
化学性能	MgO/%，≤		14			1		—		—
	SO_3/%，≤		4			3		—		—
	烧失量/%，≤		3			5	8	—		6
	Cl/%，≤		0.02			0.02		0.02		0.02
	SiO_2/%，≥		—			—		—		85
	吸铵值/mmol/100g，≥		—			—		130	100	—
物理性能	比表面积/m^2/kg，≥		750	550	350	600	400	700	500	15000
	含水率/%，≤		1.0			1.0		—	—	3
胶砂性能	需水量比/%，≤		100			95	105	110	115	125
	活性指数	3d/%，≥	85	70	55	—	—	—	—	—
		7d/%，≥	100	85	75	80	75	—	—	—
		28d/%，≥	115	105	100	90	85	90	85	85

3. *外加剂*

高效减水剂（或泵送剂）是高强高性能混凝土最常用的外加剂品种，减水率一般要求大于20%，以最大限度降低水灰比，提高强度。为改善混凝土的施工和易性及提供其他特殊性能，也可同时掺入引气剂、缓凝剂、防水剂、膨胀剂、防冻剂等。掺量可根据不同品种和要求根据需要选用。

4. *砂、石料*

一般宜选用级配良好的中砂，细度模数宜大于2.6。含泥量不应大于1.5%，当配制C70以上混凝土，含泥量不应大于1.0%。有害杂质控制在国家标准以内。

石子宜选用碎石，最大骨料粒径一般不宜大于25mm，强度宜大于混凝土强度的1.20倍。对强度等级大于C80的混凝土，最大粒径不宜大于20mm。针片状含量不宜大于5%，含泥量不应大于1.0%，对强度等级大于C100的混凝土，含泥量不应大于0.5%。

3.6.1.2 高强高性能混凝土的主要技术性质

（1）高强混凝土的早期强度高，但后期强度增长率一般不及普通混凝土。故不能用普通混凝土的龄期—强度关系式（或图表），由早期强度推算后期强度。如C60～C80混凝土，3d强度约为28d的60%～70%；7d强度约为28d的80%～90%。

（2）高强高性能混凝土由于非常致密，故抗渗、抗冻、抗碳化、抗腐蚀等耐久性指标均十分优异，可极大地提高混凝土结构物的使用年限。

（3）由于混凝土强度高，因此构件截面尺寸可大大减小，从而改变“肥梁胖柱”的现状，减轻建筑物自重，简化地基处理，并使高强钢筋的应用和效能得以充分利用。

（4）高强混凝土的弹性模量高，徐变小，可大大提高构筑物的结构刚度。特别是对预应力混凝土结构，可大大减小预应力损失。

（5）高强混凝土的抗拉强度增长幅度往往小于抗压强度，即拉压比相对较低，且随着强度等级提高，脆性增大，韧性下降。

（6）高强混凝土的水泥用量较大，故水化热大，自收缩大，干缩也较大，较易产生裂缝。

3.6.1.3　高强高性能混凝土的应用

高强高性能混凝土作为建设部推广应用的十大新技术之一，是建设工程发展的必然趋势。发达国家早在20世纪50年代即已开始研究应用。我国约在20世纪80年代初首先在轨枕和预应力桥梁中得到应用。高层建筑中应用则始于20世纪80年代末，进入20世纪90年代以来，研究和应用增加，北京、上海、广州、深圳等许多大中城市已建设了多幢高强高性能混凝土建筑。

随着国民经济的发展，高强高性能混凝土在建筑、道路、桥梁、港口、海洋、大跨度及预应力结构、高耸建筑物等工程中的应用将越来越广泛，强度等级也将不断提高，C50～C80的混凝土将普遍得到使用，C80以上的混凝土将在一定范围内得到应用。

3.6.2　轻混凝土

干表观密度［试件在温度为（105±5）℃的条件下干燥至恒重后测定］不大于1950kg/m³的水泥混凝土称为轻混凝土。轻混凝土包括轻骨料混凝土、多孔混凝土和无砂大孔混凝土。

轻混凝土的主要特点为：

（1）表观密度小。轻混凝土与普通混凝土相比，其表观密度一般可减小1/4～3/4，使上部结构的自重明显减轻，从而显著地减少地基处理费用，并且可减小柱子的截面尺寸。又由于构件自重产生的恒载减小，因此可减少梁板的钢筋用量。此外，还可降低材料运输费用，加快施工进度。

（2）保温性能良好。材料的表观密度是决定其导热系数的最主要因素，因此轻混凝土通常具有良好的保温性能，降低建筑物使用能耗。

（3）耐火性能良好。轻混凝土具有保温性能好、热膨胀系数小等特点，遇火强度损失小，故特别适用于耐火等级要求高的高层建筑和工业建筑。

（4）力学性能良好。轻混凝土的弹性模量较小、受力变形较大，抗裂性较好，能有效吸收地震能，提高建筑物的抗震能力，故适用于有抗震要求的建筑。

（5）易于加工。轻混凝土中，尤其是多孔混凝土，易于打入钉子和进行锯切加工。这对于施工中固定门窗框、安装管道和电线等带来很大方便。

轻混凝土在主体结构的中应用尚不多，主要原因是价格较高。但是，若对建筑物进行综合经济分析，则可收到显著的技术和经济效益，尤其是考虑建筑物使用阶段的节能效益，其技术经济效益更佳。主要用作有保温要求的墙体、屋面或各种热工构筑物的保温层，适用于高层建筑和桥梁工程。同时由于多孔结构易于加工，给施工中固定门窗框、安装管道和电线等带来很大方便。

3.6.2.1 轻骨料混凝土

用轻骨料、水泥和水配制的，干表观密度不大于1950kg/m^{3}的混凝土称为轻骨料混凝土（又称轻集料混凝土）。粗、细骨料均为轻骨料者，称为全轻混凝土；细骨料全部或部分采用普通砂者，称为砂轻混凝土。

轻骨料按来源不同分为三类：①天然轻骨料（如浮石、火山渣及轻砂等）；②工业废料轻骨料（如粉煤灰陶粒、膨胀矿渣、自燃煤矸石等）；③人造轻骨料（如膨胀珍珠岩、页岩陶粒、黏土陶粒等）。轻骨料混凝土常用骨料的名称命名，如粉煤灰陶粒混凝土、黏土陶粒混凝土、膨胀珍珠岩混凝土等。

轻骨料混凝土的变形比普通混凝土大，弹性模量较小，极限应变大，利于改善构筑物的抗震性能或抵抗动荷载能力。轻骨料混凝土的收缩和徐变比普通混凝土相应地大20%～50%和30%～60%，热膨胀系数则比普通混凝土低20%左右。

轻骨料混凝土强度等级与普通混凝土相似，按边长150mm立方体试件，在标准试验方法条件下测得28d龄期的具有95%保证率的抗压强度值（MPa）确定。其分为CL5.0、CL7.5、CL10、CL15、CL20、CL25、CL30、CL35、CL40、CL45及CL50等若干个强度等级。

强度等级为CL5.0的称为保温轻骨料混凝土，表观密度为300～800kg/m^3，主要用于维护结构或热工构筑物保温；强度等级≤CL15的称为结构保温轻骨料混凝土，表观密度为800～1000kg/m^3，用于既承重又需保温的围护结构；强度等级≥CL15的称为结构轻骨料混凝土，表观密度为1000～1900kg/m^3，用于承重构件或构筑物。

影响轻骨料混凝土强度的因素很多，其中表观密度和轻骨料的质量及用量是最重要的因素。一般来说，表观密度越大，强度相对越大；轻粗骨料颗粒坚固者，所配出的混凝土强度较高；反之，则强度较低。

轻骨料混凝土配制时需注意，保温及结构保温轻骨料混凝土用的轻骨料，其最大粒径不宜大于40mm。结构轻骨料混凝土的轻骨料最大粒径不宜大于20mm。轻骨料混凝土的砂率一般比普通混凝土的砂率略大。

3.6.2.2 多孔混凝土

多孔混凝土中无粗、细骨料，内部充满大量细小封闭的孔，孔隙率高达60%以上。多孔混凝土根据制作工艺（发泡机制）不同，可分为加气混凝土、泡沫混凝土和充气混凝土。它们各自靠添加加气剂（主要为铝粉膏）、泡沫剂和高压空气来产生多孔结构。

根据养护方法不同，多孔混凝土可分为蒸压多孔混凝土和非蒸压（蒸养或自然养护）多孔混凝土两种。由于蒸压加气混凝土在生产和制品性能上有较多优越性，以及可以大量地利用工业废渣，故近年来发展应用较为迅速。

多孔混凝土质轻，其表观密度通常为300～800kg/m^3；保温性能优良；可加工性好，可锯、可刨、可钉、可钻，并可用胶粘剂黏结。

蒸压加气混凝土适用于承重和非承重的内墙和外墙，框架结构中的非承重墙，也可用做承重和保温合一的屋面板和隔墙板。也可将加气混凝土和普通混凝土预制成复合墙板，用作外墙板。蒸压加气混凝土还可做成各种保温制品，如管道保温壳等。

泡沫混凝土的技术性质和应用与相同表观密度的加气混凝土大体相同，也可在现场直接浇筑，用作屋面保温层。

3.6.2.3　大孔混凝土

大孔混凝土指无细骨料的混凝土，按其粗骨料的种类，可分为普通无砂大孔混凝土和轻骨料大孔混凝土两类。普通无砂大孔混凝土是用碎石、卵石、重矿渣等配制而成的，轻骨料大孔混凝土则是用陶粒、浮石、碎砖、煤渣等配制而成的。有时为了提高大孔混凝土的强度，也可掺入少量细骨料，这种混凝土称为少砂混凝土。

普通无砂大孔混凝土的表观密度为1500～1900kg/m^3，抗压强度为3.5～10MPa；轻骨料大孔混凝土的表观密度为500～1500kg/m^3，抗压强度为1.5～7.5MPa。

大孔混凝土的导热系数小，保温性能好，收缩一般较普通混凝土小30%～50%，抗冻性优良。

大孔混凝土宜采用单一粒级的粗骨料，如粒径为10～20mm或10～30mm，不允许采用粒径小于5mm和大于40mm的骨料；水泥宜采用强度等级为32.5或42.5的水泥；水灰比可在0.30～0.40取用，应以水泥浆能均匀包裹在骨料表面不流淌为准。

大孔混凝土适用于制作墙体小型空心砌块、砖和各种板材，也可用于现浇墙体。普通无砂大孔混凝土还可制成滤水管、滤水板等，广泛应用于市政工程。

3.6.3　纤维混凝土（纤维增强混凝土）

纤维混凝土是以混凝土为基材，外掺各种纤维材料而成的水泥基复合材料。纤维一般可分为两类：一类为高弹性模量的纤维，包括钢纤维、玻璃纤维和碳纤维等；另一类为低弹性模量的纤维，如尼龙、聚丙烯、人造丝以及植物纤维等。目前，实际工程中使用的纤维混凝土有钢纤维混凝土、玻璃纤维混凝土、聚丙烯纤维混凝土及石棉水泥制品等。以下仅对钢纤维混凝土、玻璃纤维混凝土及合成纤维混凝土作简单介绍。

3.6.3.1　钢纤维混凝土

普通钢纤维混凝土主要用低碳钢钢纤维，耐热钢纤维混凝土等则用不锈钢钢纤维。钢纤维的外形有平直形、端钩形、大头形、异形等多种。

钢纤维混凝土广泛应用于道路工程、机场地坪及跑道、防爆及防震结构，以及要求抗裂、抗冲刷和抗气蚀的水利工程、地下洞室的衬砌、建筑物的维修等。施工方法除普通的浇筑法外，还可用泵送灌注法、喷射法及制作预制构件法。

3.6.3.2　玻璃纤维混凝土

玻璃纤维混凝土是采用抗碱玻璃纤维和低碱水泥配制而成的。玻璃纤维混凝土的抗冲击性、耐热性、抗裂性等都十分优越，但其长期耐久性有待进一步考查，故现阶段主要用于非承重结构或次要承重结构，如屋面瓦、天花板、下水道管、渡槽、粮仓等。

3.6.3.3 合成纤维混凝土

目前，常用的合成纤维主要有聚丙烯纤维和碳纤维等。

聚丙烯纤维（也称丙纶纤维）价格便宜，对混凝土增强效果并不显著，但可显著提高混凝土的韧性、抗冲击性和阻裂能力。聚丙烯纤维不锈蚀，具有良好的耐酸、耐碱性能，但会氧化，应包裹一定厚度的混凝土。

碳纤维属高强度、高弹性模量的纤维，成本较高，作为一种新材料目前应用于国防、航天、造船、机械工业等尖端工程。碳纤维增强水泥混凝土具有高强、高抗裂、高抗冲击韧性、高耐磨等多种优越性能，在飞机场跑道等工程中应用获得了很好的效果。

3.6.4 喷射混凝土

喷射混凝土是用压缩空气喷射施工的混凝土。喷射方法有干式喷射法、湿式喷射法、半湿喷射法及水泥裹砂喷射法等。

喷射混凝土采用的水灰比较小（常为0.40～0.45），因此混凝土较密实，强度也较高。同时，混凝土与岩石、砖、钢材及老混凝土等具有很高的黏结强度，可以在黏结面上传递一定的拉应力和剪应力，使其与被加固材料一起承担荷载。

喷射混凝土所用水泥要求快凝、早强、保水性好，不得有受潮结块现象，多采用强度等级为32.5MPa以上的新鲜普通水泥，并需加入速凝剂，也可再加入减水剂，以改善混凝土性能。

喷射混凝土的强度及密实性均较高，一般28d抗压强度均在20MPa以上，抗拉强度在1.5MPa以上，抗渗等级在P8以上。喷射混凝土广泛应用于薄壁结构、地下工程、边坡及基坑的加固、结构物维修工程、耐热工程、防护工程等。在高空或施工场所狭小的工程中，喷射混凝土更有明显的优越性。

3.6.5 水工混凝土

水工混凝土是指经常或周期性地经受环境水作用的水工建筑物整体或局部所用的混凝土。这种混凝土是河川及水电站枢纽工程、港口及航道工程较为常用的混凝土。

水工建筑物所用混凝土多为大体积混凝土。由于其各位置所处工况不同，为了节省水泥和降低工程造价，在满足强度和耐久性要求的条件下，会将建筑物分区，按区块使用相应强度等级的混凝土。

除高拱坝和重力坝的个别部位外，大坝混凝土对水泥强度等级要求并不高。坝体外部水位变化区的混凝土、大坝溢流面及受冻融作用部位的混凝土，所用水泥强度等级要高于内部用水泥。温度应力是大坝混凝土产生裂缝的重要原因，故要求用于大坝的水泥具有较低的水化热。骨料质量对水工混凝土性能和水泥用量影响很大，且水工建筑物对骨料需求量相当庞大，故须严格控制骨料质量和最大粒径。水工混凝土往往使用减水剂和引气剂及复合外加剂，以保证混凝土的强度和提高耐久性。

3.6.6 道路混凝土

道路混凝土主要是指路面混凝土，也称混凝土路面、刚性路面或白色路面。道路混凝土必须具有良好的耐久性，以抵抗常年的风吹日晒、雨水冲刷及冰雪冻融的侵蚀。为保证道路混凝土的耐久性、耐磨性和抗冻性，除有抗弯、抗拉强度规定外，其抗压强度不应低于30MPa。

道路混凝土应选用抗弯拉强度高、收缩性小、耐磨性强、抗冻性好的水泥，一般采用普通硅酸盐水泥。粗骨料除应符合相关标准的规定外，抗压强度须满足80～120MPa，磨耗率在4%～6%。

3.6.7 防水混凝土（抗渗混凝土）

防水混凝土是通过各种方法提高混凝土抗渗性能，以达到抗渗等级等于或大于P6的混凝土。其一般是通过混凝土组成材料的质量改善，合理选择混凝土配合比和骨料级配，以及掺加适量外加剂，达到混凝土内部密实或是堵塞混凝土内部毛细管通路，使混凝土具有较高的抗渗性能。目前，常用的防水混凝土按其配制方法大体可分为普通防水混凝土、外加剂防水混凝土、膨胀水泥混凝土三类。

3.6.7.1 普通防水混凝土

普通防水混凝土主要通过较多的水泥浆和砂浆来降低混凝土的孔隙率，特别是开口孔隙率来实现防水目的。配制时，优先采用普通硅酸盐水泥或火山灰质硅酸盐水泥，混凝土水灰比不得大于0.6，砂率不宜小于35%。普通防水混凝土抗渗等级可达到P6～P12，其施工简便，但对施工控制与施工质量要求严格，适用于一般工业与民用建筑及公共建筑的地下防水工程。

3.6.7.2 外加剂防水混凝土

外加剂防水混凝土质量可靠，是目前主要使用的防水混凝土。利用外加剂来显著降低混凝土的孔隙率或改变混凝土的孔结构，或使孔隙表面具有憎水性。常用外加剂有防水剂、引气剂、减水剂、三乙醇胺、MgO等。外加剂防水混凝土品种多，可满足水中结构、地下和一般工程的防水、防渗、抗冻、早强、耐蚀的不同要求，可以根据不同施工环境、工程条件和要求选择合适的品种。

3.6.7.3 膨胀水泥抗渗混凝土

以膨胀水泥为胶结材料配制的防水混凝土，称为膨胀水泥防水混凝土。其适用于地下工程和地上防水构筑物、山洞、非金属油罐和主要工程的后浇缝。膨胀水泥防水混凝土具有胀缩可逆性和良好的自密作用，必须特别注意加强养护。膨胀水泥对温度很敏感，一般宜在不低于5℃的条件下施工。

3.6.8 耐酸混凝土

常用的耐酸混凝土是由水玻璃作胶凝材料、硅氟酸钠为固化剂，与耐酸骨料及掺料按一定比例配制而成的。它能抵抗各种酸和大部分侵蚀气体，但不耐氢氟酸、300℃以上的热磷酸、高级脂肪酸和油酸。

常用的水玻璃有钾水玻璃和钠水玻璃。耐酸骨料和掺料有石英砂粉、瓷粉、铸石粉、文山岩骨料及石粉等。水玻璃耐酸混凝土一般要在温暖（10℃以上）和干燥环境中硬化（禁止浇水），其3d抗压强度为11～12MPa，28d抗压强度不小于15MPa。

耐酸混凝土也可用沥青、硫黄、合成树脂等来配制。

3.6.9 耐热混凝土（耐火混凝土）

耐热混凝土是指能在长期高温作用下保持所需要的物理力学性能的特种混凝土。

它是由适当的胶凝材料、耐热粗细骨料和水按一定比例配制而成的。耐热混凝土的骨料可采用重矿渣、红砖及耐火砖碎块、安山岩、玄武岩、烧结镁砂、铬铁矿等。根据所用胶凝材料的不同，耐热混凝土可分为水玻璃耐热混凝土、硅酸盐水泥耐热混凝土、黏土耐热混凝土、磷酸盐耐热混凝土、铝酸盐水泥耐热混凝土，工作环境的最高温度依次提高。

3.6.10 再生混凝土

一般将废弃混凝土经过清洗、破碎、分级和按一定比例相互配合后得到的骨料称为再生骨料，而把利用再生骨料作为部分或全部骨料配制的混凝土叫作再生骨料混凝土，也可简称为再生混凝土。

再生混凝土的开发应用从根本上解决了天然骨料日益缺乏及大量混凝土废弃物造成生态环境日益恶化等问题，保证了人类社会的可持续发展。目前，国内外对再生混凝土基本特性的研究成果都表明了再生混凝土基本性能满足普通混凝土的性能要求，将其应用于工程结构是可行的。

再生混凝土骨料的物理力学性能与天然骨料相比有较大差异，表现为表观密度低、吸水率高、含泥量高、压碎指标低。配制混凝土时，需要掺加一定活性掺合料以改善再生混凝土抗气渗性能和抗氯离子渗透性能。但目前再生骨料主要用于配制中低强度的混凝土，用在道路面层和垫层，而在建筑物承重结构中一般用得很少，应用范围还相当窄。

3.6.11 绿色混凝土（环保混凝土）

绿色混凝土是利用特殊配合比的混凝土形成可供植物根系生长的空间，并通过采用化学方法和植物生长技术，创造出能使植物生长的条件。这种新型混凝土是集岩土工程力学、生物学、土壤学、肥料学、材料学和环境生态学于一体的综合环保技术的成果。

绿色混凝土具有不怕雨水冲刷、不怕碾压、快速绿化等特点，适用于河流护砌、高速公路边坡、市区环岛及住宅小区等公共设施绿化。绿色混凝土既能加固边坡，又能绿化环境、保持水土，从而形成工程建设与环境保护完美结合的绿色植被混凝土面。

绿色高性能混凝土。真正的绿色高性能混凝土应该是节能型混凝土，所使用的水泥必须为绿色水泥。普通水泥生产过程中需要高温煅烧硅质原料和钙质原料，消耗大量的能源。如果采用无熟料水泥或免烧水泥配制混凝土，就能显著降低能耗，达到节能的目的。如碱矿渣水泥利用工业废渣与某些碱金属化合物发生化学反应，替代水泥胶凝材料，可将硅酸盐水泥生产工艺的“两磨一烧”简化为“一磨”，是一种低能耗、低成本的绿色水泥。

绿色水泥工业是指研究开发、改进水泥生产工艺及技术装备，循环利用生产和生活中的废渣和废料，提高资源利用率和二次能源回收率，达到节能、节约资源的目的。如哈尔滨水泥厂6号窑每天生产2500t高质量绿色水泥的同时，可处理包括毒鼠强、废弃电池等特种垃圾在内的城市可燃垃圾和工业废弃物400t，由于回转窑内气体温度达1500℃左右，可使垃圾中99.99%以上的有机有害成分分解，实现了低成本、易实施、无再生垃圾、完全彻底地处理城市垃圾，是城市垃圾处理的最佳途径之一。

此外还有再生混凝土，生态混凝土。

【工程实例分析3.9】粉煤灰聚丙烯纤维混凝土在水利工程中的应用。

现象：某套闸工程为大（2）型水工建筑物，工程规模为12（16）m×190m×25m。套闸上下闸首为空箱结构，闸室分12节，每节长16m，采用分离式坞式结构；导航墙为钢筋混凝土扶壁结构，闸门为三角门，液压启闭。套闸上下闸首、闸室墙、上下游导航墙近20000m^3混凝土量，混凝土设计强度等级C25，采用泵送施工工艺。为防止混凝土产生温度收缩裂缝，在混凝土中掺入粉煤灰、聚丙烯纤维（PPF）、缓凝减水剂，取得了较好效果。

原因分析：混凝土中掺入粉煤灰和缓凝减水剂，减少了水泥用量，降低了混凝土水化热。掺减水剂的C25泵送粉煤灰混凝土较普通泵送混凝土减少水泥用量约80kg/m^3，理论计算混凝土中掺入减水剂和粉煤灰后水化热较不掺的混凝土温度降低30%左右，同时延缓了水泥水化热峰值出现时间，有利于提高混凝土抗裂性能。

掺入PPF提高了混凝土的力学性能，特别是抗拉性能。试验认为掺入PPF拌制的混凝土，劈裂抗拉强度及极限拉伸值提高较多，弹性模量较低，混凝土的变形能力较好，能阻止混凝土中非结构性微裂缝的发展，从而提高混凝土早期的抗裂能力。原因在于PPF高度分散于混凝土基体中，在混凝土产生裂纹后，高度分散的纤维以及每条纤维表面、两端的微纤可在混凝土基体中充分发挥搭接作用和牵制作用，在混凝土内部构成一种乱向体系，起到次级加强筋的作用，从而有效抵制裂纹的进一步扩展。

在套闸工程的混凝土中复合掺入PPF、Ⅰ级粉煤灰和缓凝高效减水剂，改善了混凝土拌和物的性能，能满足混凝土夏季泵送、浇筑振捣等施工要求。其强度满足设计和《水闸施工规范》（SL 27—2014）对混凝土强度验收的要求，并能阻止混凝土温度收缩裂缝的扩展，提高混凝土早期的抗裂能力。混凝土中复合掺入PPF、粉煤灰、缓凝高效减水剂防裂技术值得在混凝土薄壁结构中推广应用。

项目4 建筑砂浆检测

【项目导入】 项目4建筑砂浆检测中的案例主要来自两个工程项目：第一个工程项目是浑南区国公寨等5个村屯河道标准化治理工程，该工程是由沈阳利鑫土木工程有限公司委托辽宁水利职业学院检测中心试验室完成的水泥检测项目；第二个工程项目是法库县和平乡高标准农田建设项目，该项目是由辽宁睿鑫水利工程有限公司委托辽宁水利职业学院检测中心试验室完成的水泥检验项目。

任务4.1 砂浆拌合物的拌和方法

按照《水工混凝土试验规程》（SL 352—2006）要求，砂浆拌合物的拌和方法应按以下规定执行。

4.1 Ⓟ

4.1.1 人工拌和按以下步骤进行

（1）将拌和用具清洗干净并保持湿润。

（2）将称好的砂料、水泥倒在铁板上，用铁铲拌和至颜色均匀，集中成堆，在堆中挖一凹坑，倒入约2/3的拌和用水，然后将干料与水一起小心拌和至基本均匀，重新将材料集中成堆，做一凹坑，倒入剩余的水，仔细拌和均匀即可。拌和用水不得流失。拌和时间自加水时算起5min内完成。

4.1.2 机械拌和按以下步骤进行

（1）将机内清洗干净并保持湿润。先拌制少量与试验砂浆同配比的砂浆，使搅拌机内壁挂浆，后将剩余料卸出。

（2）将称好的砂料、水泥、水倒入机内，立即开动搅拌机（图4.1），拌和2～3min。

（3）采用机械拌和时，一次拌和量不宜少于搅拌机容量的20%，不宜大于搅拌机容量的80%。

注：拌和间温度保持在（20±5）℃，各种材料温度应与拌和间温度相同。对所拌制的拌合物应避免阳光照射及对着吹风。

图4.1 砂浆搅拌机

任务4.2 新拌砂浆的流动性检测

按照《水工混凝土试验规程》（SL 352—2006）要求，砂浆拌合物的稠度试验应按以下规定执行（本方法适用于稠度小于12cm的砂浆）。

4.2.1 仪器设备

(1) 砂浆稠度仪：由试锥、容器和支座三部分组成，如图4.2所示。试锥高度为145mm、锥底直径为75mm、试锥连同滑杆的质量为300g；盛砂浆容器由钢板制成，筒高为180mm，锥筒上口内径为150mm；支座分底座、支架及稠度显示三个部分，由铸铁、钢及其他金属制成。

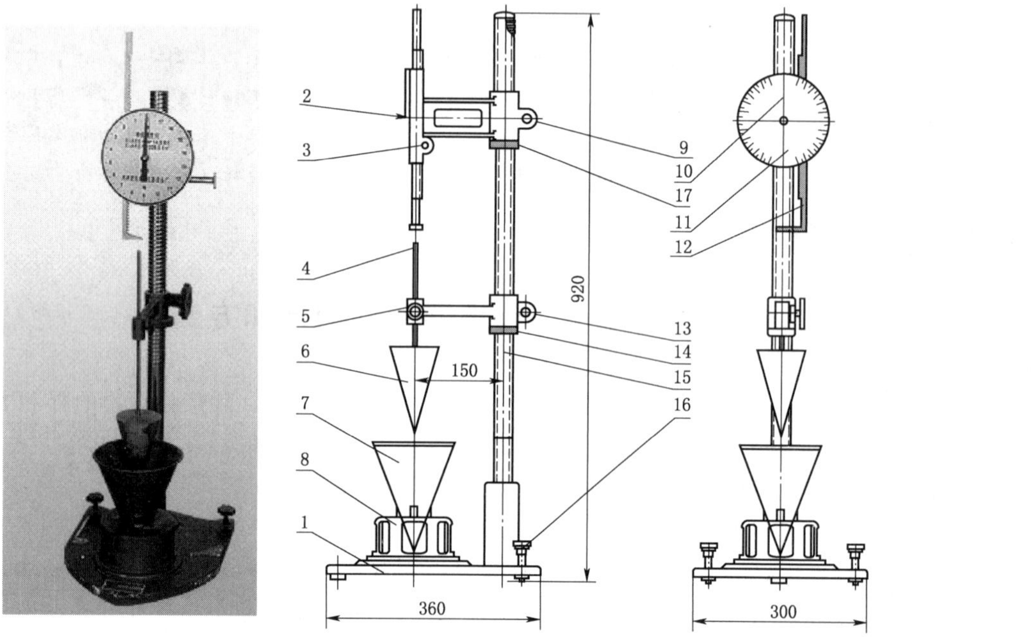

图4.2 砂浆稠度测定仪

1—底盘；2—调节螺丝；3—齿条旋钮；4—试锥滑杆；5—试锥滑杆制动螺栓；6—试锥；7—圆锥形砂浆容器；8—容器座；9—表盘升降架；10—指针及调零螺钮；11—刻度盘；12—齿条测杆；13—手柄；14—试锥架；15—立柱；16—底盘水平调整螺栓；17—锁紧螺母

(2) 捣棒：直径12mm、长250mm、一端为弹头形的金属棒。

(3) 秒表等。

4.2.2 试验步骤

(1) 制备砂浆。

(2) 盛浆容器和试锥表面用湿布擦干净，并用少量润滑油轻擦滑杆，后将滑杆上多余的油用吸油纸擦净，使滑杆能自由滑动。

(3) 将砂浆拌和物一次装入容器，使砂浆表面低于容器口约10mm，用捣棒自容器中心向边缘插捣25次，然后轻轻地将容器摇动或敲击5～6次，使砂浆表面平整，随后将容器至于稠度测定仪的底座上。

(4) 拧开试锥滑杆的制动螺栓，向下移动滑杆，当试锥尖端与砂浆表面刚接触时，拧紧制动螺栓，使齿条测杆下端刚接触滑杆上端，并将指针对准零点。

(5) 拧开制动螺栓，同时计时，经10s立即拧紧制动螺丝，将齿条测杆下端接触滑杆上端，从刻度盘上读出试锥下沉深度（准确至1mm）即为砂浆的稠度值。

（6）圆锥形容器内的砂浆只允许测定一次稠度，重复测定时，应重新取样。

4.2.3　试验结果处理

（1）以两次测值的平均值作为试验结果（准确至1mm）。

（2）两次测值之差如大于20mm，则应另取砂浆搅拌后重新测定。

任务4.3　新拌砂浆的保水性检测

砂浆的保水性可根据泌水率的大小或用分层度来评定。泌水率是指砂浆中泌出的水分占拌和水的百分率。分层度的测定是先将砂浆搅拌均匀，测出其稠度，再装入如图4.3所示分层度筒，静置30min后，去掉上部200mm厚的砂浆，再测出筒下部剩余部分砂浆的稠度，两次稠度之差即为分层度，以mm计。对于试验结果的处理，以两次结果的算术平均值作为砂浆的分层度值，精确至1mm；如果两次分层度值之差大于10mm，则应重做试验。砂浆在静置过程中，由于固体颗粒下沉，水分上浮，使上下层砂浆的稠度发生差异，保水性越差，即分层度越大。

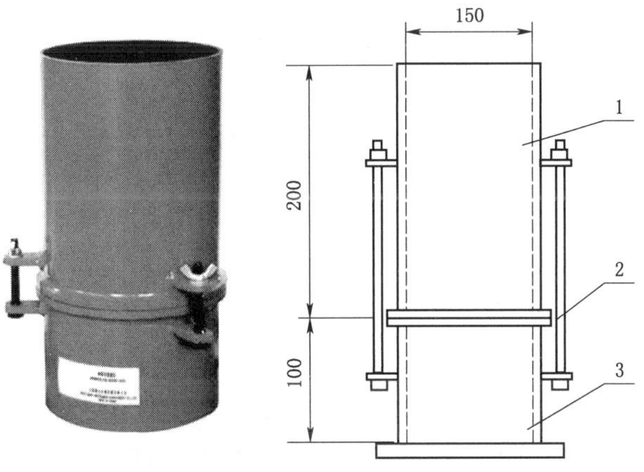

图4.3　砂浆分层度测定仪

1—无底圆筒；2—连接螺栓；3—有底圆筒

砌筑砂浆的分层度指标，是评判砂浆保水性是否良好的主要指标。试验表明，凡保水性能优良的砂浆，黏结强度一般较好，砂浆的黏结强度较抗压强度更为重要，因此，分层度属砂浆的必检项目。建筑砂浆分层度在10～20mm之间为宜，水泥砂浆的分层度不应大于30mm，水泥混合砂浆一般不应超过20mm。分层度大于30mm的砂浆，保水性不良，容易产生离析，不便于施工；分层度接近于零的砂浆，容易产生干缩裂纹。另外，若掺入过量的掺加料会使分层度过小，还会使砂浆强度降低。因此在满足稠度和分层度的前提下，宜减少掺加料的用量。试验表明，水泥砂浆中水泥用量不宜小于200kg/m^3，如果水泥用量太低，不能填满砂子孔隙，砂浆稠度及分层度将无法保证。水泥混合砂浆中胶凝材料和掺加料（石灰膏或黏土膏等）总量应在300～350kg/m^3，以满足砂浆和易性要求。

任务4.4　砂浆抗压强度检测

按照《水工混凝土试验规程》（SL 352—2006）要求，砂浆抗压强度试验应按以下规定执行。

4.4.1 仪器设备

(1) 压力机如图 4.4 所示。

(2) 试模：边长 70.7mm 的立方体金属试模（图 4.5）。试模应具有足够的刚度并拆装方便。试模的内表面应机械加工，其平整度误差不得超过边长的 0.05%。组装后各相邻面的垂直度误差不应超过±0.5°。

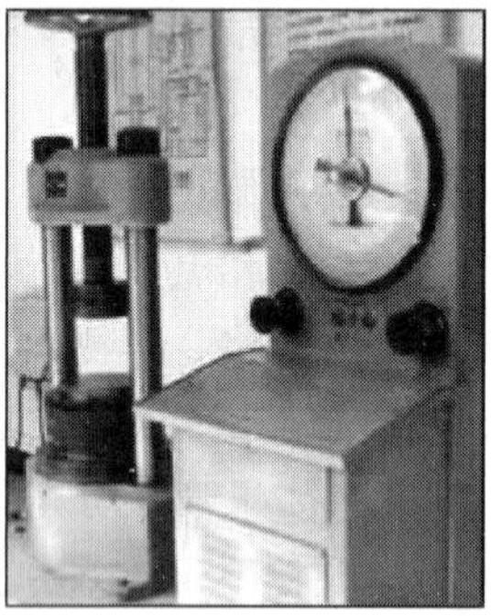

图 4.4 压力试验机

图 4.5 砂浆试模

(3) 捣棒：直径 12mm、长 250mm，一端为弹头型的金属捣棒。

4.4.2 试验步骤

(1) 制备砂浆（检验施工砂浆强度，应从现场取样）。

(2) 在试模内涂一薄层矿物油，装入砂浆并高出模口，用捣棒插捣 25 次。如采用振动台成型时，可振动 15s；如采用跳桌成型时，跳动 120 次。试验以 3 个试件为一组。

(3) 砂浆成型后经 1～2h 用镘刀刮去多余砂浆，并抹平试件表面，编号，在 (20±5)℃温度环境下停置一昼夜 [(24±2) h]，必要时，可适当延长时间，但不应超过两昼夜。试件拆模后，应在标准养护室养护。

(4) 养护至规定龄期，取出试件并擦净表面，立即进行抗压试验。待压试件需用湿布覆盖，以防止试件干燥。

(5) 测量尺寸，并检查其外观。试件尺寸测量准至 1mm，并据此计算试件的承压面积。如实测尺寸与公称尺寸之差不超过 1mm，可按公称尺寸进行计算。

(6) 将试件放在试验机下压板正中间，上下压板与试件之间宜垫以钢垫板。加压方向应与试件捣实方向垂直。开动试验机，当上压板与上垫板行将接触时，如有明显偏斜，应调整球座，使试件均匀受压。

(7) 以 0.3～0.5MPa/s 速度连续而均匀地加荷。当试件接近破坏而开始迅速变形时，停止调整试验机油门，直至试件破坏，记录破坏荷载。

4.4.3 试验结果处理

(1) 砂浆抗压强度按下方公式计算（准确至 0.1MPa）：

$$f_{cc}=\frac{P}{A} \tag{4.1}$$

式中　f_{cc}——抗压强度，MPa；

P——破坏荷载，N；

A——试件受压面积，mm^2。

（2）以3个试件测值的平均值作为该组试件的抗压强度试验结果。单个测值与平均值允许差值为±15%，超过时应将该测值剔除，取余下两个试件值的平均值作为试验结果。如一组中可用的测值少于2个时，该组试验应重做。

任务4.5　专业知识延伸阅读

建筑砂浆是由无机胶凝材料、细骨料和水等材料按适当的比例配制而成，为了改善砂浆的和易性，可掺入适量的外加剂和掺合料。砂浆按其所用的胶凝材料可分为水泥砂浆、石灰砂浆及混合砂浆等。混合砂浆可分为水泥石灰砂浆、水泥黏土砂浆及水泥粉煤灰砂浆等。

建筑砂浆在建筑工程中是一项用量大、用途广的建筑材料。砂浆可以将单块的砖、石、砌块胶结成为砌体，用来修建各种建筑物，如房屋、堤坝、护坡、桥涵等砖石结构物。砂浆还用来粉刷和装修墙面、地面及钢筋混凝土梁、柱等结构表面，并使之具有防水、保温及吸声等功能。根据用途，建筑砂浆可分为砌筑砂浆、抹面砂浆、装饰砂浆及特种砂浆，如绝热、防水、耐酸、小石子砂浆等。

水利工程中应用的主要为水泥砂浆。石灰砂浆及混合砂浆不宜用于地下或水下的砌体工程。砂浆与混凝土的差别仅限于不含粗骨料。因此，有关混凝土和易性、强度和耐久性的基本规律，原则上也适用于砂浆。但砂浆多为薄层铺筑，且常用来砌筑多孔吸水的砖、石材料，以及施工时在现场配制等工作条件及施工工艺特点，对砂浆又提出了与混凝土不同的要求。合理选择和使用砂浆，对保证工程质量，降低成本有着重要意义。

4.5.1　建筑砂浆的组成材料

建筑砂浆的主要组成材料有水泥、掺加料、细集料、外加剂、水等。

4.5.1.1　水泥

普通水泥、矿渣水泥、粉煤灰水泥、火山灰水泥及复合水泥等水泥都可以用来配制砂浆。砌筑水泥是专门用于砌筑砂浆和内墙抹面砂浆的水泥，配成的砂浆具有较好的和易性。对于一些有特殊用途的砂浆，如用于修补裂缝、预制构件嵌缝等的砂浆应采用膨胀水泥，装饰砂浆还用到白水泥、彩色水泥等。

水泥强度等级一般为砂浆强度等级的4～5倍较为适宜，配制水泥砂浆时，水泥强度等级不宜大于32.5级；配制水泥混合砂浆时，不宜大于42.5级。为了合理利用资源、节约材料，在配制砂浆时要尽量采用低强度的水泥和砌筑水泥。如果水泥的强度较高，可掺加适量掺加料，严禁使用废品水泥。

4.5.1.2　掺加料

为了改善砂浆的和易性并节约水泥，可在水泥砂浆中掺入适量的石灰膏、磨细生石灰、粉煤灰或黏土膏等无机材料制成混合砂浆，为了保证砂浆的质量，掺加料应符合下列要求。

1. 石灰膏

石灰膏可由生石灰、磨细生石灰及电石渣制得。

（1）生石灰熟化成石灰膏时，应用孔径不大于3mm×3mm的网过滤，熟化时间不得小于7d，磨细生石灰粉的熟化时间不得小于2d，即应得到充分“陈伏”。沉淀池中贮存的石灰膏，应采取措施防止干燥、冻结和污染。严禁使用脱水硬化的石灰膏。

（2）制作电石灰膏的电石渣应用孔径不大于3mm×3mm的网过滤，检验时应加热至70℃并保持20min，没有乙炔气味后，方可使用。

（3）消石灰粉是未充分熟化的石灰，因为颗粒太粗，起不到改善和易性的作用，故不得直接使用。磨细生石灰粉必须熟化成石灰膏后使用。严寒地区磨细生石灰粉直接加入砌筑砂浆中属冬季施工措施。

2. 黏土膏

采用黏土或亚黏土制备黏土膏时，宜用搅拌机加水搅拌，通过孔径不大于3mm×3mm的网过筛，用比色法鉴定黏土中的有机物含量并浅于标准色。

另外，粉煤灰、磨细生石灰的品质指标应符合现行国家标准的相关要求。使用高钙粉煤灰时，必须检验安定性指标是否合格。

对石灰膏、黏土膏和电石灰膏等，为方便现场施工时对掺量进行调整，统一规定膏状物质试配时的稠度，以便使膏状类物质的含水有一个统一可比的标准，用砂浆稠度仪表示，一般为（120±5）mm。

4.5.1.3 砂子

砂浆用砂与普通混凝土用砂的技术要求相同，且因为砂浆层较薄，还应对砂子最大粒径有所限制。毛石砌体宜选用粗砂，其最大粒径不超过灰缝厚度的1/4～1/5。对于砖砌体以中砂为宜。通常砖砌体中砂的最大粒径为2.5mm，石砌体中为5mm。对于光滑的抹面及勾缝砂浆则应采用细沙，而毛石砌体中石块之间空隙率可高达40%～50%，并且空隙尺寸较大，因此有可能用较大粒径骨料（在砂子中加入20%～30%的粒径为5～10mm或5～20mm的小石子）配制小石子砂浆。

为了保证砂浆的质量，尤其在配制高强度砂浆时，要选用洁净的砂，因此对砂中黏土杂质的含量有所限制。砂浆强度等级不小于M5者，砂中含泥量不大于5%；砂浆强度等级小于M5的水泥混合砂浆，砂中含泥量可不大于10%。这是因为砂子的含泥量与参加的黏土膏是不同的，砂子的含泥是包裹在砂粒表面的泥，而黏土膏是高度分散的微粒，且微粒表面有一层水膜，可以改善砂浆的和易性。

当采用人工砂、山砂、炉渣等作为细骨料时，应根据经验或试配而确定其技术指标，以防发生质量事故。

4.5.1.4 外加剂

为改善砂浆的和易性，除采用石灰膏、黏土膏等之外，还可采用外加剂。砌筑砂浆中掺入外加剂，应符合有关国家标准，并经砂浆性能试验合格后，方可使用。

1. 塑化剂

普通混凝土中采用的引气剂和减水剂对砂浆也有增塑作用。目前，我国生产的砂浆微沫剂，是由松香和纯碱熬制而成的一种憎水性表面活性剂，称为皂化松香。它吸附在水泥颗粒表面，形成皂膜增加水泥分散性，可降低水的表面张力，使砂浆产生大量微小气泡，水泥颗粒之间摩擦阻力减小，砂浆流动性、和易性得到改善。微沫剂掺量应经试验确定，一般为水泥用量的0.5/10000～1.0/10000。

2. 保水剂

常用的保水剂有甲基纤维素、硅藻土等，能减少砂浆泌水，防止离析，改善砂浆和易性。

4.5.1.5 水

砂浆拌和水的技术要求与普通混凝土拌和水相同，未经检验的污水不得使用。

4.5.2 新拌砂浆的和易性

新拌砂浆的和易性是指砂浆是否便于施工并保证质量的综合性质。用和易性好的砂浆来砌砖、石，便于施工操作，灰缝填筑饱满密实，与砖、石黏结牢固，可使砌体获得较高的强度和整体性；和易性不良的砂浆则难以铺成均匀密实的薄层，水分易被砖、石吸收使砂浆很快变得干涩，灰缝难以填实，与砖、石也难以紧密黏结。同样，用和易性良好的砂浆抹面，容易抹成均匀平整的薄层。由于砂浆的施工多为人工操作，因此与混凝土相比，砂浆和易性对工程质量的影响更大。新拌砂浆的和易性，可根据砂浆的流动性和保水性来评定。

4.5.2.1 流动性

砂浆的流动性又称稠度，是指砂浆在自重或外力作用下流动的性能。

砂浆的流动性一般可由施工操作经验来把握。在实验室用砂浆稠度仪测定，即标准圆锥体在砂浆中贯入的深度，也称沉入度，单位用mm表示。

砂浆稠度的大小主要取决于用水量，还受水泥品种和用量，骨料粒径和级配，以及砂浆搅拌时间等因素影响。砂浆的稠度应根据砌体种类、气候条件等选用。对于多孔吸水的砌体材料（如砖砌体），可在50～100mm内选择；相反，对于密实不吸水的材料（如石砌体），可用30～50mm。当天气炎热干燥时应采用较大值；当天气寒冷潮湿时应采用较小值。一般情况可参考表4.1进行选择。

表4.1 **砌筑砂浆稠度**

砌体种类	砂浆稠度/mm	砌体种类	砂浆稠度/mm
烧结普通砖砌体、粉煤灰砖砌体	70～90	石砌体	30～50
烧结多孔砖砌体、烧结空心砖砌体、轻集料混凝土小型空心砌块砌体、蒸压加气混凝土砌块砌体	60～80	混凝土砖砌体、普通混凝土小型空心砌块砌体、灰砂砖砌体	50～70

4.5.2.2 保水性

砂浆的保水性是指砂浆保持水分的能力。保水性不好的砂浆，其塑性也较差，在存放与运输过程中水分容易离析，砌筑时水分容易被砖、石基底吸收，施工较为困难，对砌体质量将会带来不利影响。砂浆的保水性主要取决于其中的集料粒径和细微颗粒含量。如果砂浆选用的集料较粗，水泥用量较少，则组成材料的总表面积小，吸附水分的能力较小，砂浆的保水性较差。因此砂浆中必须有一定数量的细微颗粒才能保证所需的保水性。实践证明，凡是砂浆内胶凝材料充足，尤其是掺用增塑性掺加料（石灰膏或黏土膏等）的砂浆，其保水性都较好。砂浆中掺入适量的外加剂能显著改善砂浆的保水性和流动性。

4.5.3 硬化砂浆的技术性质

砂浆硬化后成为砌体的组成成分之一，应能与砖石结合、传递和承受各种外力，使砌体具有整体性和耐久性。因此，砂浆应具有一定的抗压强度、黏结强度、耐久性及工程所要求的其他技术性质。砂浆与砖石的黏结强度受许多因素影响，如砂浆强度高，砖石表面粗糙、洁净，砖石经充分湿润，灰缝填筑饱满，均有助于提高黏结强度。耐久性主要取决于水灰比。试验结果表明，黏结强度、耐久性均与抗压强度有一定的相关关系，抗压强度高，黏结强度和耐久性随之提高。抗压强度试验简单准确，故工程实践中以抗压强度作为砂浆的主要技术指标。

4.5.3.1 砂浆抗压强度与强度等级

砂浆抗压强度采用边长为70.7mm的立方体，在规定条件下养护28d后测定。按28d抗压强度平均值（MPa），水泥砂浆及预拌砌筑砂浆的强度等级可分为M5、M7.5、M10、M15、M20、M25、M30；水泥混合砂浆的强度等级可分为M5、M7.5、M10、M15。工程中常用的砂浆强度等级为M5、M7.5、M10等，对特别重要的砌体或有较高耐久性要求的工程，宜采用M10以上的砂浆。

4.5.3.2 砂浆抗压强度的影响因素

砂浆不含粗集料，是一种细集料混凝土，因此有关混凝土的强度规律，原则上亦适用于砂浆。影响砂浆强度的因素很多，如水泥的强度等级与用量、水灰比、集料状况、外加剂的品种与数量、掺加料的状况、施工及硬化时的条件等。在实际工程中，多根据具体的组成材料，经过试验来确定其抗压强度。对于普通水泥配置的砂浆，其主要影响因素有下列两种情况。

1. 用于砌筑不吸水基底（致密砖石）的砂浆

砂浆强度的影响因素与普通混凝土相似，主要取决于水泥强度和水灰比。强度公式表示如下：

$$f_{m,o} = Af_{ce}\left(\frac{C}{W} - B\right) \tag{4.2}$$

式中 $f_{m,o}$——砂浆28d试配抗压强度（试件用有底试模成型），MPa；

f_{ce}——水泥28d实测抗压强度，MPa；

C/W——灰水比；

A、B——经验系数，可取$A=0.29$，$B=0.4$。

2. 砌筑多孔吸水基底（砖砌体和其他多孔材料）的砂浆

当原材料及灰砂比相同时，即使砂浆拌和时的稠度有所不同，即用水量稍有不同，但因砂浆具有保水性能，经过基底吸水后，保留在砂浆中的水分大致相同（即有条件地把水量视为一个常量）。因此，砂浆强度主要取决于水泥强度等级和水泥用量。

$$f_{m,o} = \alpha f_{ce}Q_c/1000 + \beta \tag{4.3}$$

式中 $f_{m,o}$——砂浆28d试配抗压强度（试件用无底试模成型），MPa；

Q_c——每立方米砂浆水泥用量，kg；

α、β——经验系数，一般取 $\alpha=3.03$，$\beta=-15.09$；

f_{ce}——水泥28d实测抗压强度，MPa。

4.5.4 砌筑砂浆的配合比设计

根据《砌筑砂浆配合比设计规程》（JGJ/T 98—2010）的规定，砌筑砂浆应根据工程类别及砌体部位的设计要求来选择砂浆的类别与强度等级，再按砂浆的强度等级确定其配合比。

砂浆强度等级确定后，一般情况下，可根据设计、施工要求及组成原材料，查阅有关手册或资料来选择砂浆配合比。如需计算及试验，较精确地确定砂浆配合比，可按下列步骤进行：

（1）计算砂浆试配强度 $f_{m,o}$(MPa)。

（2）按吸水基底强度公式（4.3）计算出每立方米砂浆中的水泥用量 Q_C(kg)。

（3）按水泥用量 Q_C 计算每立方米砂浆中掺加料用量 Q_D(kg)。

（4）确定每立方米砂浆中砂用量 Q_S(kg)。

（5）按砂浆稠度选择每立方米砂浆中用水量 Q_W(kg)。

（6）进行砂浆试配。

（7）配合比确定。

4.5.4.1 砂浆配合比计算

水泥砂浆及水泥混合砂浆配合比计算如下。

1. 水泥混合砂浆配合比计算

（1）砂浆试配强度的确定。

1）计算公式。砂浆的试配强度应按下式计算：

$$f_{m,o}=kf_2 \tag{4.4}$$

式中 $f_{m,o}$——砂浆的试配强度，MPa，应精确至0.1MPa；

f_2——砂浆强度等级值，MPa，应精确至0.1MPa；

k——系数，按表4.2取值。

表4.2 砂浆强度标准差 σ 及 k 值

施工水平	强度标准差 σ/MPa							k
	M5	M7.5	M10	M15	M20	M25	M30	
优良	1.00	1.50	2.00	3.00	4.00	5.00	6.00	1.15
一般	1.25	1.88	2.50	3.75	5.00	6.25	7.50	1.20
较差	1.50	2.25	3.00	4.50	6.00	7.50	9.00	1.25

2）砂浆强度等级的选择。砂浆强度等级一般由工程设计要求确定，也可根据经验确定。例如，办公楼、教学楼及多层商店多采用M5～M10混合砂浆；平房宿舍、商店多采用M5混合砂浆；食堂、仓库、锅炉房、变电站、地下室、工业厂房等多用

M5～M10 砂浆；水塔、冷凝塔及烟囱等可采用 M15～M20 的水泥砂浆；检查井、雨水井、化粪池等可采用 M5 水泥砂浆；对于特别重要的砌体或有较高耐久性要求的土建、水利工程可采用 M10～M20 的水泥砂浆。

3）砂浆强度标准差的确定

a. 当有统计资料时，砂浆强度标准差应按下式计算：

$$\sigma = \sqrt{\frac{\sum_{i=1}^{n} f_{m,i}^2 - n\mu_{f_m}^2}{n-1}} \tag{4.5}$$

式中 $f_{m,i}$——统计周期内同一品种砂浆第 i 组试件的强度，MPa；

μ_{f_m}——统计周期内同一品种砂浆 n 组试件强度的平均值，MPa；

n——统计周期内同一品种砂浆试件的总组数，$n \geqslant 25$。

b. 当无统计资料时，砂浆强度标准差可按表 4.2 取值。

（2）水泥用量的确定。

1）不吸水基底的砂浆。由于用于不吸水基底砂浆的强度影响因素与混凝土相似，只是公式中经验系数 A、B 有所不同，因此当求得砂浆试配强度后，根据选用水泥强度便能求得所需的灰水比 C/W，再根据施工稠度要求所得的每立方米砂浆中的用水量值 Q_W，便由式（4.6）计算水泥用量。

$$Q_C = Q_W(C/W) \tag{4.6}$$

2）多孔吸水基底的砂浆。对多孔吸水基底的砂浆，按式（4.7）计算水泥用量：

$$Q_C = 1000(f_{m,o} - \beta)/(\alpha \cdot f_{ce}) \tag{4.7}$$

式中 Q_C——每立方米砂浆的水泥用量，kg，应精确至 1kg；

f_{ce}——水泥的实测强度，MPa，应精确至 0.1MPa；

α、β——砂浆的特征系数，其中 α 取 3.03，β 取 −15.09。

注：各地区也可用本地区试验资料确定 α、β 值，统计用的试验组数不得少于 30 组。

在无法取得水泥的实测强度值时，可按下式计算：

$$f_{ce} = \gamma_c f_{ce,k} \tag{4.8}$$

式中 $f_{ce,k}$——水泥强度等级值，MPa；

γ_c——水泥强度等级值的富余系数，宜按实际统计资料确定，无统计资料时可取 1.0。

（3）水泥混合砂浆掺加料（石灰膏或黏土膏）用量的确定。水泥混合砂浆中掺加料用量按式（4.9）计算：

$$Q_D = Q_A - Q_C \tag{4.9}$$

式中：Q_D——每立方米砂浆中的掺加料用量，kg，应精确至 1kg，石灰膏、黏土膏使用时的稠度宜为（120±5）mm；

Q_A——每立方米砂浆中水泥和石灰膏或黏土膏总量，应精确至 1kg，可为 350kg；

Q_C——每立方米砂浆的水泥用量，kg，应精确至 1kg。

(4) 水泥混合砂浆中砂子用量的确定。每立方米砂浆中的砂用量，应按干燥状态（含水率小于0.5%）的堆积密度值作为计算值（kg）。

(5) 砂浆中的用水量确定。每立方米砂浆中的用水量，可根据砂浆稠度等要求选用210～310kg。

注：1. 混合砂浆中的用水量，不包括石灰膏中的水。

2. 当采用细砂或粗砂时，用水量分别取上限或下限。

3. 稠度小于70mm时，用水量可小于下限。

4. 施工现场气候炎热或干燥季节，可酌量增加用水量。

2. 水泥砂浆配合比选用

(1) 水泥砂浆的材料用量可按表4.3选用。

表4.3　　每立方米水泥砂浆材料用量　　单位：kg/m^3

强度等级	水泥	砂	用水量
M5	200～230	砂的堆积密度值	270～330
M7.5	230～260		
M10	260～290		
M15	290～330		
M20	340～400		
M25	360～410		
M30	430～480		

注 1. M15及M15以下强度等级水泥砂浆，水泥强度等级为32.5级；M15以上强度等级水泥砂浆，水泥强度等级为42.5级。
2. 当采用细砂或粗砂时，用水量分别取上限或下限。
3. 稠度小于70mm时，用水量可小于下限。
4. 施工现场气候炎热或干燥季节，可酌量增加用水量。
5. 试配强度应按公式（4.4）计算。

(2) 水泥粉煤灰砂浆材料用量可按表4.4选用。

表4.4　　每立方米水泥粉煤灰砂浆材料用量　　单位：kg/m^3

强度等级	水泥和粉煤灰总量	粉煤灰	砂	用水量
M5	210～240	粉煤灰掺量可占胶凝材料总量的15%～25%	砂的堆积密度值	270～330
M7.5	240～270			
M10	270～300			
M15	300～330			

注 1. 表1中水泥强度等级为32.5级。
2. 当采用细砂或粗砂时，用水量分别取上限或下限。
3. 稠度小于70mm时，用水量可小于下限。
4. 施工现场气候炎热或干燥季节，可酌量增加用水量。
5. 试配强度应按公式（4.4）计算。

4.5.4.2 配合比试配、调整与确定

无论是计算得出的配合比还是查表得到的配合比，都要经过试配调整，求出和易性及强度满足要求且水泥用量最省的配合比。

（1）砌筑砂浆试配时应考虑工程实际要求，搅拌方法应采用机械搅拌，搅拌时间应自开始加水算起，并应符合下列规定：

1）对水泥砂浆和水泥混合砂浆，搅拌时间不得少于120s。

2）对预拌砌筑砂浆和掺有粉煤灰、外加剂、保水增稠材料等的砂浆，搅拌时间不得少于180s。

（2）按计算或查表所得配合比进行试拌时，应按现行行业标准《建筑砂浆基本性能试验方法标准》（JGJ/T 70—2009）测定砌筑砂浆拌合物的稠度和保水率。当稠度和保水率不能满足要求时，应调整材料用量，直到符合要求为止，然后确定为试配时的砂浆基准配合比。

（3）试配时至少应采用三个不同的配合比，其中一个配合比应为按《砌筑砂浆配合比设计规程》（JGJ/T 98—2010）得出的基准配合比，其余两个配合比的水泥用量应按基准配合比分别增加及减少10%。在保证稠度、保水率合格的条件下，可将用水量、石灰膏、保水增稠材料或粉煤灰等活性掺合料用量作相应调整。

（4）砌筑砂浆试配时稠度应满足施工要求，并应按现行行业标准《建筑砂浆基本性能试验方法标准》（JGJ/T 70—2009）分别测定不同配合比砂浆的表观密度及强度；并应选定符合试配强度及和易性要求、水泥用量最低的配合比作为砂浆的试配配合比。

（5）砌筑砂浆试配配合比尚应按下列步骤进行校正：

1）应根据上述第4条规定确定的砂浆配合比材料用量，按下式计算砂浆的理论表观密度值：

$$\rho_t = Q_C + Q_D + Q_S + Q_W \tag{4.10}$$

式中 ρ_t——砂浆的理论表观密度值，kg/m³，应精确至10kg/m³。

2）应按下式计算砂浆配合比校正系数 δ：

$$\delta = \rho_c / \rho_t \tag{4.11}$$

式中 ρ_c——砂浆的实测表观密度值，kg/m³，应精确至10kg/m³。

3）当砂浆的实测表观密度值与理论表观密度值之差的绝对值不超过理论值的2%时，可将按上述第4条规定得出的试配配合比确定为砂浆设计配合比；当超过2%时，应将试配配合比中每项材料用量均乘以校正系数 δ 后，确定为砂浆设计配合比。

（6）预拌砌筑砂浆生产前应进行试配、调整与确定，并应符合现行行业标准《预拌砂浆》（JG/T 230—2007）的规定。

4.5.4.3 砂浆配合比计算举例

【例4.1】设计用于砌筑砖墙的M7.5等级、稠度70～90mm的水泥石灰混合砂浆配合比。已知：水泥为32.5级普通硅酸盐水泥；砂子为中砂，干松散堆积表观密度为1450kg/m³，含水率为2%；石灰膏稠度120mm；施工水平一般，试计算其配合比。

解：（1）计算砂浆试配强度 $f_{m,o}$。

$$f_{m,o}=kf_2=1.20\times7.5=9.0(\text{MPa})$$

（2）计算水泥用量 Q_C。

$$Q_C=1000(f_{m,o}-\beta)/(\alpha\cdot f_{ce})$$

式中，$\alpha=3.03$，$\beta=-15.09$，$f_{ce}=\gamma_c f_{ce,k}=1.0\times32.5=32.5$（MPa），代入上式得

$$Q_C=\frac{1000\times(9.0+15.09)}{3.03\times32.5}\approx245(\text{kg/m}^3)$$

（3）计算石灰膏用量 Q_D。

$$Q_D=Q_A-Q_C$$

选取 $Q_A=330(\text{kg/m}^3)$，则

$$Q_D=330-245=85(\text{kg/m}^3)$$

（4）计算砂子用量 Q_S。

含水率为2%的砂子用量为：$Q_S=1450\times(1+0.02)=1479$（$\text{kg/m}^3$）

（5）选择用水量 Q_W。

根据砂浆稠度等要求可选用水量为210～310kg，现选 $Q_W=300$（kg/m^3）。

（6）砂浆试配时各材料的用量比例。

水泥∶石灰膏∶砂∶水＝245∶85∶1479∶300＝1∶0.35∶6.04∶1.22。

（7）根据计算出的砌筑砂浆配合比，按前述方法进行配合比试配、调整与确定，即得适宜的配合比。

砂浆抗压强度检测报告

委托日期：　　年　月　日　　　　报告日期：　　年　月　日

委托单位：

工程名称：

建设单位：

监理单位：

施工单位：

施工部位：　　　　　　　　　　取样地点：施工现场

砂浆品种：水泥砂浆　　　　　　设计强度等级：M

试件尺寸：70.7mm×70.7mm×70.7mm　　养护方法及温度：标养（20±2）℃

成型日期：　　年　月　日　　　　样品状态：完整、无缺陷

检测性质：　　　　　　　　　　见证人员：

委 托 人：

检测依据：《水工混凝土试验规程》（SL 352—2006）；《建筑砂浆基本性能试验方法》（JGJ/T 70—2009）。

配合比编号	砂率/%	水灰比	水泥砂浆材料用量/(kg/m³)						
			水泥	砂子	水	外加剂		掺合料	
						—	—	—	—
						—	—	—	—

检 测 结 果

成型日期	试验日期	抗压强度/MPa				占设计强度/%
		1	2	3	平均值	
年 月 日	年 月 日					
备注	300kN压力试验机					

检测单位（检测专用章）： 批准： 审核： 主检：

砂 浆 检 测 报 告

委托日期：________ 报告日期：________

委托单位：________

工程名称：________

建设单位：________

监理单位：________

施工单位：________

施工部位：________ 取样地点：施工现场

砂浆品种：水泥砂浆 设计强度等级：________

试件尺寸：70.7mm×70.7mm×70.7mm 养护方法及温度：标养（20±2）℃

成型日期： 年 月 日 样品状态：完整、无缺陷

检测性质：________ 见证人员：________

委 托 人：________

检测依据：《水工混凝土试验规程》（SL 352—2006）。

检 测 结 果

序号	检测项目	技术指标	检测结果	结果判定	备注
1	稠度/mm	70～90			
2	表观密度/(kg/m^3)	≥1900			
3	含气量/%				
4	抗渗性/MPa	6个试件中4个试件未出现渗水时的最大压力 $P=H-0.1$			
5	抗冻性	质量损失率(%)≤5%			
		相对动弹模量(%)>60%			
备注	300kN压力试验机，含气量筒，砂浆稠度仪，砂浆渗透仪，容量筒，电子天平，低温试验箱				

检测单位（检测专用章）： 批准： 审核： 主检：

小　　结

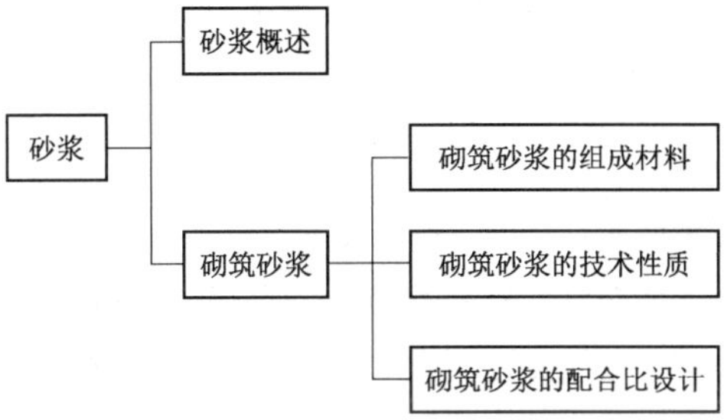

能　力　训　练

1. 新拌建筑砂浆的和易性与混凝土拌和物的和易性要求有何异同？

2. 影响建筑砂浆分层度的主要因素有哪些？如何改进其保水性能？

3. 影响砂浆强度的因素有哪些？

4. 某工地要配制 M10、稠度 70～90mm 的砌砖用水泥石灰混合砂浆，采用含水率为 2%的中砂，松散堆积表观密度为 1500kg/m^3，水泥为 42.5 级普通水泥，石灰膏稠度 120mm，施工水平一般。求该砂浆的配合比。

项目5 建筑钢材检测

【学习指导】 本章是建筑材料课程的重点之一。通过学习，应掌握建筑钢材的力学性能、工艺性能及现行国家标准和规范对钢材的技术要求以及钢材的腐蚀原因及其防止措施。理解钢材的化学组成及各种元素对钢材性能的影响、常用钢材的品种及特点。了解建筑钢材的冶炼、分类。

【学习重点】 建筑钢材的力学性能、工艺性能及现行国家标准、规范对钢材的技术要求。

【学习难点】 材料的组成、结构、构造对材料性质的影响。

建筑钢材是建筑工程中所用各种钢材的总称，包括钢结构用的各种型钢、钢板，钢筋混凝土中用的各种钢筋、钢丝和钢绞线等。

钢材具有强度高，有一定塑性和韧性，能承受冲击和振动荷载，可以焊接或铆接，具有良好的加工性能，便于装配等优点。建筑钢材适用于大跨度结构、高层结构和受动力荷载的结构，也可广泛用于钢筋混凝土结构之中。因此，钢材被列为建筑工程的三大重要材料之一。钢材的主要缺点是易锈蚀、维护费用大、耐火性差、生产能耗大等。

任务5.1 概　　述

5.1 ℗

5.1.1 钢的冶炼

炼钢就是在1700℃左右的炼钢炉中把熔融的生铁进行加工，使其含碳量降到2.06%以下，并将其他元素调整到规定范围。

钢的冶炼方法根据炼钢设备的不同主要分为平炉炼钢法、转炉炼钢法和电弧炼钢法三种。平炉炼钢法是以固态或液态的生铁、铁矿石或废钢材作为原料，用煤气或重油加热冶炼。由于冶炼时间长，钢的化学成分较易控制，除渣较净，成品质量高，可生产优质碳素钢、合金钢或特殊要求的专用钢，但投资大、能耗大、冶炼周期长。生产侧吹转炉钢是将熔融状态的铁水，由转炉侧面吹入高压热空气，使铁水中的杂质在空气中氧化，从而除去杂质。但是，在吹炼时易混入氮、氢等有害气体，使钢质变坏，控制钢的成分较难。侧吹转炉钢的炉体容量小、出钢快，一般只能用来炼制普通碳素钢。顶吹氧气转炉法是将纯氧从转炉顶部吹人炉内，克服了空气转炉法的缺点，效率较高，钢质也易控制，近年来较多采用。

5.1.2 钢的分类

钢的品种繁多，一般分类归纳如下。

5.1.2.1 按化学成分分类

1. 碳素钢

碳素钢的化学成分主要是铁，其次是碳，故也称铁碳合金。其含碳量为0.02%～2.06%。此外，还含有极少量的硅锰和微量的硫、磷等元素。碳素钢按含碳量又可分为低碳钢（含碳量小于0.25%）、中碳钢（含碳量为0.25%～0.60%）和高碳钢（含碳量大于0.60%）三种，其中低碳钢在建筑工程中应用最多。

2. 合金钢

合金钢是指在炼钢过程中，有意识地加入一种或多种能改善钢材性能的合金元素而制得的钢种。常用的合金元素有硅、锰、钛、钒、铌铬等。按合金元素总含量的不同，合金钢可以分为低合金钢（合金元素总含量小于5%）、中合金钢（合金元素总含量为5%～10%）和高合金钢（合金元素总含量大于10%）。低合金钢为建筑工程中常用的主要钢种。

5.1.2.2 按冶炼时脱氧程度分类

冶炼时脱氧程度不同，钢的质量差别很大，通常可分为以下四种。

1. 沸腾钢

炼钢时仅加入锰铁进行脱氧，脱氧不完全。这种钢水浇入锭模时，有大量的CO气体从钢水中外逸，引起钢水呈沸腾状，故称沸腾钢，代号为“F”。沸腾钢组织不够致密，成分不太均匀，硫、磷等杂质偏析较严重，故质量较差。但因其成本低、产量高，被广泛用于一般建筑工程。

2. 镇静钢

炼钢时采用锰铁硅铁和铝锭等作脱氧剂，脱氧完全，且同时能起去硫作用。这种钢水铸锭时能平静地充满锭模并冷却凝固，故称镇静钢，代号为“Z”。镇静钢虽成本较高，但其组织致密，成分均匀，性能稳定，故质量好。适用于预应力混凝土等重要的结构工程。

3. 半镇静钢

半镇静钢的脱氧程度介于沸腾钢和镇静钢之间，为质量较好的钢，其代号为“b”。

4. 特殊镇静钢

特殊镇静钢是比镇静钢脱氧程度还要充分还要彻底的钢，故其质量最好，适用于特别重要的结构，代号为“TZ”。

5.1.2.3 按有害杂质含量分类

按钢中有害杂质磷（P）和硫（S）含量的多少，钢材可分为以下四类。

1. 普通钢

磷含量不大于0.045%，硫含量不大于0.050%。

2. 优质钢

磷含量不大于0.035%，硫含量不大于0.035%。

3. 高级优质钢

磷含量不大于0.030%，硫含量不大于0.030%。

4. 特级优质钢

磷含量不大于0.025%，硫含量不大于0.020%。

5.1.2.4　按用途分类

1. 结构钢

结构钢是主要用于工程结构构件及机械零件的钢。

2. 工具钢

工具钢是主要用于各种刀具量具及模具的钢。

3. 特殊钢

特殊钢是具有特殊物理、化学或机械性能的钢，如不锈钢、耐热钢、耐酸钢、耐磨钢、磁性钢等。

5.1.3　建筑钢材的类属

5.1

建筑工程中常用的各种钢材及钢筋混凝土用的钢筋，就其用途分类而言，均属于结构钢；就其质量分类而言，都属于普通钢；就其含碳量的分类而言，均属于低碳钢。因此，建筑工程中用钢材和钢筋混凝土用的钢筋是属于碳素结构钢或低合金结构钢。

任务5.2　建筑钢材的主要技术性能

钢材的技术性能包括力学性能、工艺性能和化学性能等。力学性能主要包括拉伸性能、冲击韧性、疲劳强度、硬度等；工艺性能是钢材在加工制造过程中所表现的特性，包括冷弯性能、焊接性能、热处理性能等。只有了解、掌握钢材的各种性能，才能正确、经济、合理地选择和使用各种钢材。

5.2.1　拉伸性能

钢材的拉伸性能，典型地反映在广泛使用的软钢（低碳钢）拉伸试验时得到的应力 σ 与应变 ε 的关系上，如图5.1所示。钢材从拉伸到拉断，在外力作用下的变形可分为四个阶段，即弹性阶段、屈服阶段、强化阶段和颈缩阶段。

在拉伸的开始阶段，OA 为直线，说明应力与应变成正比，即 $\sigma/\varepsilon=E$。A 点对应的应力 σ_p 称为比例极限。当应力超过比例极限时，应力与应变开始失去比例关系，但仍保持弹性变形。所以，点对应的应力 σ_e 称为弹性极限。

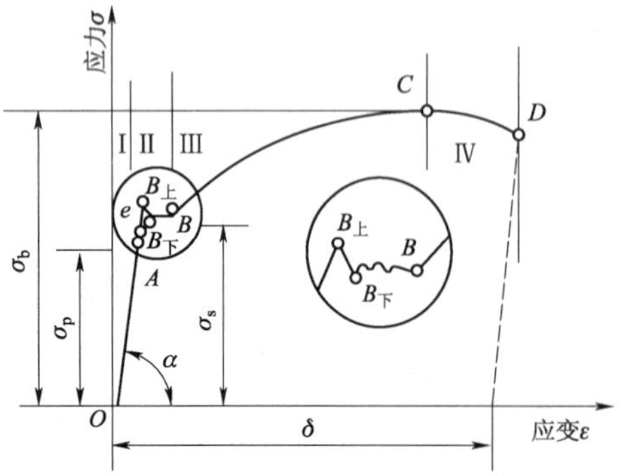

图5.1　低碳钢受拉应力-应变关系

当荷载继续增大，线段呈曲线形，开始形成塑性变形。应力增加到 B 上点后，变形急剧增加，应力则在不大的范围（$B_上$、$B_下$、B）内波动，呈现锯齿状。把此时应力不增加、应变增加时的应力 σ_s 定义为屈服强度。屈服点 σ_s 是热轧钢筋和冷拉钢筋的强度标准值确定的依据，也是工程设计中强度取值的依据。该阶段为屈服阶段。超过屈服点后，应力增加又产生应变，钢材进入强化阶段，C 点所对应的应力，即试件拉断前的最大应力 σ_b，称为抗拉强度。抗拉强度 σ_b 是钢丝、钢绞线和热处理钢筋强度标准值确定的依据。BC 为强化阶段。超过 C 点后，塑性变形迅速增大，使试件出现颈缩，应力随之下降，试件很快被拉断，CD 为颈缩阶段。

钢材的 σ_e 和 σ_s 越高，表示钢材对小量塑性变形的抵抗能力越大。因此，在不发生塑性变形的条件下，钢材所能承受的应力就越大。σ_b 越大，则钢筋所能承受的应力就越大。屈服强度和抗拉强度之比（简称屈强比，σ_s/σ_b）能反映钢材的利用率和结构安全可靠程度。计算中屈强比取值越小，说明超过屈服点后的强度贮备能力越大，则结构的安全可靠程度越高，但屈强比过小，又说明钢材强度的利用率偏低，造成钢材浪费。建筑结构钢合理的屈强比一般在 0.60～0.75。

试件拉断后，将拉断后的两段试件拼对起来，量出拉断后的标距长 l_1。

按式（5.1）计算伸长率：

$$\delta=\frac{l_1-l_0}{l_0}\times 100\% \tag{5.1}$$

式中　δ——试件的伸长率，%；

l_0——原始标距长度，mm；

l_1——断后标距长度，mm。

伸长率是衡量钢材塑性的重要指标，其值越大说明钢材的塑性越好。塑性变形能力强，可使应力重新分布，避免应力集中，结构的安全性增大。塑性变形在试件标距内的分布是不均匀的，颈缩处的变形最大，离颈缩部位越远其变形越小。所以，原始标距与直径之比越小，则颈缩处伸长值在整个伸长值中的比重越大，计算出来的 δ 值就越大。标距的大小影响伸长率的计算结果，通常以 δ_5 和 δ_{10} 分别表示 $l_0=5d_0$ 和 $l_0=10d_0$ 时的伸长率。对于同一种钢材，其 δ_5 大于 δ_{10}。某些线材的标距用 $l_0=100$mm，伸长率用 δ_{100} 表示。

除伸长率外，断面收缩率也是表示钢材塑性的一个指标，其值越大，表明钢材塑性越大。断面收缩率计算，见式（5.2）：

$$\psi=\frac{A_0-A_1}{A_0}\times 100\% \tag{5.2}$$

式中　A_0——试件原始面积，mm^2；

A_1——试件拉断后颈缩处的截面面积，mm^2。

中碳钢和高碳钢（硬钢）的拉伸曲线与低碳钢不同，屈服现象不明显，伸长率小。这类钢材由于没有明显的屈服阶段，难以测定屈服点，则规定产生残余变形为 0.2%原标距长度时所对应的应力值，作为钢的屈服强度，称为条件屈服点，用 $\delta_{0.2}$ 表示。

5.2.2　冷弯性能

冷弯性能是钢材的重要工艺性能，是指钢材在常温下承受弯曲变形的能力。以试件弯曲的角度和弯心直径对试件厚度（或直径）的比值来表示。弯曲的角度愈大，弯心直径对试件厚度（或直径）的比值愈小，表示对冷弯性能的要求愈高。冷弯检验是按规定的弯曲角度和弯心直径进行弯曲后，检查试件弯曲处外面及侧面不发生裂缝、断裂或起层，即认为冷弯性能合格。

冷弯是钢材处于不利变形条件下的塑性，更有助于暴露钢材的某些内在缺陷，而伸长率则是反映钢材在均匀变形下的塑性。因此，相对于伸长率而言，冷弯是对钢材塑性更严格的检验，它能揭示钢材是否存在内部组织不均匀、内应力和夹杂物等缺陷。冷弯试验对焊接质量也是一种严格的检验，能揭示焊件在受弯表面存在未熔合、微裂纹及夹杂物等缺陷。

任务 5.3 建筑钢材的技术标准及应用

建筑钢材常用于钢结构和钢筋混凝土结构，前者主要用型钢和钢板，后者主要用钢筋和钢丝，两者均多为碳素结构钢和低合金结构钢。

5.3.1 碳素结构钢

5.3.1.1 碳素结构钢的牌号及其表示方法

国家标准《碳素结构钢》（GB/T 700—2006）规定，碳素结构钢按其屈服点分Q195、Q215、Q235和Q275四个牌号。各牌号钢又按其硫、磷含量由多至少分为A、B、C、D四个质量等级。碳素结构钢的牌号由代表屈服强度的字母“Q”、屈服强度数值（单位为MPa）、质量等级符号（A、B、C、D）、脱氧方法符号（F、Z、TZ）等四个部分按顺序组成。例如

Q235AF，它表示屈服强度为235MPa、质量等级为A级的沸腾碳素结构钢。

碳素结构钢的牌号组成中，表示镇静钢的符号“Z”和表示特殊镇静钢的符号“TZ”可以省略，例如：质量等级分别为C级和D级的Q235钢，其牌号表示为Q235CZ和Q235DTZ，可以省略为Q235C和Q235D。

随着牌号的增大，其含碳量增加，强度提高，塑性和韧性降低，冷弯性能逐渐变差。同一钢牌号内质量等级越高，钢材的质量越好。

5.3.1.2 碳素结构钢的技术要求

碳素结构钢的化学成分、冷弯性能及力学性能应符合表5.1～表5.3的规定。

5.3.1.3 碳素结构钢的特性与选用

工程中应用最广泛的碳素结构钢牌号为Q235，其含碳量为0.14%～0.22%，属低碳钢，由于该牌号钢既具有较高的强度，又具有较好的塑性和韧性，可焊性也好，且经焊接及气割后力学性能仍亦稳定，有利于冷加工，故能较好地满足一般钢结构和钢筋混凝土结构的用钢要求。

Q195号、Q215号钢强度低，塑性和韧性较好，易于冷加工，常用做钢钉、铆钉、螺栓及铁丝等。Q235钢强度适中，具有良好的承载性，又具有较好的塑性、韧性、可焊性和可加工性，且成本较低，是钢结构常用的牌号，大量制作成钢筋、型钢和钢板等，在工程中应用较为广泛。Q255号、Q275号钢强度较高，但塑性、韧性和可焊性较差，不易焊接和冷加工，可用于轧制钢筋、制作螺栓配件等。

表 5.1　　　　　　　碳素结构钢的化学成分（GB/T 700—2006）

牌号	统一数字代号	等级	厚度（或直径）/mm	脱氧方法	化学成分（质量百分数，不大于）/%				
					C	Si	Mn	P	S
Q195	U11952	—	—	F、Z	0.12	0.30	0.50	0.035	0.040
Q215	U12152	A	—	F、Z	0.15	0.35	1.20	0.045	0.050
	U12155	B							0.045
Q235	U12352	A	—	F、Z	0.22	0.35	1.40	0.045	0.050
	U12355	B			0.20				0.045
	U12358	C		Z	0.17			0.40	0.040
	U12359	D		TZ				0.035	0.035
Q275	U12752	A	—	F、Z	0.24	0.35	1.50	0.045	0.050
	U1275	B	≤40	Z	0.21			0.045	0.045
			>40		0.22				
	U12758	C	—	Z	0.20			0.040	0.040
	U12759	D		TZ				0.035	0.035

注　1. 表中为镇静钢、特殊镇静钢牌号的统一数字，沸腾钢牌号的统一数字代号如下：Q195F—U11950，Q215AF—U12150，Q215BF—U12153，Q235AF—U12350，Q235BF—U12353，Q275AF—U12750。

2. 经需方同意，Q235B 的碳含量可不大于 0.22%。

表 5.2　　　　　　　碳素结构钢的冷弯性能（GB/T 700—2006）

牌号	试样方向	冷弯试验 $B=2a180°$	
		钢材厚度或直径/mm	
		≤60	>60～100
		弯心直径 d	
Q195	纵	0	—
	横	$0.5a$	
Q215	纵	$0.5a$	$1.5a$
	横	a	$2a$
Q235	纵	a	$2a$
	横	$1.5a$	$2.5a$
Q275	纵	$1.5a$	$2.5a$
	横	$2a$	$3a$

注　1. B 为试样宽度，a 为试样厚度（或直径）。

2. 钢材厚度（或直径）大于 100mm 时，弯曲试验由双方协商。

表 5.3　　碳素结构钢的力学性能（GB/T 700—2006）

牌号	等级	屈服点/MPa						抗拉强度 σ_b /MPa	伸长率 δ_5/%					冲击试验（V形缺口）	
		厚度或直径/mm							厚度（或直径）/mm					温度/℃	冲击吸收功（纵向）/J，不小于
		≤16	>16～40	>40～60	>60～100	>100～150	>150～200		≤40	>40～60	>60～100	>100～150	>150～200		
Q195	—	195	185	—	—	—	—	315～430	33	—	—	—	—	—	—
Q215	A	215	205	195	185	175	165	335～450	31	30	29	27	26	—	—
	B													+20	27
Q235	A	235	225	215	215	195	185	370～500	26	25	24	22	21	—	—
	B													+20	27
	C													0	
	D													−20	
Q275	A	275	265	255	245	225	215	410～540	22	21	20	18	17	—	—
	B													+20	27
	C													0	
	D													−20	

注　1. Q195 的屈服强度值仅供参考，不作交货条件。
2. 厚度大于 100mm 的钢材，抗拉强度下限允许降低 20MPa。宽带钢（包括剪切钢板）抗拉强度上限不作交货条件。
3. 厚度小于 25mm 的 Q235B 级钢材，如供方能保证冲击吸收值合格，经需方同意，可不作检验。

5.3.2　优质碳素结构钢

优质碳素结构钢分为优质钢、高级优质钢（钢号后加 A）和特级优质钢（钢号后加 E）。根据国家标准《钢铁产品牌号表示方法》（GB 221—2000）规定，优质碳素结构钢的牌号采用阿拉伯数字或阿拉伯数字和规定的符号表示，以 2 位阿拉伯数字表示平均含碳量（以万分数计），如：平均含碳量为 0.08%的沸腾钢，其牌号表示为“08F”；平均含碳量为 0.10%的半镇静钢，其牌号表示为“10b”。较高含锰量的优质碳素结构钢，在表示平均含碳量的阿拉伯数字后加锰元素符号，如：平均含碳量为 0.50%，含锰量为 0.70%～1.0%的钢，其牌号表示为“50Mn”。目前，我国生产的优质碳素结构钢有 31 个牌号，优质碳素结构钢中的硫、磷等有害杂质含量更低，且脱氧充分，质量稳定，在建筑工程中常用作重要结构的钢铸件、高强螺栓及预应力锚具。

5.3.3　低合金高强度结构钢

为了改善碳素钢的力学性能和工艺性能，或为了得到某种特殊的理化性能，在炼钢时有意识地加入一定量的一种或几种合金元素，所得的钢称为合金钢。低合金高强度结构钢是在碳素结构钢的基础上，添加总量小于 5%的一种或几种合金元素的一种结构钢，所加元素主要有锰、硅、钒、钛、铌、铬、镍等元素，其目的是提高钢的屈服强度、抗拉强度、耐磨性、耐蚀性及耐低温性能等。因此，它是综合性能较为理想的钢材。另外，与使用碳素钢相比可节约钢材 20%～30%。

5.3.3.1 低合金高强度结构钢的牌号表示法

根据现行国家标准《低合金高强度结构钢》(GB 1591—1994) 及《钢铁产品牌号表示方法》(GB 221—2000) 的规定，低合金高强度结构钢分 5 个牌号，其牌号的表示方法由屈服点字母“Q”、屈服点数值（单位为 MPa)、质量等级（A、B、C、D、E 五级）三部分组成。例如：Q345C，Q345D。

低合金高强度结构钢分为镇静钢和特殊镇静钢，在牌号的组成中没有表示脱氧方法的符号。低合金高强度结构钢的牌号也可以采用两位阿拉伯数字（表示平均含碳量，以万分之几计）和规定的元素符号，按顺序表示。

5.3.3.2 低合金高强度结构钢的技术要求

低合金高强度结构钢的拉伸、冷弯和冲击试验指标，按钢材厚度或直径不同，其技术要求如表 5.4 所示。

5.3.3.3 低合金高强度结构钢的特点与应用

由于低合金高强度结构钢中的合金元素的结晶强化和固熔强化等作用，该钢材不但具有较高的强度，而且也具有较好的塑性、韧性和可焊性。因此，在钢结构和钢筋混凝土结构中常采用低合金高强度结构钢轧制型钢（角钢、槽钢、工字钢)、钢板、钢管及钢筋，特别适用于各种重型结构、高层结构、大跨度结构及桥梁工程中。

表 5.4　　低合金高强度结构钢的力学性能（GB 1591—1994）

牌号	质量等级	屈服点 A/MPa				抗拉强度 σ_b/MPa	伸长率 δ_5/%	冲击功(4kV)(纵向)/J				180°弯曲试验 d 为弯心直径，a 为试件厚度（直径）	
		厚度(直径、边长)/mm						+20℃	0℃	−20℃	−40℃	钢材厚度(直径)/mm	
		≤15	>16～35	>35～50	>50～100			不小于				≤16	>16～100
		不小于											
Q295	A	295	275	255	235	390～5703	23	34				$d=2a$	$d=3a$
	B	295	275	255	235	90～570	23					$d=2a$	$d=3a$
Q345	A	345	325	295	275	470～630	21	34				$d=2a$	$d=3a$
	B	345	325	295	275	470～630	21					$d=2a$	$d=3a$
	C	345	325	295	275	470～630	22		34			$d=2a$	$d=3a$
	D	345	325	295	275	470～630	22			34		$d=2a$	$d=3a$
	E	345	325	295	275	470～630	22				27	$d=2a$	$d=3a$

续表

牌号	质量等级	屈服点 A/MPa				抗拉强度 σ_b/MPa	伸长率 δ_5/%	冲击功(4kV)(纵向)/J				180°弯曲试验 d 为弯心直径，a 为试件厚度（直径）	
		厚度(直径、边长)/mm						+20℃	0℃	−20℃	−40℃		
		≤15	>16~35	>35~50	>50~100			不小于				钢材厚度(直径)/mm	
		不小于										≤16	>16~100
Q390	A	390	370	350	330	490~650	19					d=2a	d=3a
	B	390	370	350	330	490~650	19	34				d=2a	d=3a
	C	390	370	350	330	490~650	20		34			d=2a	d=3a
	D	390	370	350	330	490~650	20			34		d=2a	d=3a
	E	390	370	350	330	490~650	20				27	d=2a	d=3a
Q420	A	420	400	380	360	520~680	18					d=2a	d=3a
	B	420	400	380	360	520~680	18	34				d=2a	d=3a
	C	420	400	380	360	520~680	19		34			d=2a	d=3a
	D	420	400	380	360	520~680	19			34		d=2a	d=3a
	E	420	400	380	360	520~680	19				27	d=2a	d=3a
Q460	C	460	440	420	400	550~720	17		34			d=2a	d=3a
	D	460	440	420	400	550~720	17			34		d=2a	d=3a
	E	460	440	420	400	550~720	17				27	d=2a	d=3a

任务 5.4 常用建筑钢材及钢材的选用

5.4.1 热轧钢筋

用加热钢坯轧成的条形成品钢筋，称为热轧钢筋。它是建筑工程中用量最大的钢材品种之一。热轧钢筋按表面形状分为热轧光圆钢筋和热轧带肋钢筋。

5.4.1.1 热轧光圆钢筋

经热轧成型，横截面通常为圆形，表面光滑的成品钢筋，称为热轧光圆钢筋（HPB）。热轧光圆钢筋按屈服强度特征值分为 235、300 级，其牌号由 HPB 和屈服强度特征值构成，分为 HPB235、HPB300 两个牌号。

热轧光圆钢筋的公称直径范围为 6～22mm，《钢筋混凝土用钢　第 1 部分：热轧光圆钢筋》（GB 1499.1—2008）推荐的钢筋公称直径为 6mm、8mm、10mm、12mm、16mm 和 20mm。可按直条或盘卷交货，按定尺长度交货的直条钢筋其长度允许偏差范围为 0～＋50mm；按盘卷交货的钢筋，每根盘条质量应不小于 1000kg。

热轧光圆钢筋的屈服强度、抗拉强度、断后伸长率、最大拉力总伸长率等力学性能特征值应符合表 5.5 的规定。表中各力学性能特征值，可作为交货检验的最小保证值。按规定的弯心直径弯曲 180°后，钢筋受弯部位表面不得产生裂纹。

表 5.5　　热轧光圆钢筋的力学性能和工艺性能（GB 1499.1—2008）

牌号	屈服强度/MPa	抗拉强度/MPa	断后伸长率/%	最大拉力总伸长率/%	冷弯试验 180° *d*——弯心直径； *a*——钢筋公称直径
	不小于				
HPB235	235	370	25.0	10.0	*d*=*a*
HPB300	300	420			

5.4.1.2　热轧带肋钢筋

经热轧成型并自然冷却的横截面为圆形的，且表面通常带有两条纵肋和沿长度方向均匀分布的横肋的钢筋，称为热轧带肋钢筋。按肋纹的形状分为月牙肋和等高肋（如图 5.2 所示），月牙肋的纵横肋不相交，而等高肋则纵横肋相交。月牙肋钢筋有生产简便、强度高、应力集中、敏感性小、疲劳性能好等优点，但其与混凝土的黏结锚固性能稍逊于等高肋钢筋。在实践中，带肋钢筋月牙肋居多。

图 5.2　月牙肋钢筋

热轧带肋钢筋按屈服强度特征值分为 335、400、500 级，其牌号由 HRB 和屈服强度特征值构成，分为 HRB335、HRB400、HRB500 三个牌号月田晶粒热轧钢筋的牌号由 HRBF 和屈服强度特征值构成，分为 HRBF335、HRBF400、HRBF500 三个牌号。热轧带肋钢筋的公称直径范围为 6～50mm，《钢筋混凝土用钢　第 1 部分：热轧带肋钢筋》（GB 1499.2—2007）推荐的钢筋公称直径为 6mm、8mm、10mm、12mm、16mm、20mm、25mm、32mm、40mm 和 50mm。

热轧带肋钢筋的力学性能和工艺性能应符合表 5.6 的规定。表中所列各力学性能特征值，可作为交货检验的最小保证值；按规定的弯心直径弯曲 180°后，钢筋受弯部位表面不得产生裂纹。反向弯曲试验是先正向弯曲 90°，再反向弯曲 20°，经反向弯曲试验后，钢筋受弯曲部位表面不得产生裂纹。

表 5.6 热轧带肋钢筋的力学性能和工艺性能（GB 1499.2—2007）

牌号	屈服强度/MPa	抗拉强度/MPa	断后伸长率/%	最大拉力总伸长率/%	公称直径/mm	弯心直径	反向弯曲
						d——弯心直径；a——钢筋公称直径	
HRB335 HRBF335	≥335	≥455	≥17	≥7.5	6～25	3d	4d
					28～40	4d	5d
					>40～50	5d	6d
HRB400 HRBF400	≥400	≥540	≥16		6～25	4d	5d
					28～40	5d	6d
					>40～50	6d	7d
HRB500 HRBF500	≥500	≥630	≥15		6～25	6d	7d
					28～40	7d	8d
					>40～50	8d	9d

热轧带肋钢筋通常按定尺长度交货，具体交货长度应在合同中注明，按定尺长度交货时的长度允许偏差为±25mm；当要求最小长度时，其偏差为+50mm；当要求最大长度时，其偏差为−50mm。热轧带肋钢筋也可以盘卷交货，每盘应是一条钢筋，允许每批有5%的盘数由两条钢筋组成。

热轧钢筋中热扎光圆钢筋的强度较低，但塑性及焊接性能很好，便于各种冷加工，因而广泛用作普通钢筋混凝土构件的受力筋及各种钢筋混凝土结构的构造筋；HRB335和HRB400钢筋强度较高，塑性和焊接性能也较好，故广泛用做大、中型钢筋混凝土结构的受力钢筋；HRB500钢筋强度高，但塑性及焊接性能较差，可用做预应力钢筋。

5.4.2 冷轧带肋钢筋

热轧圆盘条经冷轧后，在其表面带有沿长度方向均匀分布的三面或二面横肋的钢筋，称为冷扎带肋钢筋。

冷轧带肋钢筋的牌号由CRB和钢筋的抗拉强度最小值构成。冷轧带肋钢筋分为CRB550、CRB650、CRB800、CRB970、CRB1170五个牌号。CRB550为普通钢筋混凝土用钢筋，其他牌号为预应力混凝土用钢筋。

CRB550钢筋的公称直径范围为4～12mm，CRB650及以上牌号钢筋的公称直径（相当于横截面面积相等的光圆钢筋的公称直径）为4mm、5mm、6mm。钢筋通常按盘卷交货，CRB550钢筋也可按直条交货。盘卷钢筋每盘的质量不小于100kg，且每盘应由一根钢筋组成，CRB650及以上牌号钢筋不得有焊接接头。钢筋直条交货时其长度及允许偏差按供需双方协商确定。冷轧带肋钢筋的表面不得有裂纹、折叠、结疤、油污及其他影响使用的缺陷。冷轧带肋钢筋的表面可有浮锈，但不得有锈皮及目视可见的麻坑等腐蚀现象。

冷轧带肋钢筋的力学性能和工艺性能应符合表 5.7 的规定。有关技术要求细则，参见国家标准《冷轧带肋钢筋》（GB 13788—2000）。

表 5.7　　冷轧带肋钢筋的力学性能和工艺性能（GB 13788—2000）

牌号	抗拉强度/MPa，≥	伸长率/%，≥		冷弯试验 180°	反复弯曲次数	松弛率 初始应力 $\sigma_{con}=0.7\sigma_b$	
		S10	S100			1000h/%，≤	10h/%，≤
CRB550	550	8.0	—	$D=3d$	—	—	—
CRB650	650	—	4.0	—	3	8	5
CRB800	800	—	4.0	—	3	8	5
CRB970	970	—	4.0	—	3	8	5
CRB1170	1170	—	4.0	—	3	8	5

注　表中 D 为弯心直径，d 为钢筋公称直径。

冷轧带肋钢筋具有以下优点：

（1）强度高、塑性好，综合力学性能优良。CRB550、CRB650 的抗拉强度由冷轧前的不足 500MPa 提高到 550MPa、650MPa；冷拔低碳钢丝的伸长率仅 2%左右，而冷轧带肋钢筋的伸长率大于 4%。

（2）握裹力强。混凝土对冷轧带肋钢筋的握裹力为同直径冷拔钢丝的 3～6 倍。又由于塑性较好，大幅度提高了构件的整体强度和抗震能力。

（3）节约钢材，降低成本。以冷轧带肋钢筋代替Ⅰ级钢筋用于普通钢筋混凝土构件，可节约钢材 30%以上。如用以代替冷拔低碳钢丝用于预应力混凝土多孔板中，可节约钢材 5%～10%，且每立方米混凝土可节省水泥约 40kg。

（4）提高构件整体质量，改善构件的延性，避免“抽丝”现象。用冷轧带肋钢筋制作的预应力空心楼板，其强度、抗裂度均明显优于冷拔低碳钢丝制作的构件。

冷扎带肋钢筋适用于中、小型预应力混凝土构件和普通混凝土构件，也可焊接网片。

5.4.3　热处理钢筋

热处理钢筋分为预应力混凝土用热处理钢筋和钢筋混凝土用余热处理钢筋。预应力用热处理钢筋是用热轧螺纹钢筋经淬火和回火调质热处理而成的，外形分为有纵肋和无纵肋两种，但都有横肋。根据国家标准《预应力混凝土用热处理钢筋》(GB 4463～1984) 的规定，其所用钢材有 $40Si_2Mn$、$48Si_2Mn$ 和 $45Si_2Cr$ 三个牌号，力学性能应符合表 5.8 的规定。

表 5.8 预应力混凝土用热处理钢筋的力学性能（GB 4463—1984）

公称直径/mm	牌号	屈服点/MPa	抗拉强度/MPa	伸长率/%
6	$40Si_2Mn$	≥1325	≥1470	≥6
8.2	$48Si_2Mn$			
10	$45Si_2Cr$			

预应力混凝土用热处理钢筋的优点是：强度高，可代替高强钢丝使用，节约钢材，锚固性好，不易打滑，预应力值稳定，施工简便，开盘后钢筋自然伸直，不需调直及焊接。主要用于预应力钢筋混凝土枕轨，也用于预应力梁、板结构及吊车梁等。

钢筋混凝土用余热处理钢筋是把热轧后的钢筋立即穿水，控制表面冷却，然后利用心部余热自身完成回火处理所得的成品钢筋。其级别分为 3 级，强度等级代号为 KL400。

任务 5.5 钢材的锈蚀及防止

5.5.1 钢材的锈蚀

钢材的锈蚀是指钢的表面与周围介质发生化学作用或电化学作用而遭到侵蚀并破坏的过程。钢材锈蚀可发生在许多能引起锈蚀的介质中，如湿润空气、工业废气等。锈蚀不仅使钢结构有效断面减小，而且会形成程度不等的锈坑、锈斑，造成应力集中，加速结构破坏。

钢材锈蚀的主要影响因素有环境湿度、侵蚀性介质的性质及数量、钢材材质及表面状况等。根据锈蚀作用机理，可分为以下两类。

5.5.1.1 化学锈蚀

化学锈蚀指钢材直接与周围介质发生化学反应而产生的锈蚀。这种锈蚀多数是氧化作用使钢材表面形成疏松的铁氧化物。在常温下钢材表面形成一薄层钝化能力很弱的氧化保护膜，但该膜疏松、易破裂，有害介质可进一步渗入而发生反应，造成锈蚀。在干燥环境下锈蚀进展缓慢，但在温度或湿度较高的环境条件下，这种锈蚀进展加快。

5.5.1.2 电化学锈蚀

电化学锈蚀是由于金属表面形成了原电池而产生的锈蚀。钢材本身含有铁、碳等多种成分，由于这些成分的电极电位不同，形成许多微电池。在潮湿空气中，钢材表面将覆盖一层薄的水膜。在阳极区，铁被氧化成 Fe^{2+} 离子进入水膜。因为水中溶有来自空气中的氧，故在阴极区氧将被还原为 OH^- 离子，两者结合成为不溶于水的 $Fe(OH)_3$，并进一步氧化成为疏松易剥落的红棕色铁锈 $Fe(OH)_3$。电化学锈蚀是最主要的钢材锈蚀形式。

钢材锈蚀时，伴随体积增大，最严重的可达原体积的 6 倍。在钢筋混凝土中会使周围的混凝土胀裂。

5.5.2　锈蚀的防止

5.5.2.1　保护层法

在钢材表面施加保护层，使钢与周围介质隔离，从而防止锈蚀。保护层可分为金属保护层和非金属保护层两类。

金属保护层是用耐蚀性较强的金属，以电镀或喷镀的方法覆盖钢材表面，如镀锌、镀锡、镀铬等。

非金属保护层使用有机物质或无机物质做保护层。常用的是钢材表面涂刷各种防锈涂料，此法简单易行，但不耐久。此外，还可采用塑性保护层、沥青保护层及搪瓷保护层等。

5.5.2.2　牺牲阳极保护法

此法常用于水下的钢结构中，即在要保护的钢结构上接以较钢材更活泼的金属，如锌、镁等。于是这些更为活泼的金属在介质中成为原电池的阳极而遭到腐蚀，取代了铁素体，使钢结构均成为阴极而得到保护。

5.5.2.3　制成合金钢

钢材的化学成分对耐锈蚀性有很大的影响，如在钢中加入合金元素铬、镍、钛、铜等，制成不锈钢。这种钢在大气作用下，能在表面形成一种致密的防腐保护层，起到耐腐蚀的作用，从而提高钢材的耐锈蚀能力。

5.5.2.4　混凝土用钢筋的防腐

为了防止混凝土中钢筋锈蚀，应保证混凝土的密实度以及钢筋外侧混凝土保护层的厚度，控制混凝土中最大水灰比及最小水泥用量，在二氧化碳浓度高的工业区采用硅酸盐水泥或普通硅酸盐水泥，限制氯盐外加剂的掺加量和保证混凝土一定的碱度等，特别对于预应力混凝土，应禁止使用含氯盐的骨料和外加剂。另外，在钢筋涂覆环氧树脂或镀锌也是一种有效的防锈措施。

任务5.6　钢 筋 原 材 试 验

5.2 Ⓟ

钢筋原材的试验目的是检验钢筋的屈服强度，极限拉抻强度和伸长率，并将此结果作为评定钢筋品质的依据

5.6.1　钢筋弯曲试验测定方法

5.2 ▶

新进钢材依据《钢筋混凝土用钢　第1部分：热轧光圆钢筋》(GB 1499.1—2018)和《钢筋混凝土用钢　第2部分：热轧带肋钢筋》(GB 1499.2—2018)，进行弯曲、拉伸试验检测。本工程设计采用钢筋直径10～32mm用HPB235、用HRB335两种。按照同一批量、同一规格、同一炉号、同一出厂日期、同一交货状态的钢筋，每批重量不大于60t为一检验批，超过60t的部分，每增加40t（或不足40t的余数），增加一个拉伸和弯曲试验试样。实施现场见证取样。

从两根钢筋中截取2根拉伸试件，2根弯曲试件，其中每根钢筋为一拉伸、一弯曲试件。截取时从每根钢筋的端头，截除500～1000mm钢筋后再取样。

对于试验温度一般要求在10～35℃之间，对于有严格要求的在（23±5)℃之间。

原材拉伸试验：依据标准《金属材料室内拉伸试验方法》(GB/T 228—2010)。

5.6.1.1 仪器设备

(1) 万能材料试验机及不同规格夹具。

(2) 连续式标距打点机。

(3) 钢尺。

5.6.1.2 试样准备

原始标距L_0的标记：在试样自由长度范围内，均匀划分为10mm或5mm的等间距标记。可以用标点机进行打点标距。

5.6.1.3 试验步骤

(1) 将试样夹紧在试验机上后，进行加荷。

(2) 屈服强度的测定：试验机平稳加荷，控制速率在6～60MPa/s（可参照表5.9中力值数据)。

表5.9 **钢筋拉伸试验力值数据**

钢筋直径 D/mm	公称横截面积 /mm^2	抗拉强度取样长度 /mm (≥10d+200)	抗拉强度试验 速率/(kN/s)	标距/mm 5d
32	804.2	540	4.8～48.3	160
28	615.8	500	3.7～37.0	140
25	490.9	450	3.0～29.5	125
22	380.1	450	2.3～22.8	110
20	314.2	450	1.9～18.8	100
16	201.1	420	1.2～12.0	80
12	113.1	400	0.7～6.7	60
10	78.54	400	0.5～4.7	50

在显示盘数值第一次出现回落时的最大读数，将其除以试件原始横截面积（S_0）得到下屈服强度。

(3) 继续平稳加载，直至试件破坏或钢筋出现颈缩现象，停止加载。

(4) 测定断后伸长率，应将试件断裂的部分仔细地配接在一起使其轴线处于同一直线上，并采取特别措施确保试件断裂部分适当接触后测量试件断后标距（测量区的范围应处于距离断裂处至少5d)。原则上只有断裂处与最接近的标距标记的距离不小于原始标距的三分之一情况方为有效。但断后伸长率大于或等于规定值，不管断裂位置处于何处测量均为有效。

5.6.1.4 结果计算

抗拉强度按式（5.3）计算：

$$R_m = F_b / S_0 \tag{5.3}$$

伸长率按式（5.4）计算：

$$\delta = (L_1 - L_0)/L_0 \times (100\%) \tag{5.4}$$

式中 R_m——抗拉强度，计算精确至5MPa；

F_b——极限荷载值，kN；

δ——伸长率，计算精确至0.5%；

L_0——试样原标距长度，mm；

L_1——试样拉断后标距长度，准确到0.25mm；

S_0——试样原横截面积，mm^2。

试验出现下列情况之一者，试验结果无效，应补做同样数量试样的试验：①试样断标距外或在机械刻线的标距标记上，而且断后伸长率小于规定最小值；②试验期间设备发生故障，影响了试验结果。

任何检验如有某一项试样结果不符合标准要求，则从同一批中再取双倍数量的试样进行该不合格项目的复验。复验结果（包括该项试验所要求的任一指标）即使有一个指标不合格，则该批视为不合格。

钢筋拉伸试验屈服强度，极限抗拉强度，伸长率应符合表5.10要求。

表5.10 钢筋拉伸试验标准

产品	检测项目			质量标准	试验方法操作标准
钢筋原材拉伸	HPB235	屈服强度	≥235MPa	GB 1499.1—2008	GB/T 228—2002
		极限强度	≥370MPa		
		伸长率	≥25%		
	HRB335	屈服强度	≥335MPa	GB 1499.2—2007	GB/T 228—2002
		极限强度	≥455MPa		
		伸长率	≥17%		

5.6.2 钢筋弯曲试验测定方法

依据标准《金属材料弯曲试验方法》(GB/T 232—2010)。

5.6.2.1 仪器设备

万能材料试验机及不同直径的弯心。

5.6.2.2 试验步骤

（1）据相关产品标准规定，选择合适的弯心，并安装于试验机上。

（2）调整试验机的支辊间距离（此距离在试验期间保持不变）。支辊间距离按表5.11确定：

表 5.11　　钢筋弯曲试验支辊距离

公称直径 d/mm	弯芯直径/mm	支辊间距/mm 6.5d 或 6d	冷弯/mm（≥5d+150）
32	128	208	350
28	112	182	340
25	75	150	330
22	66	132	310
20	60	120	300
16	48	96	280
12	36	72	260
10	30	60	250

注　公称直径 d 为 6～25mm，弯芯直径为 3d；d 为 28～40mm，弯芯直径为 4d。HPB235 钢筋的弯芯直径为 1d。

（3）将准备好的试样放置在两支辊上；试样轴线应与弯心轴线相垂直，并使弯心对准两支辊之间的中点处；启动试验机，以平稳压力向试件缓慢而连续地施加试验力，使之弯曲，直至达到规定的弯曲角度；取出弯曲试样，检查试样弯曲外表面，是否存在裂纹、裂缝或裂断等情况

5.6.2.3　结果评定

弯曲试验后试样弯曲外表面无肉眼可见裂纹评定为合格，否则为不合格。若不合格，则从同一批中再截取双倍数量的试样进行复验。复验结果若仍为不合格，则该批视为不合格。

5.6.3　闪光对焊接头钢筋试验方法

在同一台班内，由同一焊工完成的 300 个同级别、同直径钢筋焊接接头应作为一批。当同一台班内焊接的接头数量较少，可在一周内累计计算；累计仍不足 300 个接头时，应按一批计算。力学性能试验时，应从每批接头中随机切 6 个接头，3 个拉伸，3 个弯曲。力学性能试验时，应从每批接头中随机切取 6 个接头，其中 3 个做拉伸试验，3 个做弯曲试验。

取样长度：

拉伸试件　　$L \geqslant 8d + 2 \times 150\text{mm}$　　(5.5)

弯曲试件：　　$L = D + 2.5d$　　(5.6)

5.3

式中　d——钢筋直径，mm；

D——弯心直径（当 $d \leqslant 25$mm 时：Ⅰ级钢为 2d，Ⅱ级钢为 4d，Ⅲ级钢为 5d，Ⅳ级钢为 7d。当 $d > 25$mm 时，Ⅰ级钢为 3d，Ⅱ级钢为 5d，Ⅲ级钢为 6d，Ⅳ级钢为 8d）依据标准《钢筋焊接接头试验方法》（JGJ/T 27—2001）。

5.6.4　闪光对焊拉伸试验方法

依据标准《金属材料室内拉伸试验方法》（GB/T 228—2002）。

5.6.4.1 仪器设备

万能材料试验机及夹具。

5.6.4.2 试验步骤

(1) 选择夹具并安装好夹具，试件夹紧后，用静拉伸力连续而平稳地对试件轴向拉伸，加荷速率宜为10～30MPa/s。将试件拉至断裂（或出现缩颈），从测力盘上读取最大力并记录读数。试验速率可参照表5.12。

表5.12　闪光对焊拉伸试验抗拉强度试验速率

钢筋直径 D/mm	公称横截面积 /mm^2	抗拉强度取样长度 /mm（≥$8d$+200）	抗拉强度试验速率 /(kN/s)
32	804.2	456	8.0～24.1
28	615.8	424	6.2～18.5
25	490.9	400	4.9～14.7
22	380.1	376	3.8～11.4
20	314.2	360	3.1～9.4
16	201.1	328	2.0～6.0
12	113.1	296	1.1～3.4

(2) 观察断裂（或缩颈）位置，并测量出离开焊缝的距离；观察断裂特征（塑性断裂或脆性断裂）或有无颈缩现象以及试件断口上是否发现气孔、夹渣、未焊透烧伤等焊接缺陷。

5.6.4.3 结果计算及评定

抗拉强度按下式计算：

$$\sigma_b = F_b / S_0 \tag{5.7}$$

式中　σ_b——抗拉强度，MPa，结果数值修约到5MPa；

F_b——最大力，N；

S_0——试样公称横截面积，mm^2。

注：试验中，当试验设备发生故障或操作不当而影响试验数据时，试验结果视为无效。

结果评定：

(1) 3个热轧钢筋接头试件的抗拉强度均不得小于该牌号钢筋规定的抗拉强度；

(2) 至少应有2个试件断于焊缝之外，并应呈延性断裂。

当达到上述2项要求时，应判定该批接头抗拉强度合格。

当试验结果有2个试件抗拉强度小于钢筋规定的抗拉强度，或3个试件均在焊缝或热影响区发生脆性断裂时，则一次判定该批接头为不合格品。

当试验结果有1个试件的抗拉强度小于规定值，或2个试件在焊缝或热影响区发生脆性断裂，其抗拉强度小于钢筋规定抗拉强度的1.10倍时，应进行复验。

复验时，应再切取6个试件。复验结果，当仍有1个试件的抗拉强度小于规定值，或有 3 个试件断于焊缝热影响区，呈脆性断裂，其抗拉强度小于钢筋规定抗拉强度的 1.10 倍时，应判定该批接头为不合格品。

注：当接头试件虽断于焊缝或热影响区，呈脆性断裂，但其抗拉强度大于或等于钢筋规定抗拉强度的 1.10 倍时，可按断于焊缝或热影响区之外，呈延性断裂同等对待。

5.6.5 闪光对焊接头钢筋弯曲试验方法：

依据标准《金属材料弯曲试验方法》（GB/T 232—2010）。

5.6.5.1 仪器设备

万能材料试验机及不同直径的弯心。

5.6.5.2 试验步骤

（1）闪光对焊接头进行弯曲试验时，应将受压面的金属毛刺和镦粗。凸起部分消除，且应与钢筋的外表齐平。

（2）根据相关标准及试样规格，选用合适的压头弯心直径和弯曲度，可按表 5.13 确定。

表 5.13 闪光对焊头钢筋弯曲试验压头弯心直径和弯曲度

序号	钢筋级别	弯心直径		弯曲角/(°)
		$d\leqslant 25$/mm	$d>25$/mm	
1	Ⅰ	$2d$	$3d$	90
2	Ⅱ	$4d$	$5d$	90
3	Ⅲ	$5d$	$6d$	90
4	Ⅳ	$7d$	$8d$	90

（3）调整两支辊内侧距离 H（$H=D+2.5d$），选用合适长度（$H+150$）的试样；将试样放在压力机或万能试验机两支辊的两支点上，并使焊缝中心与压头中心线一致。缓慢而平稳地对试样施加弯曲力，直至达到规定的弯曲角度或出现裂纹、破断为止。

（4）弯曲后检查试样受拉面有无裂纹。试验时如试样断裂，记下此时的弯曲角度、断口位置，断口形貌或有未熔合等焊接缺陷。

5.1 Ⓣ

5.6.5.3 结果评定

当试验结果，弯至 90°，有 2 个或 3 个试件外侧（含焊缝和热影响区）未发生破裂，应判定该批接头弯曲试验合格；当 3 个试件均发生破裂，则一次判定该批接头为不合格品；当有 2 个试件发生破裂，应进行取双倍数量的试样复验；当复验结果仍有 3 个试样发生破断，应判定该批接头为不合格品。

注：当试件外侧横向裂纹宽度达到 0.5mm 时，应认定已经破裂。

5.2 Ⓣ

项目6 土工合成材料检测

【知识目标】 1. 掌握土工织物在发挥反滤、排水、隔离等作用时应具有哪些性能指标。2. 掌握土工膜在发挥防渗作用时应具有哪些性能指标。3. 掌握复合土工膜特性。4. 掌握土工格栅的特性。5. 了解土工合成材料分类及在工程中的应用。

【能力目标】 1. 能操作完成土工织物基本检测项目。2. 能操作完成土工膜拉伸、撕裂等主控检测项目。3. 能操作完成复合土工膜基本检测项目。4. 能操作完成检测土工格栅基本检测项目。

【项目导入】 项目6土工合成材料主要来自两个工程项目：第一个工程项目是某大(2)型Ⅱ等级别新建水利枢纽工程，主要建筑物包括挡水坝、河床式电站、引水渠与泄洪闸。该工程挡水坝采用复合土工膜（400/0.35/400两布一膜）斜墙防渗；护坡部位使用10kN/m短纤针刺非织造土工布进行防渗，土工布上部铺设石笼加固；第二个工程项目是某流域治理工程，该工程主要包括堤防加固以及新建挡土墙等项目，其中堤防加固工程堤脚设置垂直防渗，采用HDPE GH－10.5mm土工膜防渗；并在挡土墙基础部位采用EGA50－50kN玻纤土工格栅进行加筋。受两个工程项目业主委托进行抽检。

【任务分析】 土工织物、土工膜、土工特种材料主控检测的项目是不一样的，但在日常工程中一般都是主控检测物理性指标、力学性能指标以及水力学性能指标（土工合成材料不同性能指标在专业知识延伸中有介绍）。

为了完成土工合成材料检测项目，将两个工程中用到的四种不同土工合成材料检测任务分解如下。

任务6.1	承接土工合成材料检测项目
任务6.2	土工织物（土工布）质量检测
任务6.3	土工膜质量检测
任务6.4	复合土工膜质量检测
任务6.5	土工格栅质量检测
任务6.6	专业知识延伸

任务6.1 承接土工合成材料检测项目

【引例】

受甲、乙两家业主单位委托，分别对第一个工程项目中的短纤针刺非织造土工布和复合土工膜；第二个工程项目中的土工膜和土工格栅进行技术性质检测。

6.1.1 填写检验委托单

甲单位分别对某大（2）型Ⅱ等级别新建水利枢纽工程所采用的10kN/m规格的短纤针刺非织造土工布和（400/0.35/400两布一膜）复合土工膜下检测项目委托单，见表6.1、表6.2。

乙单位分别对某流域治理工程采用的HDPE GH－10.5mm规格的土工膜和EGA50－50kN玻纤土工格栅下检测委托单，见表6.3、表6.4。

表6.1　土工合成材料检测委托单

委托日期：2018年3月1日	试验编号：　TGB－2018－001
委托单位：××××××市水务局	
工程名称：某大（2）型Ⅱ等级别新建水利枢纽工程	
建设单位：××××××市水务局	
监理单位：××××××工程监理有限公司	
施工单位：××××××建筑工程有限公司	
使用部位：护坡	取样地点：施工现场
产品名称：短纤针刺非织造土工布	生产单位：××××××工程材料有限公司
规格代号：10kN/m	出厂合格证号：
出厂日期：　年　月　日	进场数量：5000m^2
样品状态：平整、均匀、色泽基本一致	检测性质：业主抽检
委 托 人：张三	见证人员：李四
联系电话：	收样人：
检测依据：	□《土工合成材料测试规程》（SL/T 235—2012）

检验项目（在序号上画“√”）：

1. 单位面积质量	2. 厚度测定	3. 拉伸强度及伸长率
4. 撕裂强力	5. CBR顶破强力	6. 刺破试验
7. 垂直渗透试验	8. 拉拔摩擦试验	9. 直剪摩擦试验
10. 等效孔径干筛法	11. 等效孔径湿筛法	12. 土工膜抗渗

其他检验项目：

表 6.2 **土工合成材料检测委托单**

委托日期：2018 年 3 月 1 日	试验编号：TGB—2018—002
委托单位：××××××市水务局	
工程名称：某大（2）型Ⅱ等级别新建水利枢纽工程	
建设单位：××××××市水务局	
监理单位：××××××工程监理有限公司	
施工单位：××××××建筑工程有限公司	
使用部位：挡水坝防渗	取样地点：施工现场
产品名称：复合土工膜	生产单位：××××××工程材料有限公司
规格代号：SN2/PVC-16-400-0.35	出厂合格证号：
出厂日期：　　年　　月　　日	进场数量：10000m^2
样品状态：平整、均匀、色泽基本一致	检测性质：业主抽检
委 托 人：张三	见证人员：李四
联系电话：	收样人：
检测依据：□《土工合成材料测试规程》(SL/T 235—2012)	
检验项目（在序号上画"√"）：1. 单位面积质量　2. 厚度测定　3. 拉伸强度及伸长率　4. 撕裂强力　5. CBR 顶破强力　6. 刺破试验　7. 垂直渗透试验　8. 拉拔摩擦试验　9. 直剪摩擦试验　10. 等效孔径干筛法　11. 等效孔径湿筛法　12. 土工膜抗渗 其他检验项目：	

表 6.3 **土工合成材料检测委托单**

委托日期：2018 年 3 月 1 日	试验编号：TGB—2018—003
委托单位：××××××市水务局	
工程名称：某流域治理工程	
建设单位：××××××市水务局	
监理单位：××××××工程监理有限公司	
施工单位：××××××建筑工程有限公司	
使用部位：堤脚防渗	取样地点：施工现场
产品名称：土工膜	生产单位：××××××工程材料有限公司
规格代号：HDPE　GH-1　0.5，mm	出厂合格证号：
出厂日期：　　年　　月　　日	进场数量：6000m^2
样品状态：平整、均匀、色泽基本一致	检测性质：业主抽检
委 托 人：张三	见证人员：李四
联系电话：	收样人：
检测依据：□《土工合成材料测试规程》(SL/T 235—2012)	
检验项目（在序号上画"√"）：1. 单位面积质量　2. 厚度测定　3. 拉伸强度及伸长率　4. 撕裂强力　5. CBR 顶破强力　6. 刺破试验　7. 垂直渗透试验　8. 拉拔摩擦试验　9. 直剪摩擦试验　10. 等效孔径干筛法　11. 等效孔径湿筛法　12. 土工膜抗渗 其他检验项目：	

表 6.4 土工合成材料检测委托单

委托日期：2018年3月1日	试验编号：TGB—2018—004
委托单位：××××××市水务局	
工程名称：某流域治理工程	
建设单位：××××××市水务局	
监理单位：××××××工程监理有限公司	
施工单位：××××××建筑工程有限公司	
使用部位：挡土墙基础	取样地点：施工现场
产品名称：玻纤土工格栅	生产单位：××××××工程材料有限公司
规格代号：EGA50-50kN	出厂合格证号：
出厂日期：　年　月　日	进场数量：6000m^2
样品状态：平整、均匀、色泽基本一致	检测性质：业主抽检
委 托 人：张三	见证人员：李四
联系电话：	收样人：
检测依据：	□《土工合成材料测试规程》(SL/T 235—2012)
检验项目（在序号上画"√"）：1. 单位面积质量　2. 厚度测定　3. 拉伸强度及伸长率　4. 撕裂强力　5. CBR顶破强力　6. 刺破试验　7. 垂直渗透试验　8. 拉拔摩擦试验　9. 直剪摩擦试验　10. 等效孔径干筛法　11. 等效孔径湿筛法　12. 土工膜抗渗 其他检验项目：	

6.1.2 取样及制样要求

（1）卷装的头两层不应取做样品。

（2）在卷装上沿着垂直于机器方向的整个宽度方向裁取样品，样品要足够长，以获得所要求的试样数量。

（3）卷装样品不得有污垢、折痕、孔洞或其他在生产加工过程中产生的可视缺陷。

（4）制样要求剪取试样应距样品边缘不小于100mm。

（5）试样应该有代表性，不同试样应避免位于同一纵向和横向位置上，即采用梯形取样法，如果不可避免（如卷装，幅宽较窄），应在测试报告中注明情况。

（6）剪取试样时应满足准确度要求。

（7）剪取试样，应先有剪裁计划，然后再剪裁。

(8) 对每项测试所用全部试样，应予以编号。

注：取样依据现行国家标准《土工合成材料　取样和试样准备》(GB/T 13760—2009)；制样依据标准《土工合成材料测试规程》(SL 235—2012)。

6.1.3　调湿和状态调节

6.1.3.1　土工织物

试样应在标准大气压条件下调湿24h，标准大气按《纺织品　调湿和试验用标准大气》(GB 6529) 规定的三级标准：温度 (20±2)℃、相对湿度 65%±5%。具体操作如下：

1. 预调湿

为了使土工织物在调湿期间能在吸湿状态下进行调湿平衡，可能需要进行预调湿。将土工织物应放置于相对湿度为10%～25%，温度不超过50℃的大气下，使之平衡。

2. 调湿

在测定土工织物的物理或机械性能之前，应将其放置于温带标准大气下进行调湿。调湿期间，应使空气能畅通地流土工织物，一直放置到与空气达到平衡为止。

6.1.3.2　塑料土工合成材料

按《塑料试样状态调节和试验的标准环境》(GB/T 2918) 标准中规定，在温度 (23±2)℃的环境下，进行状态调节，时间不少于4h。

如果确认试样不受环境影响，则可省去调湿和状态调节的处理程序，但应在记录中注明试验时的温度和湿度。

6.1.4　试样裁取

当我们取得样品并经过调湿后，便可按照所需测试项目在样品上裁取试样。每一项目的试样要裁取多个。由于土工合成材料大部分是片状的，所以具有方向性，一般进行两种特例的特性测试，即纵向和横向，亦称顺机向（经向）和横机向（纬向）。因此在裁剪试样时就要区别纵向和横向，并且要注意，纵向试样（测定纵向特性的试）在样品上布置时，应将每个试样处于不同的纵向位置，使每个试样纵向纤维各不相同；对于横向试样（测定横向特性的试样），应将每个试样处于不相同的横向位置，使每个试样的横向纤维各不相同，如图6.1所示。更好的裁取试样的方法，如图6.2所示。

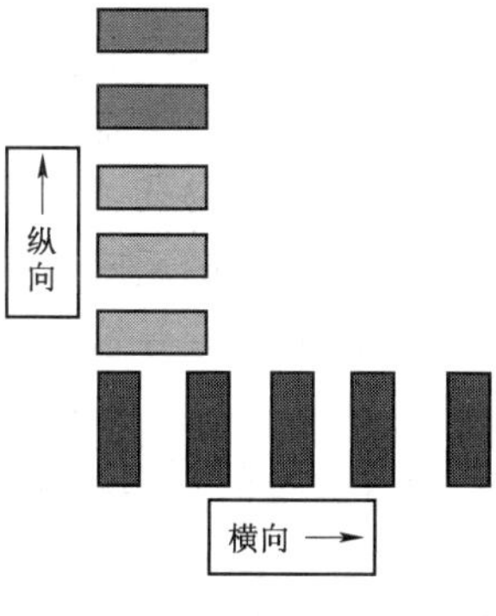

图6.1　普通取样法布置图

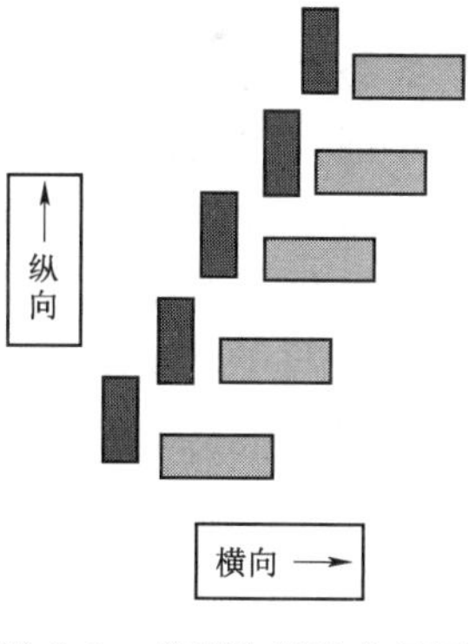

图6.2　梯形取样法布置图

梯形法取样可使每个试样的纵横向纤维都互不相同，并使试样分布于较广的范围内，从而试样更具有代表性。在我们裁取工作中还应注意以下几点：

（1）用于每次试验的试样，应从样品长度和宽度方向上均匀地裁取，但距样品幅边至少10cm。

（2）试样不应包含影响试验结果的任何缺陷。

（3）对同一项试验，应避免两个以上的试样处在相同的纵向或横向位置上。

（4）试样应沿着卷装长度和宽度方向切割，需要时标出卷装的长度方向。除试验有其他要求，样品上的标志必须标到试样上。

（5）样品经调湿后，再制成规定尺寸的试样。

（6）在切割结构型土工合成材料时可指定相应的切割方案。

（7）如果制样造成材料破碎，发生损伤，可能影响试验结果，则将所有脱落的碎片和试样放到一起，用于备查。

6.1.5　小组讨论

根据填写好的任务委托单，对需要检测的项目展开讨论，确定裁样方式和试验步骤。

任务6.2　土工织物（土工布）质量检测

6.2.1　土工织物（geotextile，GT）

具有透水性的土工合成材料。按制造方法不同可分为有纺土工织物和无纺土工织物。

1. 有纺土工织物　woven geotextile

有纺土工织物指由纤维纱或长丝按一定方向排列机织的土工织物。

2. 无纺土工织物　nonwoven geotextile

无纺土工织物指由短纤维或长丝随机或定向排列制成的薄絮垫，经机械结合、热黏合或化学黏合而成的土工织物。

本次检测对象为短纤针刺非织造土工布，属于无纺土工织物。

6.1 ▶

6.2.2　土工织物等效孔径

土工织物的透水性、导水性和保土性能都与织物的孔隙大小和多少有关。土工织物的孔隙大小通常用孔径来表示，单位为mm。织物的孔隙是很不均匀的，同一种织物中存在大小不等的孔隙及由孔隙组成的通道。土工织物孔隙的大小会随着承受压力的变化而变化，因此土工织物的孔隙是一个人为规定的反映织物孔隙通道大小的代表性指标。与土工织物滤层设计有关的孔径表示方法有等效孔径（equivalent opening size，EOS）和表观孔径（Apparent Opening Size，简称AOS）。两者概念一致，均指土工织物的表观最大直径，也等同于织物允许通过的土颗粒最大粒径。但不同测试标准对AOS（或EOS）的规定不同，我国标准《土工合成材料测试规程》（SL/T 235—2012）采用O_{95}作为土工织物的等效孔径，即以土工织物为筛布对颗粒

6.1 ⓕ

料进行筛析，当一种颗粒的过筛率（通过织物的颗粒质量与颗粒总质量之比）为5%时，则该颗粒粒径尺寸定为土工织物的等效孔径。O_{95}是室内测定土工织物特征孔径之一。

实验室内常用筛析法测量土工织物的孔径，这里仅介绍操作简单的干筛法。该方法使用振筛机和特定粒组大小的硅砂或玻璃珠。

6.2.3　土工布等效孔径测定（干筛法）

6.2.3.1　目的与适用范围

本方法适用于测定有孔隙的各类土工织物和片状复合材料。

6.2.3.2　试验设备

（1）试验筛：直径200mm。

（2）振筛机或等效孔径测定仪（包括试验筛和振筛机）（图6.3）。

（3）天平：量程200g，感量0.01g。

（4）振筛用颗粒材料：通常可选用玻璃珠或球形砂粒。将洗净烘干的颗粒材料用筛析法进行分级制备，按标准试验筛孔径分级宜为：0.063～0.075mm，0.075～0.090mm，0.090～0.106mm，0.106～0.125mm，0.125～0.150mm，0.150～0.180mm，0.180～0.250mm，0.250～0.350mm等。

图6.3　等效孔径测定仪

（5）其他：计时器、细软刷子等。

6.2.3.3　试样制备

（1）按6.1.4规定裁剪试样。

（2）实验室环境按6.1.3调节。

（3）试样直径应大于试验筛。

（4）每组试样数量应不少于5个。如果试样为针刺土工织物，振筛后，若嵌入织物的颗粒不易清出时，织物试样不应重复使用，这时，试样数为5n（n为选取的粒径级数）。

（5）试样应进行去静电处理，可采用湿毛巾轻擦试样，并且晾干。

6.2.3.4　操作步骤

（1）将试样放在筛网上，并固定好。

（2）称量颗粒材料50g，均匀撒布在试样表面。

（3）将装好试样的试验筛、接收盘与筛盖夹紧装入振筛机上，开启机器，振筛10min。

（4）停机后，称量通过试样的颗粒材料质量。

（5）用另一级颗粒材料在同一块试样上重复（2）～（4）步，测定孔径分布曲线，应取得不少于3～4级连续分级颗粒的过筛率，并要求试验点均匀分布。若仅测试等

效孔径 O_{95}，则有两组筛余率可在 95%左右。

6.2.3.5　计算

（1）某级颗粒的过筛率应按式（6.1）计算：

$$S_i=\frac{M_i}{M_0}\times100\% \tag{6.1}$$

式中　S_i——过筛率，%；

M_0——筛析时颗粒投放量，g；

M_i——筛析后底盘中颗粒质量（过筛量），g。

（2）分别按式（6.2）～式（6.4）计算过筛率平均值、标准差和变异系数：

$$\bar{x}=\frac{1}{n}\sum_{1}^{n}x_i \tag{6.2}$$

式中　n——试样数量；

x_i——第 i 块试样的测试值；

$\bar{x}$——n 块试样测试值的算术平均值（简称平均值）。

$$\sigma=\sqrt{\frac{1}{n-1}\sum(x_i-\bar{x})^2} \tag{6.3}$$

式中　σ——标准差。

$$C_V=\frac{\sigma}{\bar{X}}\times100\% \tag{6.4}$$

式中　C_V——变异系数。

（3）每一级的颗粒直径应以颗粒的上下限值和过筛率进行线性内插得到。

（4）应以各级颗粒的平均过筛率与相应各级颗粒直径在半对数纸上绘孔径分布曲线。

（5）等效孔径 O_{95} 为分布曲线上过筛率为 5%所对应的粒径值，O_{90} 为分布曲线上过筛率为 10%所对应的粒径值，可直接编程计算。

6.2.3.6　记录

某大（2）型Ⅱ等级别新建水利枢纽工程所采用的 10kN/m 规格的短纤针刺非织造土工布等效孔径试验（干筛法）数据记录见表 6.5。

思考与讨论：土工织物等效孔径测试的意义及原理是什么？

6.2.4　土工织物（土工布）垂直渗透检测

土工织物可以起到过滤、排水等作用，等效孔径性能指标对应的正是过滤的作用，而垂直渗透就是检验土工织物排水性能优良与否的重要指标。

6.2.4.1　目的和适用范围

本方法适用于在无负载状态、常水头与符合层流条件下具有透水性能的各类土工织物和片状土工复合材料垂渗透系数和透水率的测定。

表6.5　　　　　　　　土工合成材料　等效孔径试验记录表

样品编号	TGB-2018-×××	试验环境	21℃　　60%
试样名称及规格	短纤针刺非织造土工布/(10kN/m)	试样描述	无杂物、无破损、布面均匀，可检
试验日期		试验设备	TSY－3型
试验规格		试验人员	张三
评定标准	GB/T 17638—2017	复核人员	李四

标准粒料投放量：　　50g

使用料径/mm	过筛量/g					平均过筛量/g	计算粒径/mm	过筛率/%
	1	2	3	4	5			
0.063～0.075	48	49	50	48	50	49	0.075	98
0.075～0.090	15	14	13	14	15	14.2	0.09	28.4
0.090～0.106	3.8	4.6	4.5	4.9	4.2	4.4	0.106	8.8
0.125～0.150	1.3	1.5	1.6	1.5	1.7	1.52	0.15	3.04
0.150～0.180	0.9	1	0.8	1	0.9	0.92	0.18	1.84

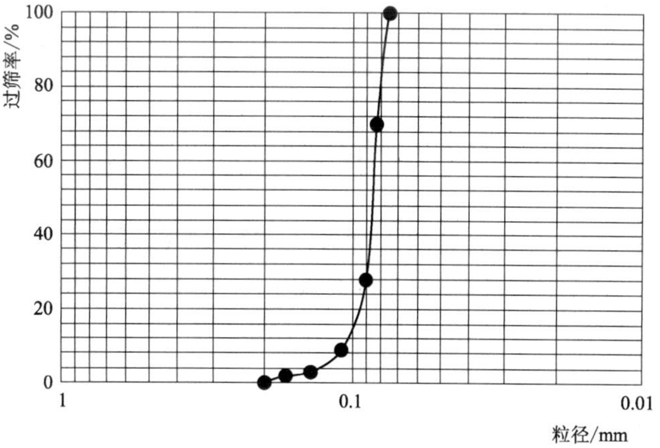

孔径分布曲线

备　注	等效孔径 O_{95}=0.088

试验：　　　　　　　　　　复核：　　　　　　　　　　日期：

6.2.4.2　试验设备

(1) 垂直渗透试验仪：包括安装试样装置、供水装置、恒水位装置与水位测量装置，垂直渗透试验原理如图6.4所示。

(2) 安装试样装置：试样有效过水面积应不小于$20cm^2$，应能装单片和多片土工织物试样；试样密封应良好，不应有渗漏。

(3) 供水装置：管路宜短而粗，减小水头损失。

(4) 恒水位装置：容器应有溢流装置，在试验过程中保持常水头；并且容器应能调节水位，水头变化范围为1～150mm。

(5) 水位测量装置：水位测量应准确至1mm。

(6) 其他：计时器、量筒、水桶、温度计等。计时器准确至0.1s、量筒准确至1%，温度计准确至0.5℃。

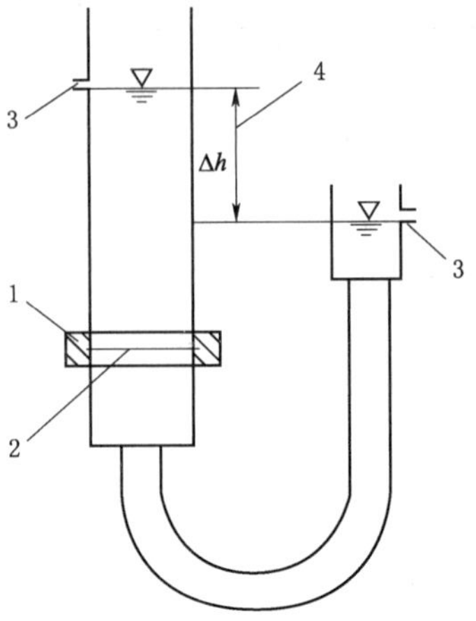

图6.4　垂直渗透实验原理图

1—安装试样装置；2—试样；3—溢水口；4—水位差

(7) 对新安装的系统应做空态（无试样）率定，以确定设备自身的水头损失，在进行试样渗透系数计算时予以修正。

6.2.4.3　试验准备

(1) 试验用水应为无杂质脱气水或蒸馏水。

(2) 按6.1.4规定裁剪试样。

(3) 实验室环境按6.1.3调节。

(4) 试样数量应符合下列规定：

1) 单片试样应不少于5个。

2) 多片试样应不少于5组。

6.2.4.4　操作步骤

(1) 试样应充分饱和。试样安装操作过程中应防止空气进入试样，有条件的宜在水下装样。

(2) 调节上游水位，应使其高出下游水位，水从上游流向下游，并溢出。

(3) 待上下游水位差Δh稳定后，测读Δh，开启计时器，用量筒接取一定时段内的渗透水量，并测量水量与时间，测量时间应不少于10s，测量水量应不少于100mL。

(4) 调节上游水位，改变水力梯度，重复(2)条、(3)条。作渗透流速与水力梯度的关系曲线，取其线性范围内的试验结果，计算平均渗透系数。

(5) 重复(1)～(4)条对其余试样进行试验。

6.2.4.5　计算

(1) 垂直渗透系数应按式(6.5)计算：

$$k_{20}=\frac{V\delta}{A\Delta ht}\eta \tag{6.5}$$

式中　k_{20}——试样20℃时垂直渗透系数，cm/s；

V——渗透水量，cm^3；

δ——试样厚度，cm；

A——试样过水面积，cm^2；

Δh——上下游水位差，cm；

t——通过水量 V 的历时，s；

η——水温修正系数，见表6.6。

表6.6　　水温修正系数 η

温度 /℃	水温修正系数 η	温度 /℃	水温修正系数 η	温度 /℃	水温修正系数 η
11.0	1.261	16.0	1.104	21.0	0.976
11.5	1.244	16.5	1.090	21.5	0.965
12.0	1.227	17.0	1.077	22.0	0.953
12.5	1.211	17.5	1.063	22.5	0.942
13.0	1.194	18.0	1.050	23.0	0.932
13.5	1.179	18.5	1.037	24.0	0.910
14.0	1.163	19.0	1.025	25.0	0.890
14.5	1.148	19.5	1.012	26.0	0.870
15.0	1.133	20.0	1.000	27.0	0.851
15.5	1.119	20.5	0.988	28.0	0.833

（2）透水率应按式（6.6）计算：

$$\psi_{20}=\frac{V}{A\Delta ht}\eta \tag{6.6}$$

式中　ψ_{20}——试样20℃时透水率，cm/s。

（3）应按式（6.2）、式（6.3）、式（6.4）的公式分别计算渗透系数与透水率的平均值、标准差和变异系数。

6.2.4.6　记录

垂直渗透试验记录见表6.7。

6.2.5　土工织物（土工布）条带拉伸试验

拉伸性能试验时土工布力学特性的主要试验项目。凡是要发挥其加筋、拉伸性能和防渗、护岸、隔离、排水等作用时，均涉及土工布的抗拉强度，因此它是各项工程涉及中最基本的、必不可少的力学指标。

6.2 ▶

土工织物抗拉强度是指试样承受均匀拉伸直至断裂时单位宽度的最大拉力。

表 6.7　　土工合成材料垂直渗透试验记录表（恒水头法）

样品编号					试验环境	20℃　62%		
试样名称及规格			短纤针刺非织造土工布/(10kN/m)		试样描述	无杂物、无破损、布面均匀，可检		
试样日期					试验设备			
试验规程			SL 235—1012		试验人员	张三		
评定标准					复核人员	李四		
试样过水面积 A/cm^2			6.25	水温 T/℃	20.5	水温修正系数 R_T		0.988
试样编号	厚度/mm	时间 t/s	水头差 Δh/mm	渗透水量 V/mL	垂直渗透系数 k_{20}	垂直渗透系数 k_{20}	透水率 θ_{20}	透水率 θ_{20}
1	2.5	60	70	1820	0.171	0.171	0.685	0.683
		80	56	1400	0.124		0.494	
		100	42	1240	0.117		0.467	
		120	28	1840	0.216		0.866	
		180	14	1440	0.226		0.903	
2	2.5	60	70	1830	0.172	0.171	0.689	0.684
		80	56	1410	0.124		0.498	
		100	42	1240	0.117		0.467	
		120	28	1860	0.219		0.875	
		180	14	1420	0.223		0.891	
3	2.5	60	70	1820	0.171	0.171	0.685	0.685
		80	56	1420	0.125		0.501	
		100	42	1250	0.118		0.470	
		120	28	1840	0.216		0.866	
		180	14	1440	0.226		0.903	
4	2.5	60	70	1840	0.173	0.171	0.693	0.685
		80	56	1420	0.125		0.501	
		100	42	1240	0.117		0.467	
		120	28	1860	0.219		0.875	
		180	14	1420	0.223		0.891	
5	2.5	60	70	1830	0.172	0.171	0.689	0.685
		80	56	1400	0.124		0.494	
		100	42	1230	0.116		0.463	
		120	28	1850	0.218		0.870	
		180	14	1450	0.227		0.910	
备注					均值	0.171	均值	0.684
					标准差	0.0004	标准差	0.0014
					变异系数	0.002	变异系数	0.002

试验：　　　　　　　　复核：　　　　　　　　日期：

6.2.5.1　目的和适用范围

（1）本方法规定了用宽条试验测定土工织物及其有关产品拉伸性能的试验方法。

（2）本方法适用于大多数土工合成材料，包括土工织物及复合土工织物，也适用于土工格栅。

（3）本方法包括测定调湿和浸湿两种试样拉伸性能的程序，包括单位宽度的最大负荷和最大负荷下的伸长率以及特定伸长率下的拉伸力的测定。

6.2.5.2　试验设备

（1）试验机：应具有等速拉伸功能，见图6.5。

（2）夹具：钳口面应能防止试样在钳口内打滑，并应能防止试样在针口内被夹损伤。两个夹具的夹持面应在一个平面内。宽条试样有效宽度200mm，夹具实际宽度应不小于210mm；窄条试样有效宽度50mm，夹具实际宽度应不小于60mm。

（a）综合试验机　　（b）宽条拉伸　　（c）窄条拉伸

图6.5　YT010型电子土工布强力综合试验机

注：YT010型电子土工布强力综合试验机能检测土工织物、复合土工织物、土工格栅、土工膜及有关产品的拉伸、撕破、顶破、剥离、接缝等性能的测试

（3）测量设备应符合下列规定：

1）荷载指示值或记录值应准确至1%

2）伸长量的测量读数应准确至1mm。

3）应能自动记录拉力-伸长量曲线。

6.2.5.3　试样制备

（1）按6.1.4规定裁剪试样。

（2）实验室环境按6.1.3调节。

（3）纵横向每组试样数量应不少于5个。

（4）试样尺寸应符合下列规定。

1）宽条法：裁剪试样宽度200m，长度不小于200mm，实际长度视夹具而定，应有足够的长度使试样伸出夹具，试样计量长度为100mm。对于有纺土工织物，裁剪试样宽度210m，在两边抽去大约相同数量的边纱，使试样宽度达到200mm。

2）窄条法：裁剪试样宽度50mm，长度应不小于200mm且应有足够长度的试样伸出夹具，试样计量长度为100mm。对于有纺土工织物，裁剪试样宽度60mm，在两边抽去大约相同数量的边纱，使试样宽度达到50mm。

3）如进行干态与湿态两种拉伸强度试验，应裁剪两倍的试样长度，然后一剪为二，一组测干强度，另一组测湿强度。

6.2.5.4 操作步骤

（1）准备好干湿试样。对湿态试样从水中取出至上机拉伸的时间间隔应不大于10min。

（2）试验机量程选择宜使试样最大测试值在满量程的10%～90%范围内。设定拉伸速率为20mm/min。将两夹具的初始间距调至100mm。

（3）将试样对中放入夹具内夹紧。

（4）开启试验机，同时启动记录装置，记录拉力-伸长量曲线，连续运转直至试样破坏，停机。

1）若试样在钳口内打滑，或在针口边缘或钳口内被夹坏，且该测值小于平均值的80%，则该试验结果应于别除，并增补试样。

2）当试样在错口内打滑或大多数试样被钳口夹坏，宜采取下列改进措施：①钳口内加衬垫。②钳口内的试样用涂料加强。③改进错口面。

（5）重复（3）条、（4）条对其余试样进行试验。

6.2.5.5 计算

（1）拉伸强度应按式（6.7）计算：

$$T_1=\frac{F}{B} \tag{6.7}$$

式中 T_1——拉伸强度，kN/m；

F——最大拉力，kN；

B——试样宽度，m。

（2）伸长率应按式（6.8）计算：

$$\varepsilon=\frac{\Delta L}{L_0}\times 100\% \tag{6.8}$$

式中 ε——伸长率，%；

L_0——试样计量长度，mm；

ΔL——最大拉力时试样计量长度的伸长量，mm。

（3）应按式（6.2）、式（6.3）、式（6.4）计算拉伸强度及伸长率的平均值、标准差和变异系数。

（4）应由试样的拉力-伸长量曲线计算模量，应按下列方法进行。

1）初始拉伸模量 E_1：如果应力-应变曲线在初始阶段是线性的，取初始切线斜率为初始拉伸模量，如图6.6（a）所示。

2）偏移拉伸模量 E：当应力-应变曲线开始段坡度小，中间部分接近线性，取中间直线的斜率为偏移模量，如图6.6（b）所示。

3）割线拉伸模量 E'：当应力-应变曲线始终呈非线性，可采用割线法。从原点到曲线上某一点连一直线，即为该点对应的割线模量，如图 6.6（c）所示。

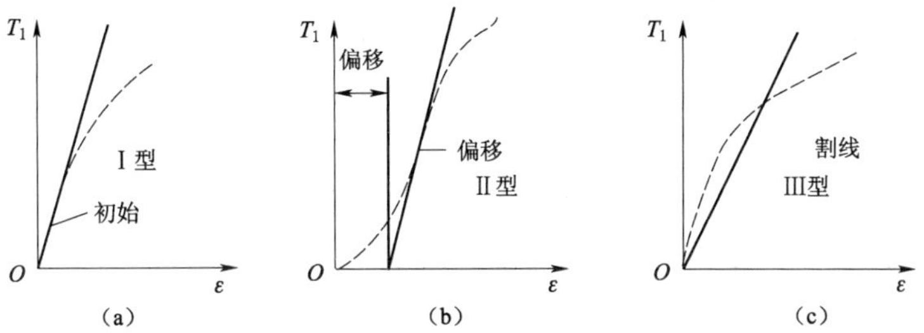

图 6.6　拉伸模量示意图

6.2.5.6　记录

条带拉伸试验记录表格式见表 6.8。

表 6.8　　土工合成材料　条带拉伸试验记录表

样品编号		试验环境	20℃　62%
试样名称及规格	短纤针刺非织造土工布/(10kN/m)	试样描述	无杂物、无破损、布面均匀，可检
试样日期		试验设备	综合实验机
试验规程	SL 235—1012	试验人员	张三
评定标准		复核人员	李四

序号	纵　向				横　向			
	拉力/N	强度/(kN/m)	伸长量/mm	伸长率/%	拉力/N	强度/(kN/m)	伸长量/mm	伸长率/%
1	2348	11.74	56	56	2138	10.69	68	68
2	2096	10.48	66	66	2306	11.53	70	70
3	2197	10.99	58	58	2303	11.52	66	66
4	2138	10.69	57	57	2120	10.60	68	68
5	2202	11.01	60	60	2201	11.01	72	72
6	2025	10.13	62	62	2214	11.07	65	65
7								
8								
9								
10								
$\overline{X}$	10.84		59.8		11.07		68.2	10.84
δ	0.552		3.710		0.395		2.56	0.552
C_V	5.09		6.20		3.57		3.76	5.09
备注								

试验：　　　　　　　　复核：　　　　　　　　日期：

6.3

6.2.6 土工织物（土工布）梯形撕裂试验

土工布在运输和工程的现场铺设过程中，经常会受到剪切或刺破，粒料碎石等的尖角很可能穿入洞内，如连续受到动负荷，将会承受一种撕裂的力，造成孔洞继续扩大，所以撕裂强度也是力学特性的主要指标之一。

6.2.6.1 目的和适用范围

（1）本方法规定了用梯形试样测定土工织物撕破强力的方法。

（2）本方法适用于测定土工织物的梯形撕破强力。

6.2.6.2 试验设备

（1）试验机：应其有等速拉伸功能，并能自动记录拉伸过程中的拉力。

（2）夹具：夹持面应平行，应能防止试样滑动。夹具宽度应不小于85mm，宽度方向垂直于力的作用方向。

（3）测量设备应符合下列规定：

1）荷载指示值或记录值应准确至1%。

2）伸长量的测量读数应准确至1mm。

3）应能自动记录拉力-伸长量曲线。

（4）梯形模板：试样模板尺寸如图6.7所示，用于剪样。

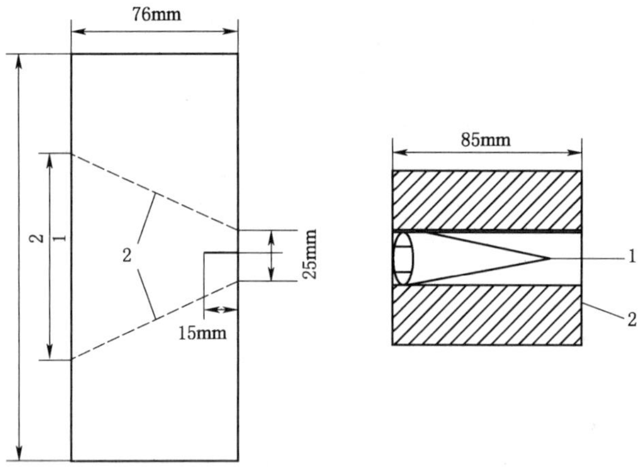

（a）平面形状　　（b）夹持形状

图6.7　梯形撕裂试样示意图（单位：mm）

1—切缝；2—夹持线

6.2.6.3 试样制备

（1）应按6.1.4的规定以及图6.7裁剪试样。

（2）实验室环境按6.1.3调节。

（3）每组试样数量应不少于5个。

（4）试样为宽76mm，长200mm的矩形，根据模板尺寸［图6.7（a）］在试样上画两条梯形边，在梯形短边正中处剪条15mm长的切口。

6.2.6.4 操作步骤

（1）将试验机夹具的初始距离调整为25mm，设定拉伸速率为300mm/min。

（2）将试样放入夹具内，使试样上的梯形线与夹具边缘齐平。梯形的短边平整绷紧，其余部分呈折叠状，如图6.7（b）所示。

（3）开启试验机，直至试样破坏，并记录最大撕裂力。

（4）如试样在夹具内打滑或被针口夹坏，应按6.2.5中第4条处理。

（5）重复2～4条对其余试样进行试验。

6.2.6.5 计算

（1）应按式（6.2）、式（6.3）、式（6.4）计算最大撕裂力的平均值（即折裂强力）、标准差和变异系数。

（2）撕裂强力的单位为牛（N）。

6.2.6.6 记录

梯形撕裂试验记录表格式参照表6.9。

表6.9　　土工合成材料　撕裂强度试验记录表

样品编号		试验环境	20℃　62%
试样名称及规格	短纤针刺非织造土工布/(10kN/m)	试样描述	无杂物、无破损、布面均匀，可检
试样日期		试验设备	综合实验机
试验规程	SL 235—1012	试验人员	张三
评定标准		复核人员	李四

序号	纵向			横向		
	拉力/N	伸长量/mm	伸长率/%	拉力/N	伸长量/mm	伸长率/%
1	328			323		
2	346			333		
3	344			341		
4	321			336		
5	349			346		
6	347			326		
7	329			340		
8	321			326		
9	320			323		
10	346			320		
$\bar{X}$	335			331		
δ	12.31			9.02		
C_V	3.67			2.72		
备注						

试验：　　　　　　　　　　复核：　　　　　　　　　　日期：

6.2.7　土工织物（土工布）圆柱（CBR）顶破试验

6.4

顶破强度是在土工布的平面施加垂直的集中负荷，使其逐渐扩张直至破裂所得到的最大顶压力。顶破试验时模拟在工程中土工布受到凹凸不平的负荷时，反映一种抵抗垂直于土工布平面法向压力的能力。该试验测定分为圆球顶破和 CBR 顶破及胀破等几种不同的顶破试验方法，在这里只叙述圆柱（CBR）顶破试验，其余两种试验方法可参见规范 SL/T 235—2012 土工合成材料测试规程。

6.2.7.1　目的和适用范围

（1）本节规定了土工合成材料圆柱（CBR）顶破强力的试验方法。

（2）本节适用于各类土工织物、土工膜及片状土工复合材料。

6.2.7.2　试验设备

（1）试验机：荷载指示值或记录值准确至 1%；顶压杆位移准确至 1mm；应具有等速加荷功能，并应能记录加荷过程中的应力-应变曲线；行程应大于 150mm，

（2）环形夹具：内径为 150mm，其中心应在顶压杆的轴线上。底座高度大于顶杆长度，应有足够的支撑力和稳定性。环形夹具如图 6.8 所示。

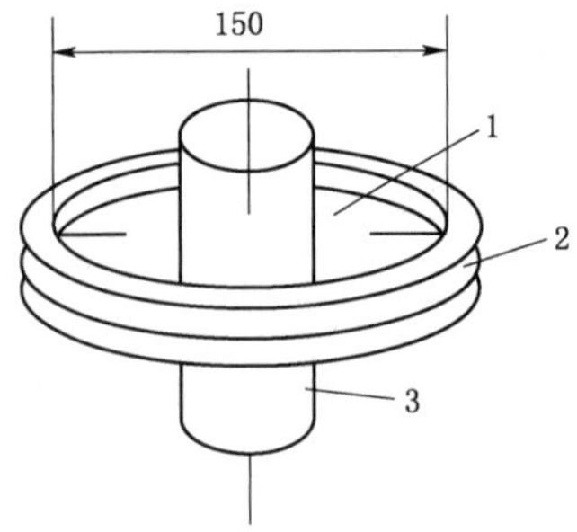

图 6.8　环形夹具示意图（单位：mm）
1—试样；2—环形夹具；3—顶压杆

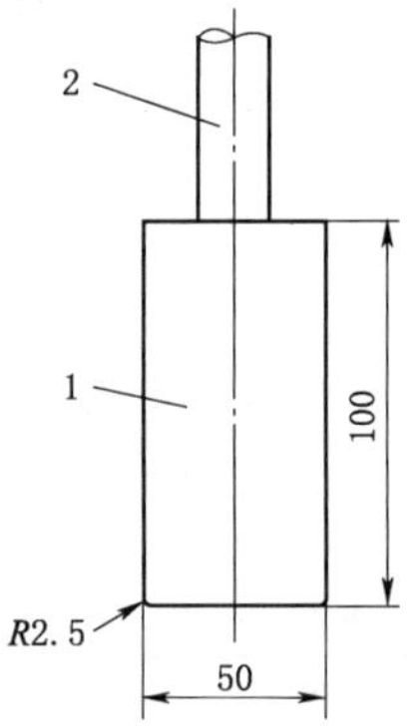

图 6.9　顶压杆示意图（单位：mm）
1—顶压杆；2—连接杆

（3）顶压杆：直径为 50mm，高度为 100mm 左右的光滑圆柱体，顶端边缘倒成 2.5mm 半径的圆弧。顶压杆如图 6.9 所示。

6.2.7.3　试样制备

（1）应按 6.1.4 的规定裁剪试样。

（2）实验室环境按 6.1.3 调节。

（3）每组试样数量应不少于 5 个。

（4）试样尺寸应为 ϕ210～300mm，根据夹具而定。

6.2.7.4　操作步骤

（1）将试样放入环形夹具内，使试样在自然状态下拧紧夹具。

（2）将夹具放在试验机上，调整高度，使试样与顶压杆刚好接触。

（3）试验机量程选择宜使试样最大测试值在满量程的 10%～90%，设定试验机顶压速率为 50mm/min，开启试验机，记录顶压过程中顶压力-变形曲线，直至试样

完全顶破，记录最大顶压力。对于土工复合材料，在可能出现多峰值的情况下，均应以第一峰值作为试验的顶破强力。

（4）停机，取出已破坏试样，观察和记录顶破情况。如试样在夹具中有明显滑动或破损，应按6.2.5中第4条的规定处理。

（5）重复（1）～（4）条对其余试样进行试验。

6.2.7.5　计算

（1）应按式（6.2）、式（6.3）、式（6.4）计算最大顶压力（即圆柱顶破强力）、顶破位移及规定位移处的顶压力的平均值、标准差和变异系数。

（2）圆柱顶破强力的单位为牛（N），顶破位移的单位为毫米（mm）。

6.2.7.6　记录

圆柱（CER）顶破试验记录表格式见表6.10。

表6.10　　**土工合成材料　顶破试验记录表**

样品编号		试验环境	20℃　62%
试样名称及规格	短纤针刺非织造土工布/(10kN/m)	试样描述	无杂物、无破损、布面均匀，可检
试样日期		试验设备	综合实验机
试验规程	SL/T 235—1012	试验人员	张三
评定标准		复核人员	李四

序号	CBR顶破强力/N		
1	1929		
2	1899		
3	1984		
4	1844		
5	1958		
6	1835		
7	1832		
8	1917		
9	1936		
10	1999		
$\overline{X}$	1913		
δ	60.43		
C_V	3.16		
备注			

试验：　　　　复核：　　　　日期：

说明：土工织物基本检测项目还包括单位面积质量偏差、厚度项目的检测，具体操作流程比较简单，在本书中不再赘述，具体操作可参见现行规范 SL/T 235—2012 土工合成材料测试规程。

以上检测项目结果是实验室对规格为 10kN/m 的短纤针刺非织造土工布（即委托单 6—1）所要求检测项目进行试验所得到的，根据规范《土工合成材料 短纤针刺非织造土工布》（GB/T 17638—2017）中规定的合格标准（见表 6.11）出具试验报告（见表 6.12）

表 6.11　　基本项目要求

项目		标称断裂强度/(kN/m)								
		3	5	8	10	15	20	25	30	40
1	纵向断裂强度/(kN/m)	3.0	5.0	8.0	10.0	15.0	20.0	25.0	30.0	40.0
2	标称断裂强度对应伸长率/%	20～100								
3	顶破强力/kN	0.6	1.0	1.4	1.8	2.5	3.2	4.0	5.5	7.0
4	单位面积质量偏差率/%	±5								
5	幅宽偏差率/%	−0.5								
6	厚度偏差率/%	±10								
7	等效孔径 O_{90}（O_{95}）/mm	0.07～0.20								
8	垂直渗透系数/(cm/s)	*K*（10−1～10−3）　其中：*K*=1.0～9.9								
9	纵横向撕破强力/kN　≥	0.10	0.15	0.20	0.25	0.40	0.50	0.65	0.80	1.00
10	抗酸碱性能（强力保持率%）　≥	80								
11	抗氧化性能（强力保持率%）　≥	80								
12	抗紫外线性能（强力保持率%）	80								

注　1. 实际规格介于表中相邻规格之间，按线性内插法计算相应考核指标；超出表中范围时，考核指标由供需双方协商确定。

2. 第 4～6 项标准值按设计或协议。

3. 第 9～12 项为参考指标，作为生产内部控制，用户有要求的按实际设计值考核。

表 6.12

试 验 报 告

CMA

180000000000

土工合成材料检测报告

NO：TGB－2018－001

第 1 页/共 1 页

委托日期：2018 年 3 月 1 日　　报告日期：2019 年 5 月 14 日

委托单位：××××××市水务局

工程名称：某大（2）型Ⅱ等级别新建水利枢纽工程

建设单位：××××××市水务局

监理单位：××××××工程监理有限公司

施工单位：××××××建筑工程有限公司

使用部位：护坡　　取样地点：施工现场

产品名称：短纤针刺非织造土工布　　生产单位：××××××工程材料有限公司

规格代号：10kN/m　　出厂合格证号：

出厂日期：　　进场数量：5000m²

样品状态：平整、均匀、色泽基本一致　　检测性质：业主抽检

见证人员：李四　　委 托 人：张三

检测依据：《土工合成材料　短纤针刺非织造土工布》(GB/T 17638—2017)

检　测　结　果

序号	试验项目		标准要求	检测结果	结论
1	断裂强度	纵向/(kN/m)	≥10.0	10.84	合格
		横向/(kN/m)	≥10.0	11.07	合格
	断裂伸长率	纵向/%	20～100	59.8	合格
		横向/%	20～100	68.2	合格
2	撕裂强度	纵向/kN	≥0.25	0.335	合格
		横向/kN	≥0.25	0.331	合格
3	CBR 顶破强度/kN		≥1.8	1.91	合格
4	等效孔径 O_{95}/mm		0.07～0.2	0.088	合格
5	垂直渗透系数 k_{20}/(cm/s)		$(1\sim9)\times(10^{-1}\sim10^{-3})$	1.7×10^{-1}	合格
综合结论	备注：该土工合成材料以上检测项目均符合《土工合成材料　短纤针刺非织造土工布》(GB/T 17638—2017）标准				

试验单位：　　负责人：　　审核：　　试验：

任务6.3　土工膜质量检测

6.3.1　土工膜特性

土工膜是最早应用于工程建设中的土工合成材料，在20世纪30年代末至40年代初，人们就将聚氯乙烯土工膜应用于游泳池和输水渠道的防渗，应用于大坝防渗则是在20世纪70年代以后的事情。

土工膜特性包括厚度、防渗特性、与接触材料之间的摩擦特性、耐水压性和耐久性。

6.3.1.1　物理特性

（1）密度。土工膜的密度取决于其制造材料，即使制造土工膜的聚合物属于同一类，也往往存在明显的差异。例如，聚乙烯材质，就可划分为超低密度、低密度、中等密度和高密度等不同类型，由此制成的PE土工膜的密度也就存在差别。

（2）厚度。土工膜厚度是指膜在法向压力20kPa作用下其顶面至底面的距离。每个试样应至少测量三个不同位置，以平均值作为土工膜的厚度。其试验步骤较简单，本书中不赘述，可参见规范《土工合成材料测试规程》（SL/T 235—2012）。

6.3.1.2　力学特性

土工膜一般具有很高的抗拉强度及伸长率，但由于土工膜很薄，其撕裂强度和刺破强度较低。在这里简单归纳土工膜抗拉特性、撕裂特性和刺穿特性能力检测。

6.3.1.3　水力学特性

土工膜在工程中常应用于防渗工程中，所以要考虑其不透水性。其实土工膜是不透水的，也不透气的，其渗透机理与多孔介质中水的渗透不同。没有缺陷的土工膜中不存在“空隙”，或者不存在连通的“空隙”，因此也就不存在水在土工膜中或穿过土工膜的渗流。但在实际情况下或在试验中，人们仍能观察到水或其他液体（如汽油）从土工膜的一侧“渗透”到另一侧，这实质上是一种分子弥散现象。

本书中主要针对土工膜的力学特性指标进行检测。

6.3.2　土工膜拉伸性能测定

6.3.2.1　试验目的和适用范围

本方法适用于除复合土工膜外的各类土工膜。

6.3.2.2　试验设备

（1）试验机应具有等速拉伸功能。

（2）试验夹具的夹持面应平行，应能防止试样滑动。

（3）测量设备：应符合6.4.3条的规定。

（4）试样刀具：试样专用刀具为哑铃形，制成试样如图6.10所示。

6.3.2.3　试样制备

（1）应按6.1.4条的规定以及图6.10裁剪试样。

（2）应按6.1.3节的规定进行状态调节。

（3）每组试样数量应不少于5个。

（4）试样为哑铃形，尺寸如图6.10所示。

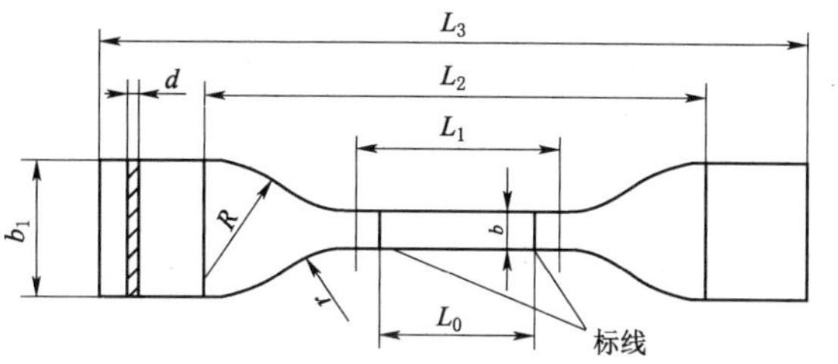

图6.10　哑铃形试样示意图（单位：mm）

L_0—标线间距离 25±0.25；L_1—平行部分长度 33±2；L_2—夹具间初始距离 80±5；
L_3—总长 115；R—大半径 25±2；r—小半径 14±1；b_3—端部宽度 25±1；
b—平行部分宽度 6±0.4；d—厚度

6.3.2.4　操作步骤

（1）测读每块试样的厚度。

（2）将试验机夹具的初始距离调整到80mm，试验机量程选择宜使试样最大测试值在满量程的10％～90％范围内。设定拉伸速率为100mm/min。

（3）将试样放入夹具内，试样不应歪扭。

（4）开启试验机，读取最大拉力F；读取标距C断裂时最大长度L_f。

（5）当试样打滑或被钳口夹坏，则应对夹具进行适当的调整或在试样和夹具之间衬入保护层。

（6）重复（3）～（5）条对其余试样进行试验。

（7）若单个试验数据与平均值差太大，偏差太大的界定及试样处理应按6.4.4中第4条的规定处理。

6.3.2.5　计算

（1）拉伸强度计算应符合下列规定：

1）拉伸强度应按式（6.9）计算：

$$T=\frac{F}{B\delta} \tag{6.9}$$

式中　T——拉伸强度，MPa；

F——最大拉力，N；

B——试样中间部位宽度，mm；

δ——试样厚度，mm。

2）断裂强度：计算断裂强度与计算拉伸强度相同，将最大拉力换成断裂拉力。

3）屈服强度：计算屈服强度与计算拉伸强度相同，将最大拉力换成屈服拉力。

（2）伸长率计算应符合下列规定：

1）伸长率应按式（6.8）计算。

2）断裂伸长率：计算断裂伸长率与计算伸长率相同，将最大拉力时伸长量换成断裂伸长量。

3）屈服伸长率：计算屈服伸长率与计算伸长率相同，将最大拉力时伸长量换成屈服伸长量。

(3) 应按式（6.2）、式（6.3）、式（6.4）计算各指标的平均值、标准差和变异系数。

6.3.2.6 记录

土工膜拉伸试验记录表格式见表6.13。

表6.13　土工膜拉伸试验记录表

样品编号		试验环境	20℃　62%
试样名称及规格	HDPE　GH－1　0.5mm	试样描述	无杂物、无破损、布面均匀，可检
试样日期		试验设备	综合实验机
试验规程	SL/T 235—2012	试验人员	张三
评定标准	GB/T 17643—2011	复核人员	李四

序号	试样宽度与厚度：				试样计量标距：			
	纵　向				横　向			
	拉力/N	强度/(kN/m)	伸长量/mm	伸长率/%	拉力/N	强度/(kN/m)	伸长量/mm	伸长率/%
1	66	12.222	367	734.0	66	12.000	325	650.0
2	63	12.353	362	724.0	62	12.157	336	672.0
3	65	12.264	375	750.0	55	10.784	360	720.0
4	69	13.269	359	718.0	58	11.600	365	730.0
5	68	12.593	358	716.0	62	11.698	363	726.0
6	63	11.887	362	724.0	66	12.941	359	718.0
7	65	12.500	368	736.0	62	12.400	362	724.0
8	62	11.273	386	772.0	61	11.731	366	732.0
9	63	12.353	352	704.0	62	12.157	352	704.0
10	63	12.600	361	722.0	63	12.115	346	692.0
$\overline{X}$		12.3		730		12		707
δ		0.515		19.345		0.567		27.491
C_V		4.17		2.65		4.74		3.89
备注								

试验：　　　　复核：　　　　日期：

6.3.3 土工膜直角撕裂性能试验

6.3.3.1 目的与适用范围

本方法适用于塑料膜、薄片及其他类似的塑料材料。

6.3.3.2 试验设备

（1）试验机应具有等速拉伸功能。

（2）试验夹具的夹持面应平行，应能防止试样滑动。

（3）测量设备：应符合 6.4.3 条的规定。

（4）试样刀具：试样专用刀具为哑铃形，制成试样如图 6.11 所示。

6.3.3.3 试样制备

（1）应按 6.1.4 条的规定以及图 6.11 裁剪试样。

（2）应按 6.1.3 节的规定进行状态调节。

（3）纵横方向的试样各不少于 5 个。在受到拉伸试验机量程限制的情况下允许采用叠合试样组进行试验，此时试样不少于 3 组，每组 5 片。单片试样和叠合试样组的测试结果不可比较。叠合试样组不适用于泡沫片。

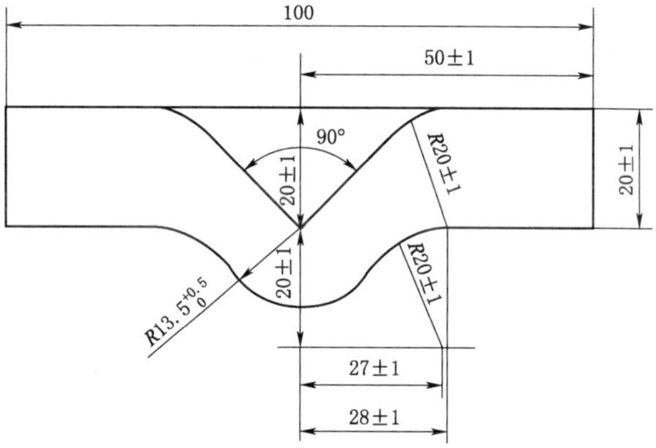

图 6.11 直角撕裂试样示意图（单位：mm）

（4）以试样裂时的裂口扩展方向作为试样方向。

（5）试样直角口处应无裂量及伤痕。

6.3.3.4 试验步骤

（1）将试样夹在试验机夹具上，夹入部分不大于 22mm，并使其受力方向与试样方向垂直。

（2）在（200±20）mm/min 的试验速度下进行试验，记录试验过程中的最大负荷值。

6.3.3.5 结果计算

以试样撕裂过程中的最大负荷值作为直角撕裂负荷，单位：N。

直角撕裂强度按式（6.9）计算：

$$\sigma_{tr}=\frac{P}{d} \tag{6.10}$$

式中 σ_{tr}——直角撕裂强度，kN/m；

P——撕裂负荷，N；

d——试样厚度，mm

试验结果以所有试样直角撕裂负荷或直角撕裂强度的算术平均值表示。试验结果的有效数字取二位或按产品标准规定。

6.3.3.6 记录

土工膜撕裂强度试验记录表格式见表 6.14。

表 6.14　　　　　　　　　　**土工合成材料　撕裂强度、刺破试验记录表**

样品编号			试验环境	20℃　62%
试样名称及规格	HDPE　GH－1　0.5mm		试样描述	无杂物、无破损、布面均匀，可检
试样日期			试验设备	综合实验机
试验规程	SL/T 235—2012		试验人员	张三
评定标准	GB/T 17643—2011		复核人员	李四
序号	撕裂强度（速率：200mm/min）		刺破强度/N	
	纵向拉力/N	横向拉力/N	速率：60mm/min	
1	56	55	132	
2	57	56	145	
3	59	57	143	
4	61	55	148	
5	58	56	151	
6	59	58	137	
7	55	57	132	
8	53	55	141	
9	57	53	153	
10	57	55	146	
$\overline{X}$	57	56	143	
δ	2.251	1.418	7.330	
C_V	3.94	2.55	5.13	
备注	试样受力截面宽度为 20mm			

试验：　　　　　　　　　　　　复核：　　　　　　　　　　　　日期：

6.3.4　土工膜刺破性能试验

6.3.4.1　目的和适用范围

本方法适用于孔隙较小的各类土工织物、土工膜及片状土工复合材料。

6.3.4.2　试验设备

（1）试验机：荷载指示值或记录值准确至 1%；顶杆位移准确至 1mm；应具有等速加荷功能，并能记录加荷过程中的应力应变曲线；行程应大于 100mm。

（2）环形夹具：内径为 45mm，其中心应在顶杆的轴线上底座高度大于顶杆长度，有足够的支撑力和稳定性。环形夹具如图 6.12 所示。

（3）平头顶杆：直径为 8mm，顶端边缘倒成 45°、深 0.8mm 的倒角，平头。平头顶杆如图 6.13 所示。

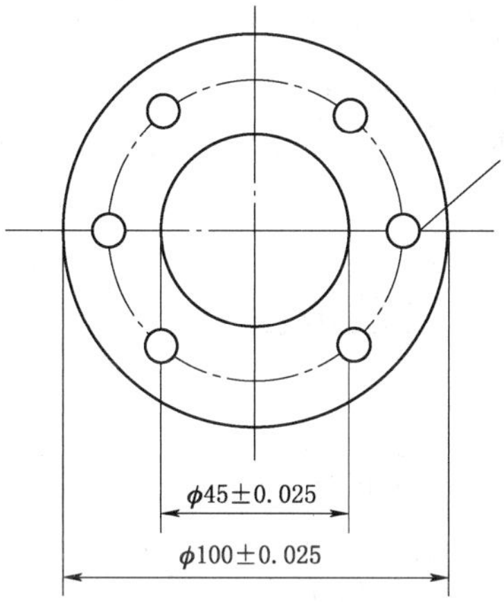

图 6.12　环形夹具示意图
（单位：mm）

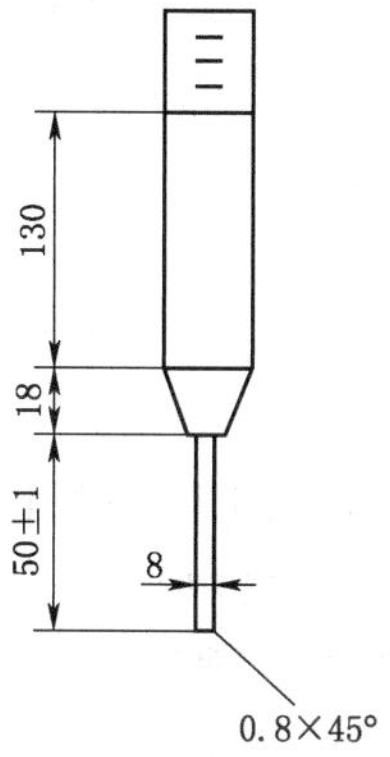

图 6.13　平头顶杆示意图
（单位：mm）

6.3.4.3　试样制备

（1）按 6.1.4 规定裁剪试样；

（2）实验室环境按 6.1.3 调节。

（3）每组试样数量应不少于 5 个。

（4）试样尺寸应在 100mm 左右，根据夹具而定。

6.3.4.4　操作步骤

（1）将试样放入环形夹具内，使试样在自然状态下拧紧夹具，应防止试样在刺破过程中滑动或破损。

（2）将夹具放在试验机上，调整高度，使试样与平头顶杆刚好接触。

（3）试验机量程选择宜使试样最大测试值在满量程的 10%～90%范围内。设定试验机刺破速率为 300m/min，开启试验机，记录试验过程中刺破力变形曲线，直至试样完全刺破，记录最大刺破力。对于土工复合材料，可能出现多峰值的情况，均应以第一峰值作为试验的刺破强力。

（4）停机，取出已破坏试样，观察和记录刺破情况。如试样在夹具中有明显滑动或破损，应按 6.2.5 第 4 条的规定处理。

（5）重复 6.4.1～6.4.4 对其余试样进行试验。

6.3.4.5　计算

（1）应按式（6.2）、式（6.3）、式（6.4）的规定计算最大刺破力（即刺破强力）的平均值、标准差和变异系数。

（2）刺破强力的单位为牛（N）。

6.3.4.6　记录

刺破试验记录见表 6.14。

说明：土工膜现行国家标准 GB/T 17643—2011 将土工膜的划分为：普通高密度聚乙烯土工膜；环保用光面高密度聚乙烯土工膜；环保用单糙面高密度聚乙烯土工

膜；环保用双糙面高密度聚乙烯土工膜；低密度聚乙烯土工膜；环保用线形低密度聚乙烯土工膜。不同工程对土工膜主要性能指标要求有所不同，因此，检测项目也有差别，本书主要针对土工合成材料物理性能指标、力学性能指标以及水力学性能指标检测项目进行介绍。

任务 6.4　复合土工膜质量检测

6.4.1　复合土工膜的特性

土工膜一般由沥青、塑料或橡胶压延而成，也可两者混用，胶片较薄，厚度为0.25mm 左右，强度低，且较易碰伤破裂，加筋土工膜多在有纺或无纺织物上涂膜，一面或两面涂。复合土工膜按需要可以数种材料组合而成，有的加筋土工膜也称为复合土工膜，复合土工膜主要用于防渗，复合土工膜分为一布一膜和两布一膜、抗拉、抗撕裂、顶破等物理力学性能指标高，能满足水利、市政、建筑、交通、地铁等工程需要。

6.4.2　复合土工膜剥离性能检测

6.4.2.1　目的与适用范围

本方法适用于膜-膜、布-布、布-膜、布-膜-布等各种形式的复合土工合成材料和土工膜，粘焊型、物理连接型土工格栅及土工格室、三维土工网的接缝。

6.4.2.2　试验设备

（1）试验机：应具有等速拉伸功能。

（2）夹具：夹持面应平行，应能防止试样滑动。

（3）测量设备：测量设备应符合下列规定：

1）荷载指示值或记录值应准确至 1%

2）伸长量的测量读数应准确至 1mm。

3）应能自动记录拉力-伸长量曲线。

（4）剥离试样安装如图 6.14 所示。

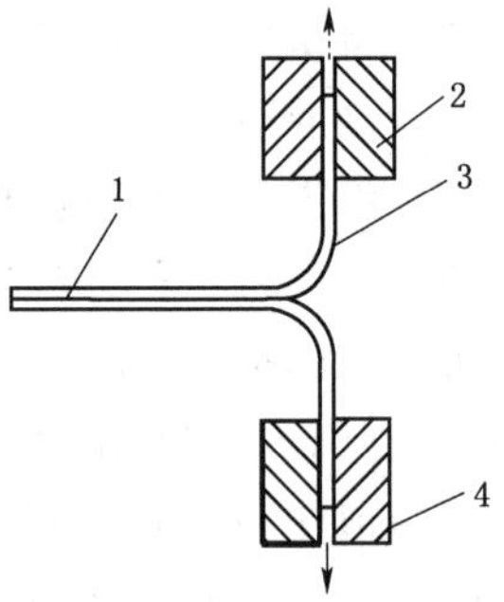

图 6.14　剥离试样安装示意图

1—试样未剥开部分；2—上夹具；
3—试样剥开部分；4—下夹具

6.4.2.3　试样制备

（1）应按 6.1.4 条的规定裁剪试样。

（2）应按 6.1.3 节的规定进行状态调节。

（3）每组试样数量应不少于 5 个。

（4）试样尺寸长度为 200mm，宽度为 50mm。

（5）土工合成材料复合产品的试样剥离长度应不少于 100mm。

6.4.2.4　操作步骤

（1）将试验机夹具的初始距离调整到 100mm，试验机量程选择宜使试样最大测试值在满量程的 10%～90%。设定拉伸速率为 300mm/min。

（2）将试样放入夹具内，夹紧试样。

（3）开启试验机，直至试样完全剥离，记录最大剥离力 F。

(4) 观察和记试样的破坏现象，是材料破坏还是被剥开。

(5) 重复 (1)～(4) 条对其余试样进行试验。

6.4.2.5 计算

剥离强度应按式 (6.11) 计算：

$$T_b=\frac{F}{B} \tag{6.11}$$

式中 T_b——剥离强度，kN/m；

F——最大剥离力，kN；

B——试样宽度，m。

应按式 (6.2)、式 (6.3)、式 (6.4) 计算剥离强度平均值、标准差和变异系数。

6.4.2.6 记录

剥离试验记录表见 6.15。

表 6.15　　复合土工膜　剥离强度试验记录表

样品编号		试验环境	20℃　62%
试样名称及规格	复合土工膜 SN2/PVC－16－400－0.35	试样描述	无杂物、无破损、布面均匀，可检
试样日期		试验设备	综合实验机
试验规程	SL/T 235—2012	试验人员	张三
评定标准		复核人员	李四

序号	剥离强度		耐静水压
	拉力/N	强度/(N/cm)	两布一膜/MPa
1	34	6.8	0.81
2	36	7.2	0.83
3	42	8.4	0.79
4	68	13.6	0.89
5	47	9.4	0.93
6	53	10.6	0.78
7	52	10.4	0.84
8	48	9.6	0.82
9	47	9.4	0.76
10	38	7.6	0.73
$\overline{X}$	47	9	0.82
δ	9.981	1.996	0.059
C_V	21.46	21.46	7.26
备注			

试验：　　　　　　　　复核：　　　　　　　　日期：

6.4.3 复合土工膜耐静水压力性能检测

6.4.3.1 目的与适用范围

本方法适用于各类防渗用土工膜及土工复合品。

6.4.3.2 试验设备

(1) 耐静水压力仪示意图见图 6.15。

(2) 夹具：内径为 30.5m 的环形夹具，试验过程中夹具内的试样不应滑移或被夹坏。

(3) 压力表检查是否工作正常，进行零点调整、量程范围选择。量程选择宜使试样最大测试值在满量程的 10%～90%。

(4) 液压系统：应能逐步增大试样下的液压直至试样破坏或试样渗漏，液体压入速率为 100mL/min。

图 6.15 耐静水压仪

6.4.3.3 试样制备

(1) 应按 6.1.2 条的规定裁剪试样。

(2) 应按 6.1.3 节的规定进行状态调节。

(3) 每组试样数量应不少于 10 个。

(4) 每个试样直径应不小于 55mm。

6.4.3.4 操作步骤

(1) 试验前应检查仪器各部分是否正常，需要时应用刚性且不渗透材料对耐静水压力仪做综合性能校验，保证仪器不渗漏。

(2) 安装试样，用环形夹具将试样夹紧。

(3) 设定液体压入速率为 100mL/min，开启机器，使试样凸起变形，直至试样破坏或试样渗漏时应立即停止加压，并及时记录使试样破坏或试样渗漏时最大压力。

(4) 重复 (1) ～ (3) 条对其余试样进行试验。

6.4.3.5 计算

(1) 应按式 (6.2)、式 (6.3)、式 (6.4) 计算耐静水压力平均值、标准差和变异系数。

(2) 耐静水压力的单位为千帕 (kPa) 或兆帕 (MPa)。

6.4.3.6 记录

(1) 应按 3.5 节的规定在记录表中记录相关内容。

(2) 土工膜耐静水压力试验记录表见表 6.8。

说明：复合土工膜基本检测项目包括拉伸性能检测、CBR 顶破强度检测、撕破强力检测、耐静水压性能检测、剥离强度检测和垂直渗透性能检测。其中垂直渗透性能检测、拉伸性能检测、撕破强力检测和 CBR 顶破强度检测与土工织物相应检测项目方法一致，这里不再赘述。

任务 6.5 土工格栅质量检测

6.5.1 土工格栅特性

土工格栅分为塑料土工格栅、钢塑土工格栅、玻璃纤维土工格栅和聚酯经编涤纶土工格栅四大类。格栅是用聚丙烯、聚氯乙烯等高分子聚合物经热塑或模压而成的二维网格状或具有一定高度的三维立体网格屏栅，当作为土木工程使用时，称为土工格栅。

与其他土工合成材料相比，它具有独特的性能与功效。常用作加筋土结构的筋材或复合材料的筋材等。

6.5.2　土工格栅拉伸性能检测试验

6.5.2.1　目的与适用范围

本方法适用于各类土工格栅。

6.5.2.2　试验设备

（1）试验机、夹具、测量和记录装置，应符合6.2.5中第2条的规定。

（2）对于高强土工格栅，如钢塑土工格栅，应采用专用夹具。

6.5.2.3　试样制备

（1）应按6.1.4的规定裁剪试样。

（2）应按6.1.3的规定进行状态调节。

（3）每组试样数量应不少于5个。

（4）试样宽度根据上工格栅类型的不同选择单肋法、多助法，土工格栅试样如图6.16所示。长度方向宜包含2个完整单元，并且试样长度应不小于100m。

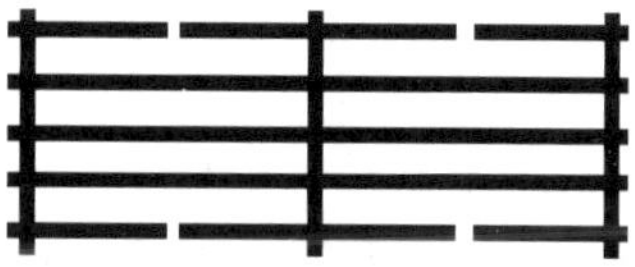

（a）单向土工格栅

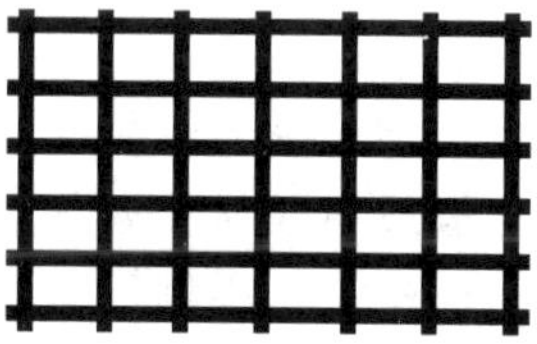

（b）双向土工格栅

图6.16　土工格栅试样示意图

6.5.2.4　操作步骤

（1）试验机量程选择宜使试样最大测试值在满量程的10%～90%。设定拉伸速率为300mm/min。

（2）按试样的计量长度调整试验机上、下夹具的间距。

（3）设定拉伸速率为土工格栅计量长度的20%/min。注：适用于平口式夹具且不用引伸计的情况，其他情况见条文说明。

（4）将试样放入夹具内夹紧。

（5）开启试验机，同时启动记录装置，连续运转直至试样破坏为止，停机。在拉伸过程中，同时记录拉力-伸长量曲线。

（6）如果试样打滑或被钳口夹坏，应按6.2.5中第4条处理。

（7）重复（4）～（6）条对其余试样进行试验。

6.5.2.5　计算

（1）拉伸强度计算应符合下列规定：

1）拉伸强度应按式（6.12）计算

$$T_1=\frac{F\times N}{n} \tag{6.12}$$

式中 T_1——土工格栅拉伸强度，kN/m；

F——试样最大拉力，kN；

N——样品每米宽度上肋数，肋/m；

n——试样肋数（单肋法时 $n=1$ 肋；多肋法时 n 为试样实际肋数）。

2）2%、5%伸长率时拉伸强度计算：先在拉力-伸长量曲线上查得2%与5%伸长率相应伸长量时的拉力，再按式（6.12）计算。

3）按式（6.2）、式（6.3）、式（6.4）计算拉伸强度的平均值、标准差和变异系数。

（2）伸长率计算应符合下列规定

1）伸长率 e 应按式（6.8）计算。

2）标称强度下的伸长率计算：先按照式（6.12）反算标称强度对应的拉力值，然后在拉力-伸长量曲线上查得该拉力值时试样的伸长量，再按式（6.8）计算标称强度下的伸长率。

3）应按式（6.2）、式（6.3）、式（6.4）计算伸长率的平均值、标准差和变异系数。

6.5.2.6 记录

土工格栅拉伸试验记录表见表6.16。

说明：土工格栅按组成材料划分为：塑料土工格栅、钢塑土工格栅、玻璃纤维土工格栅、聚酯经编涤纶土工格栅，不同类型的土工格栅检测项目有所不同，所以本书介绍主控检测项目即拉伸性能。

表6.16　　土工合成材料　土工格栅拉伸试验记录表

样品编号		试验环境	20℃　62%
试样名称及规格		试样描述	无杂物、无破损、布面均匀，可检
试样日期		试验设备	综合实验机
试验规程	SL/T 235—2012	试验人员	张三
评定标准		复核人员	李四

序号	方向							
	每米宽筋数：				试样夹持长度：			
	拉力 /N	强度 /(kN/m)	伸长量 /mm	伸长率 /%	2%伸长率时拉力 /N	2%伸长率时强度 /(kN/m)	5%伸长率时拉力 /N	5%伸长率时强度 /(kN/m)
1								
2								
3								
4								

续表

试样名称及规格		试样描述	无杂物、无破损、布面均匀，可检
试样日期		试验设备	综合实验机
试验规程	SL/T 235—2012	试验人员	张三
评定标准		复核人员	李四

序号	方向							
	每米宽筋数：				试样夹持长度：			
	拉力 /N	强度 /(kN/m)	伸长量 /mm	伸长率 /%	2%伸长率时拉力 /N	2%伸长率时强度 /(kN/m)	5%伸长率时拉力 /N	5%伸长率时强度 /(kN/m)
5								
6								
7								
8								
9								
10								
$\overline{X}$								
δ								
C_V								
备注								

试验： 复核： 日期：

任务6.6 专 业 知 识 延 伸

土工合成材料（Geosynthetics）域的各种合成材料产品；二是指这类材料的应用技术。正如其英文名称所示，Geo代表岩土（earth），synthetics则指合成材料。所谓合成材料一般是指采用人工合成的方法将简单的物质制成各种高分子聚合物，主要包括合成橡胶、合成纤维、合成树脂以及塑料等高分子物质。这些物质就是制造土工合成材料的聚合物原材料。

6.5

土工合成材料是指通过与土体、岩石或其他岩土工程材料相接触，应用于土木工程领域的各种人工合成的或天然的聚合物材料制品。随着材料工业的发展和工程应用的不断创新，土工合成材料的概念也处于不断完善之中。比如出现一些三维织物、土工泡沫。

6.6.1　土工合成材料的种类

土工合成材料一般可按照产品结构和形成工艺分类，也可以从应用的角度，按产品的工程分类对于其具体分类国内外尚未统一规定。按照现行国家标准《土工合成材料应用技术规范》（GB/T 50290—2014）中对土工合成材料分为四类：土工织物、土工膜、土工复合材料、土工特种材料，［由于编排教材原因，以下截取规范部分序号有所更改，内容与《土工合成材料应用技术规范》（GB/T 50290—2014）完全一致］如图 6.17 所示。

- 土工合成材料
  - 土工织物
    - 织造
      - 机织
      - 针织
    - 非织造
      - 针刺
      - 热黏结
      - 化学黏结
  - 土工膜
    - 聚乙烯(PE)土工膜
    - 聚氯乙烯（PVC）土工膜
    - 氯化聚乙烯（CPE）土工膜
  - 土工复合材料
    - 复合土工膜
    - 复合土工织物
    - 复合排水材料：排水带、排水管、排水防水材料等
  - 土工特种材料
    - 土工格栅、土工带、土工格室、土工网、土工模袋、土工网垫、土工织物膨润土垫（GCL）、聚苯乙烯板块（EPS）等

图 6.17　土工合成材料的分类

术语解释：

1. 土工织物（geotextile，GT）

具有透水性的土工合成材料。按制造方法不同可分为有纺土工织物和无纺土工织物。

（1）有纺土工织物（woven geotextile）指由纤维纱或长丝按一定方向排列机织的土工织物。

（2）无纺土工织物（nonwoven geotextile）指由短纤维或长丝随机或定向排列制成的薄絮垫，经机械结合、热黏合或化学黏合而成的土工织物。

2. 土工膜（geomembrane，GM）

土工膜指由聚合物（含沥青）织成的相对不透水膜。

3. 复合土工膜（geomembrane composite）

土工膜和土工织物（有纺或无纺）或其他高分子材料两种或两种以上的材料的复合制品。与土工织物复合时，可生产出一布一膜、二布一膜（二层织物间夹一层膜）

等规格，记为××g（布）/××mm（膜）/××g（布）。

4. 土工格栅（geogrid）

由抗拉条带单元结合形成的有规则网格型式的加筋土工合成材料，其开孔可容填筑料嵌入。分为塑料土工格栅、玻纤格栅、聚酯经编格栅和由多条复合加筋带黏接或焊接成的钢塑土工格栅等。

5. 土工带（geobelt）

土工带指经挤压拉伸或再加筋制成的带状抗拉材料。

6. 土工格室（geocell）

由土工格栅、土工织物或具有一定厚度的土工膜形成的条带通过结合相互连接后构成的蜂窝状或网格状三维结构材料。

7. 土工网（geonet，GN）

二维的由条带部件在结点连接而成有规则的网状土工合成材料，可用于隔离、包裹、排液、排气。

8. 土工膜袋（geofabriform）

土工膜袋指由双层的有纺土工织物缝制的带有格状空腔的袋状结构材料。充填混凝土或水泥砂浆等凝结后形成防护板块体。

9. 土工网垫（geomat）

由热塑性树脂制成的三维结构，亦称三维植被网。其底部为基础层，上覆泡状膨松网包，包内填沃土和草籽，供植物生长。

6.6.2 土工合成材料的功能及应用

6.6.2.1 土工合成材料的功能

6.6

土工合成材料的应用非常广泛，主要用于岩土工程、环境土工、水利工程和铁路与公路交通工程等领域。在实际工程应用中，土工合成材料可以起到防渗、过滤、排水、隔离、加筋和防护六大基本功能。下面按各种功能特点及应用范围分别介绍如下：

1. 防渗功能（也叫密封功能，形成不透水层）

防止水的渗漏，在水利工程中的储水和输水建筑物均需要防止水的大量渗漏，各种工业液体储存。如油料、化学溶液等的储存，工业废料（有毒液、毒气）、采矿废渣的储存也都要防渗漏，地下功能的建造（如隧道及地下建筑等）也需要防渗。过去用沥青油毡，先用土工膜或复合土工膜，在膜的两面设保护层和支持层，其功能示意如图6.18所示。

防渗的应用范围如下：

（1）堤坝、闸的防渗：坝基和闸基防渗、坝面防渗、坝的防渗、斜墙或人墙防渗、闸的护坡防渗。

（2）输水、输油、输液通道防渗：河道水渠、排污河、油料及液体或废料运输的通道防渗。

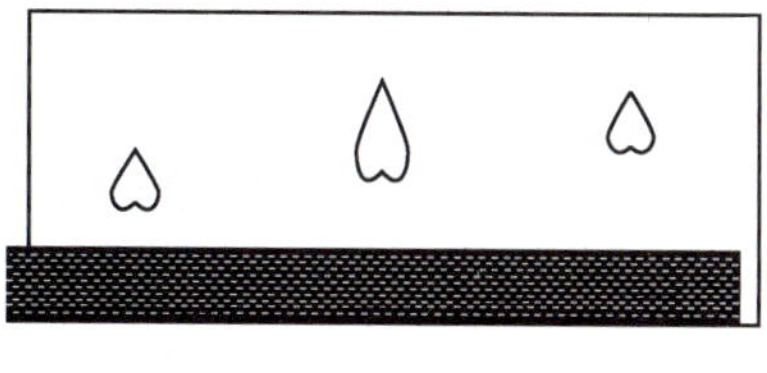

图6.18 沥青油毡功能示意图

(3) 地下建筑防渗：隧道、地下室、坝体内埋涵管、地下输水道等的防渗。

(4) 蓄液库防渗（各种水容体）：水池、养鱼池、化学液体蓄放池、盐场卤水池、污物存放池等的防渗。

(5) 屋顶和充水气建筑的防渗。

(6) 固体废料堆放：防有害气体扩散。

各种应用的示意图如图 6.19 所示。

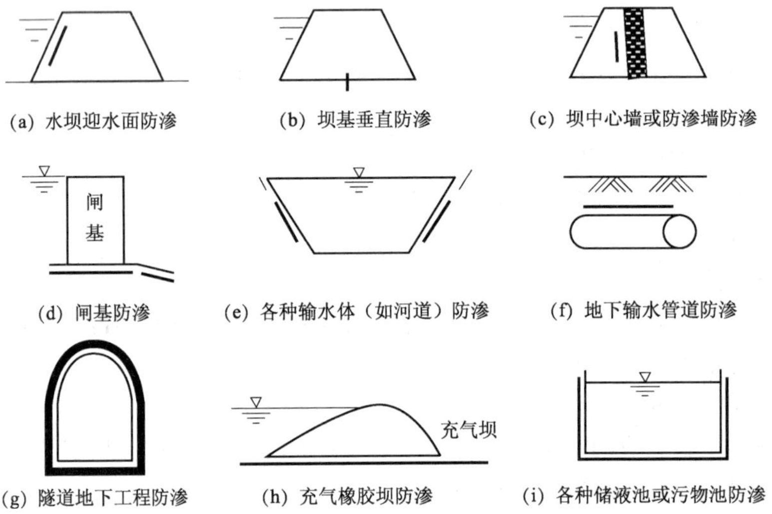

图 6.19　防渗作用（黑色粗体线代表土工合成材料）

2. 加筋功能

6.7

(1) 改善土体的强度和变形形态，增加结构的稳定性，使用土工合成材料加筋有 3 个优点。

1) 不易腐蚀，耐久性好。

2) 有透水性，同于排出土中水分，可提高土的抗剪强度。

3) 由于水分排出消减了土内孔隙的压力，增加了加筋材料和土体间的相互作用，两者间的界面摩擦阻力加大。

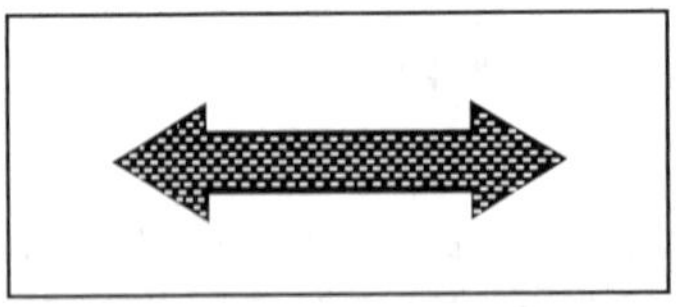

图 6.20　加筋材料的功能示意图

加筋材料的功能示意图如图 6.20 所示。

(2) 加筋用材一般为土工织物和土工格栅等，也有用编织扁带的，其应用范围如下。

1) 各种建筑的基础，如公路、铁路、堤坝、运动场等地基。

2) 边坡和挡土墙或桥台回填中。

3) 坝体中。

4) 隧道周边。

加筋的各种应用如图 6.21 所示。

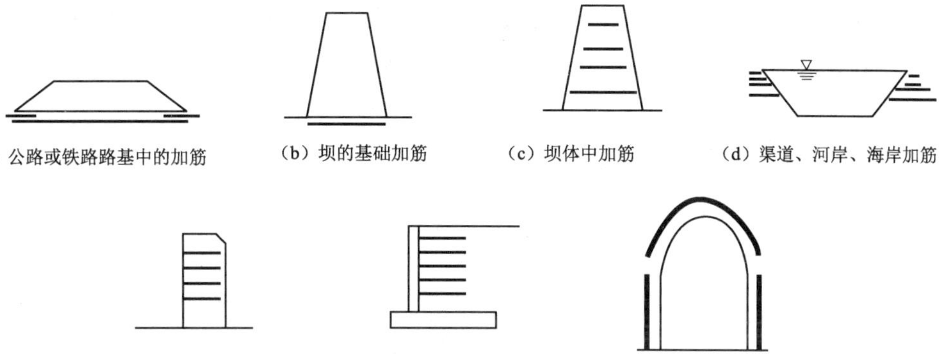

（a）公路或铁路路基中的加筋　（b）坝的基础加筋　（c）坝体中加筋　（d）渠道、河岸、海岸加筋

（e）挡土墙加筋或筑堤中加筋　（f）桥台加筋　（g）隧道周边加筋

图 6.21　加筋应用

3. 隔离功能

永久阻止两种材料混合，对两层具有不同物理性质（如粒径大小、密度等）的土进行隔离，使两者不能掺混，其功能示意图如图 6.22 所示。

6.2

经过土工合成材料的围篱，避免相互混杂，保持各种材料和结构的完整性，减少流失。

易透水或不透水分别使用土工织物或土工膜，应用的范围如下。

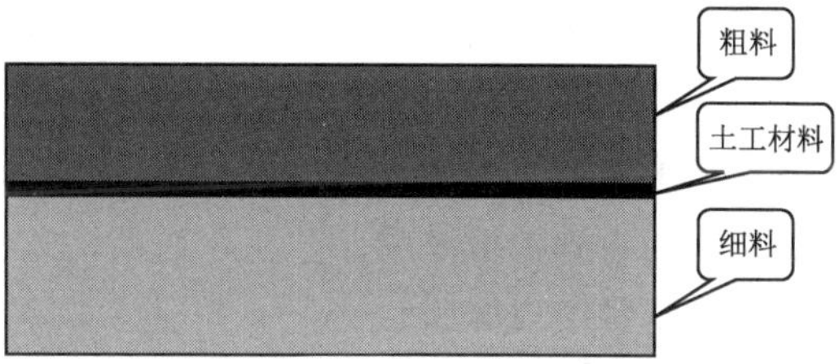

图 6.22　隔离

1）铁路道砟和路基间。

2）铁路路基和地基间。

3）公路碎石和地基间。

4）坝中各种筑坝的材料间。

5）坝基和地基间。

6）砂袋、石笼等和地基间。

隔离应用的各种场合示意图如图 6.23 所示。

以上这些有的是单纯的隔离作用，有的要与加筋作用一起发挥功能。除铁路道砟和路基及坝中不同粒径材料间只要求隔离功能外，其他均要求与加筋功能一起发挥作用。除以上应用外，还有机场的跑道、各种运动场的修建也需要利用加筋和隔离功能。

4. 过滤功能

把土工织物置土体表面或相邻土层之间，有效地阻止土颗粒通过，而水和气体可以自由排出，这样可防止因土颗粒的流动造成过量土体流失而破坏失稳。这种功能也叫反滤，即一方面挡土，一方面水流畅通，在挟有泥沙的流水中置放土工布后，可拦截泥沙，其功能示意图如图 6.24 所示。

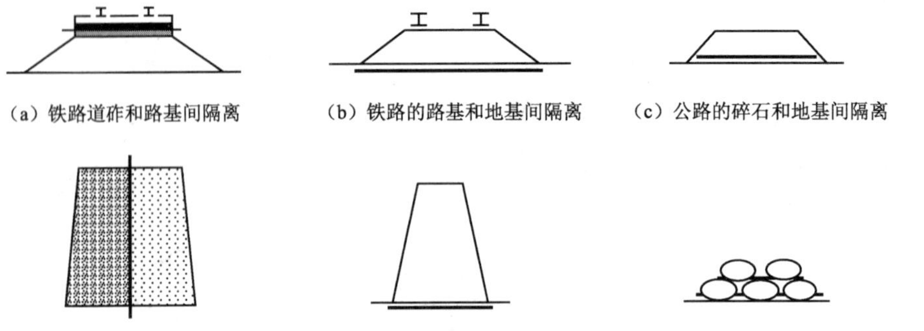

（a）铁路道砟和路基间隔离　（b）铁路的路基和地基间隔离　（c）公路的碎石和地基间隔离

（d）坝体中粗细不同粒径材料间隔离　（e）坝基和地基间隔离　（f）砂袋等堆积建筑和地基间隔离

图 6.23　隔离作用

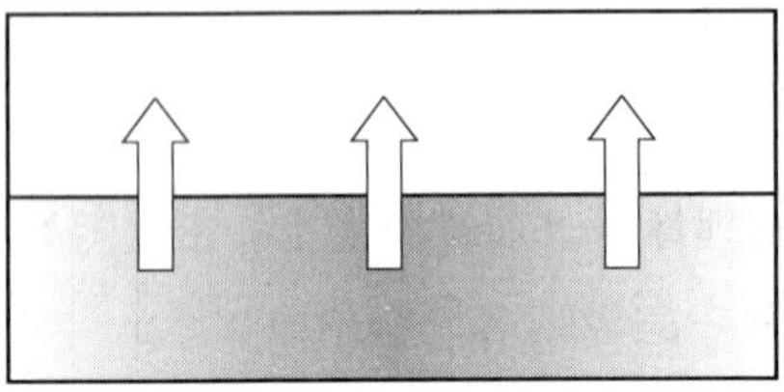

图 6.24　过滤

使用土工织物完成过滤功能，其应用范围如下。

1）坝中芯墙或斜墙滤层。

2）坝中排水体滤层。

3）坝脚滤层。

4）储水坝、尾矿坝的初期坝上游坝面滤层。

5）堤、河、海岸护坡滤层。

6）挡土墙填土中排水滤层。

7）水闸下游护坦滤层。

8）挑水管周边滤层。

9）地下隧道周边滤层。

各种工程要求过滤功能的示意图如图 6.25 所示。

5. 排水功能

用土工合成材料在土体中构成排水通道，可将土体中的水汇集起来，沿着材料的本体平面排出，是平面排水功能。也可进行垂直排水，将复合排水板插入地层来实现导水功能，两者功能间有些区别。平面排水是发挥土工材料自身作用，要求材料应有一定厚度，孔隙率应大，有时与过滤功能结合完成要求达到一定的孔径要求，渗透性要好。而垂直排水是利用复合板的芯材进行导水排水，土工织物是套在芯材的外套只起通过和过滤的作用，芯材是排水板的骨架和排水通道，目前有各种形式的芯材料。外套的滤材一般较薄，对透通性要求较高。

另外为保护土工膜，在土工膜的两侧均放一层土工织物，这层土工织物也起到导水和排水的功能，膜与土工织物间还可增大相互间的摩擦阻力，也有的施工土工膜下的支持层和膜上的保护层使用其他材料，如砂层垫料。

排水和过滤两种功能易混，都应能通过水，但排水功能应用时要求材料自身应构成排水通道，而过滤功能的应用只要求材料起阻挡作用，水可顺利通过。对材料自身是否形成排水没有要求，经过研究发现过滤功能的实现需要达到以下情况才行。土工

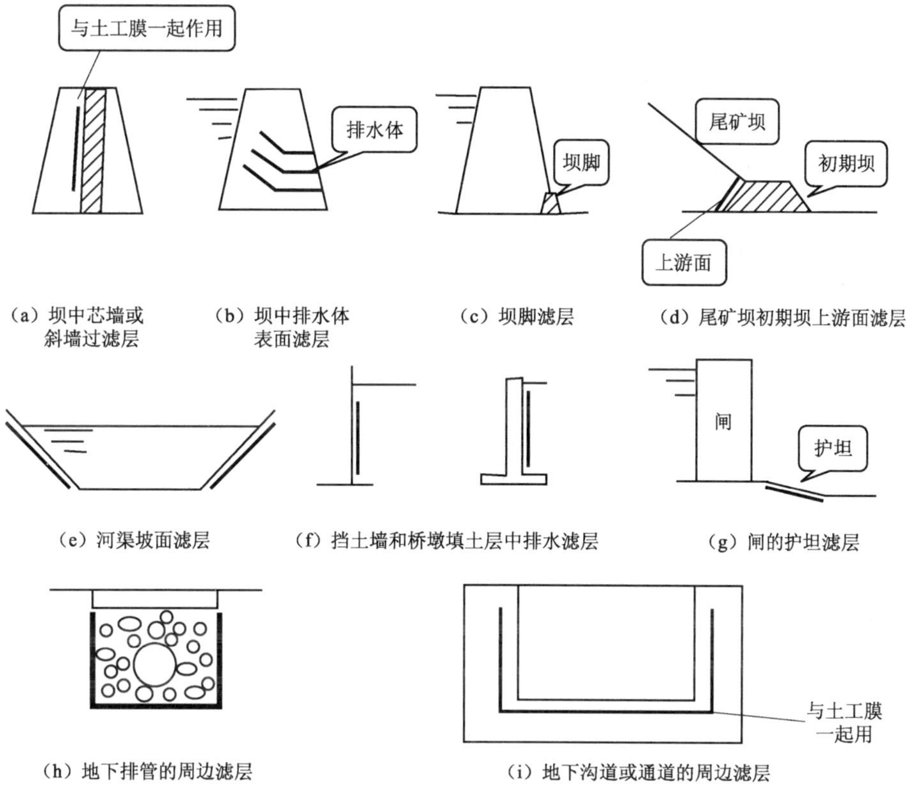

图 6.25 过滤应用示意图（加粗线条即为土工合成材料）

织物发挥阻挡作用，并在靠近土工织物处诱发形成一层土粒形成的过滤层，两者一起共同完成过滤。有人认为土工织物起的只是催化剂作用，还有土工织物经一段时间的使用后细粒土会对织物形成淤堵，即细粒土沉降停留于土工织物或靠近土工织物的相邻土层中。所以过滤功能的实现和保持，还应考虑 3 个条件：挡土的状态、透水的情况、淤堵效应。这些与土工织物的孔径选用、渗透性的好坏、织物的厚度（即织物的克重）、土工织物附近的土层的粒径级配选择等有关，一般靠近土工织物附近选用粒径较大的粗粒料，并按土工织物的克重按排铺放土层的，用粒径 2mm 左右的砂料（小于 0.05mm 的粒料不大于 3%），在土工织物下面的整层选用厚度为 20～30cm，在土工织物上面的保护层为 10～15cm，其中土工织物下面的支持过滤层更重要，针刺型的土工织物其挡土能力比热黏型的好，但针刺型的淤堵也比热黏型的大些，另外过滤和隔离也有近似之处，但发挥功能的侧重点不同，隔离是只将不同粒径的材料阻挡不混杂，而过滤既要求有阻止颗粒移动的作用，还要能顺利通过水和气。

排水功能的示意图如图 6.26 所示。

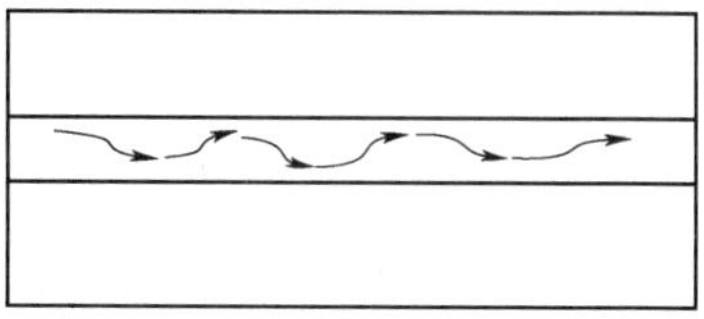

图 6.26 排水

排水功能的应用范围如下。

1）坝体内的排水。

2）土工膜下面或边坡护面下的排水。

3）挡土墙或桥墩的排水。

4）河、渠道的周边排水。

5）隧洞、地下工程周边排水。

6）人工填地，如运动场，机场等地基排水。

7）地基的垂直排水。

8）各种建筑物周边排水。

9）公路、铁路路基中，既隔离、又排水的应用。

排水应用的各种工程如图6.27所示。

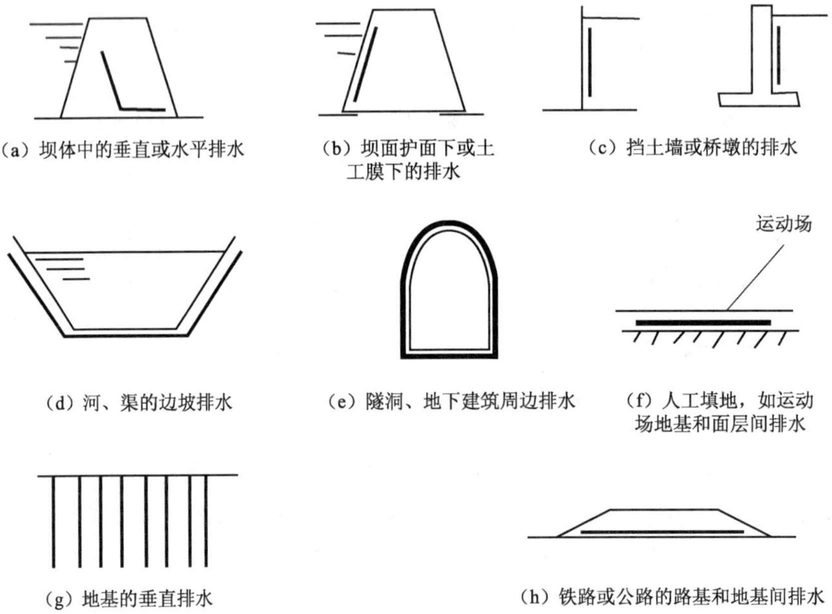

图6.27 排水作用（加粗线条即为土工合成材料）

6. 保护功能

对土体、水面或对土工膜的表面起防护作用，防止移动、防止扩散、防止刺破等，功能示意图如图6.28、图6.29所示。部分土工合成材料如图6.30所示。

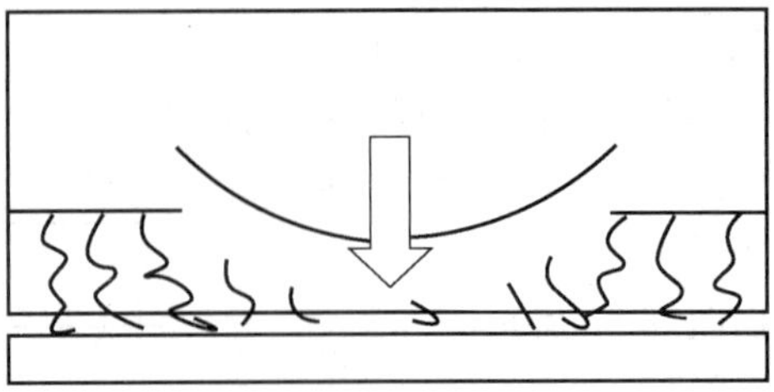

图6.28 保护

（a）海岸的防冲刷防护

（b）山体的防水土流失
保护或堤的防护

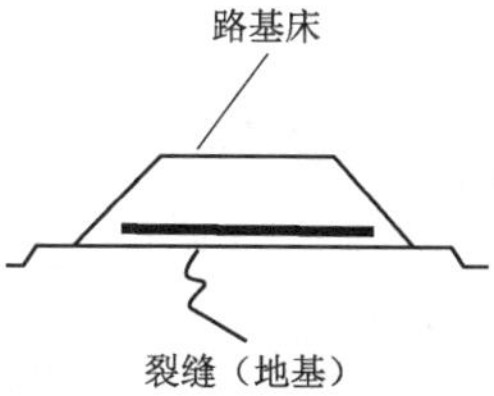

（c）公路或铁路的路基
中反裂缝保护

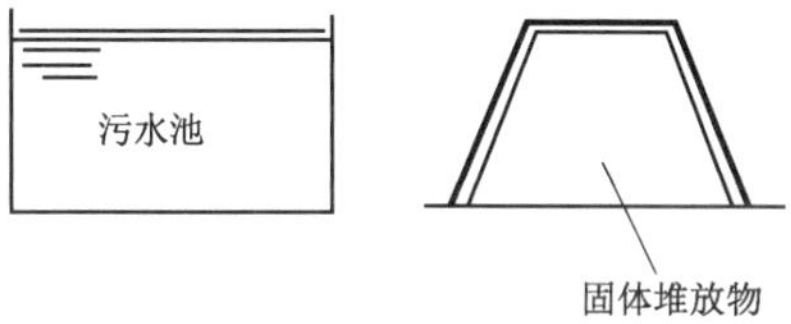

（d）水池或固体堆放物封闭保护

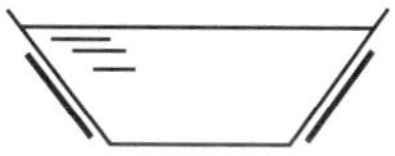

（e）河渠边坡保护

图 6.29 保护应用（加粗线条即为土工合成材料）

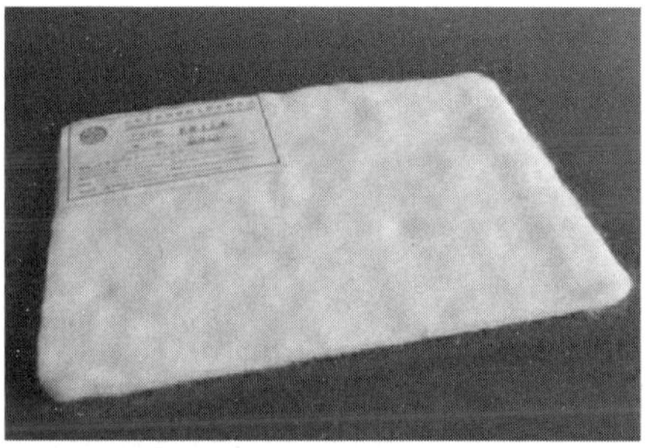

长丝土工布

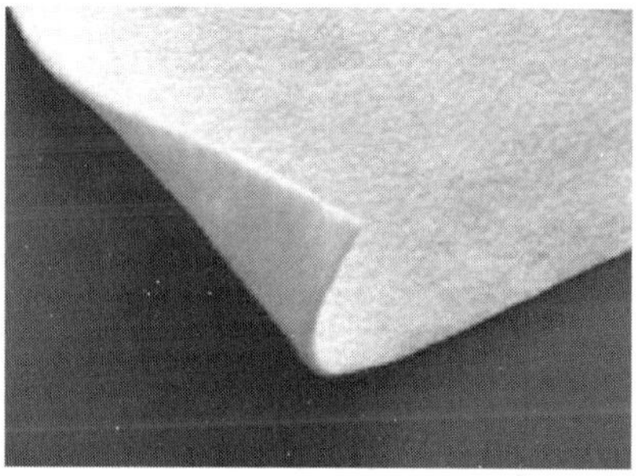

短丝土工布

机织土工布

HDPE土工膜

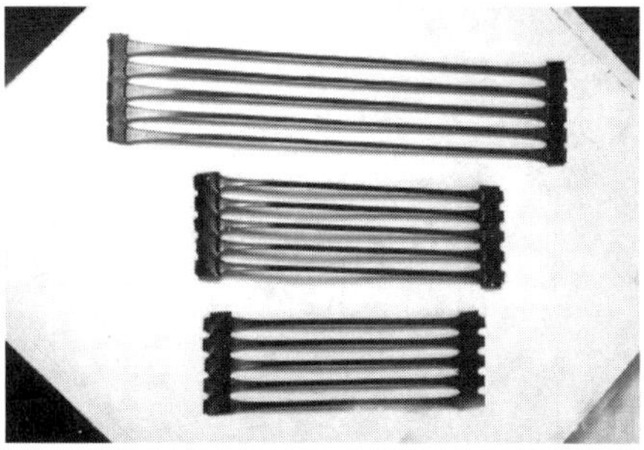

单向塑料格栅

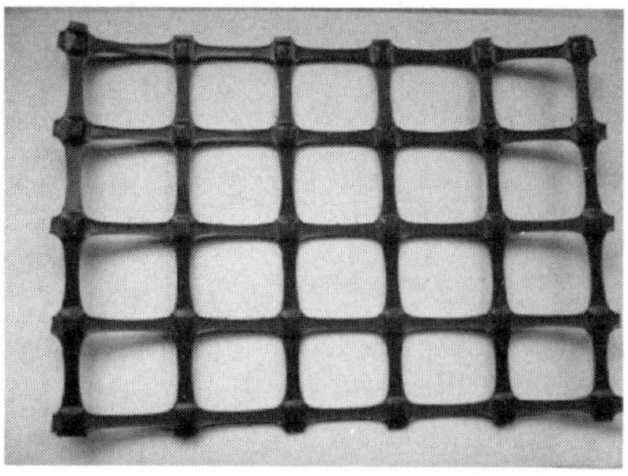

双向塑料格栅

图 6.30(一) 土工合成材料

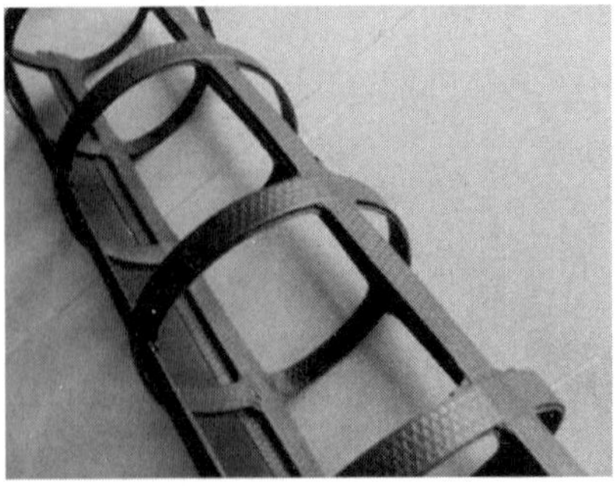

钢塑料格栅

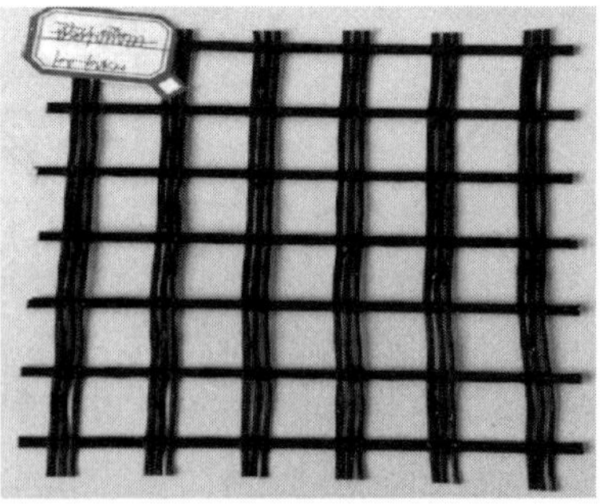

玻璃纤维格栅

图 6.30(二) 土工合成材料

参 考 文 献

[1] 李亚杰．建筑材料 [M]. 北京：中国水利水电出版社，2001.
[2] 李林．建筑新材料 [M]. 郑州：黄河水利出版社，2003.
[3] 苏达根．土木工程材料 [M]. 北京：高等教育出版社，2003.
[4] 徐瑛．建筑材料化学 [M]. 北京：化学工业出版社，2005.
[5] 傅凌云．建筑材料 [M]. 北京：中国水利水电出版社，2005.
[6] 傅凌云，郑睿，李新猷．建筑材料 [M]. 北京：中国水利水电出版社，2005.
[7] 陈宇翔．建筑材料 [M]. 北京：中国水利水电出版社，2005.
[8] 崔长江．建筑材料 [M]. 郑州：黄河水利出版社，2006.
[9] 钱觉时．建筑材料学 [M]. 武汉：武汉理工大学出版社，2007.
[10] 宋岩丽．建筑材料与检测 [M]. 北京：人民交通出版社，2008.
[11] 陈宝璠．土木工程材料 [M]. 北京：中国建材工业出版社，2008.
[12] 王立久．建筑材料学 [M]. 北京：中国水利水电出版社，2008.
[13] 李亚杰，方坤河．建筑材料 [M]. 北京：中国水利水电出版社，2009.
[14] 武桂芝，张守平，刘进宝．建筑材料 [M]. 郑州：黄河水利出版社，2009.
[15] 董亚军．建筑材料与检测 [M]. 北京：中国水利水电出版社，2010.
[16] 魏鸿汉．建筑材料 [M]. 北京：中国广播电视大学出版社，2011.
[17] 郭秋兰．建筑材料 [M]. 哈尔滨：哈尔滨工业大学出版社，2013.
[18] 胡敏辉，黄宏亮，武桂芝．水工建筑材料 [M]. 武汉：华中科技大学出版社，2013.
[19] 陈桂萍．建筑材料与检测 [M]. 大连：大连理工大学出版社，2014.
[20] 武桂芝，石玉东．建筑材料 [M]. 郑州：黄河水利出版社，2016.